21世纪高等教育计算机规划教材

COMPUTER

C语言程序设计

C Programming Language

郭有强 王磊 姚保峰 朱洪浩 马程 编著

人民邮电出版社
北京

图书在版编目（CIP）数据

C语言程序设计 / 郭有强等编著. -- 北京 : 人民邮电出版社, 2016.2(2020.1重印)
21世纪高等教育计算机规划教材
ISBN 978-7-115-41197-6

Ⅰ. ①C… Ⅱ. ①郭… Ⅲ. ①C语言－程序设计－高等学校－教材 Ⅳ. ①TP312

中国版本图书馆CIP数据核字(2016)第010076号

内容提要

本书注重培养读者的程序阅读能力和程序设计能力，是一本集知识性和实用性为一体的 C 语言程序设计教材。全书由 10 章组成，全面系统地介绍了 C 语言的基本语法和基本结构、流程控制、数组、函数、指针、结构体与共用体、编译预处理、位运算、文件等内容；介绍了结构化程序设计思想和方法以及解决实际问题的技巧。

本书结构合理、逻辑性强、通俗易懂，注重 C 语言在学科中的基础地位。大部分章节从实际问题导引，在分析问题的过程中引出知识点，形成较为清晰的思路和知识主线。全书将概念、知识点与案例相结合，应用实例贯穿始末，尽可能地适应读者的接受能力，力求将复杂的概念用简洁浅显的语言来描述，做到深入浅出。本书配有《C 语言程序设计实验指导与课程设计》教材，还配有可以向任课教师免费提供的多媒体教学课件、例题代码和习题解答。

本书既可作为高等院校理工类专业计算机程序设计课程教学用书，也可作为等级考试的辅导用书和自学参考书。

◆ 编　　著　郭有强　王　磊　姚保峰　朱洪浩　马　程
　责任编辑　邹文波
　执行编辑　李　召
　责任印制　沈　蓉　彭志环

◆ 人民邮电出版社出版发行　　北京市丰台区成寿寺路 11 号
　邮编　100164　　电子邮件　315@ptpress.com.cn
　网址　http://www.ptpress.com.cn
　三河市祥达印刷包装有限公司印刷

◆ 开本：787×1092　1/16
　印张：18.5　　　　2016 年 2 月第 1 版
　字数：484 千字　　2020 年 1 月河北第11次印刷

定价：42.00 元

读者服务热线：(010)81055256　印装质量热线：(010)81055316
反盗版热线：(010)81055315

前　言

一、关于本书

C 语言是一种结构化程序设计语言，它能够运行于多种操作系统环境下，既适合于编写应用软件，又适合于编写系统软件。C 语言是高等学校理工科学生很有必要掌握的一种计算机程序设计语言，是学生掌握程序设计的基础方法、进行计算思维方法训练、掌握问题的抽象表示和解决方法的重要程序设计类入门课程，其专业地位很重要，对其掌握的程度直接影响到多门后续课程及相关技术的学习和掌握。

作者在长期的教学和实践过程中发现，大部分学习者虽然能够基本掌握 C 语言语法规则和程序基本结构，教材例题也能看懂，也通过了各类等级考试，但总体上感觉编程能力不强，在实际应用中，解决问题时无从下手，力不从心。分析原因，主要还是教法需要改革，学法需要指导，尤其是如何从问题出发，进行抽象分析和设计求解方法等方面训练更需加强。教师在教学过程中要整体把握 C 语言的课程体系结构，重点要突出，难点要讲透。在讲授各知识点的时候，首先要使学生理解相关概念在程序设计过程中的作用，让学生明白应该在什么情况下使用什么知识。如为什么会有数组的概念，数组的本质是什么，什么情况下应定义数组；为什么会有指针一章，该章节应如何学习；为什么要引入结构体概念，什么情况下应定义结构体类型等。在讲解某个具体的典型程序时，要从程序整体结构到具体实现细节，再到整体结构，讲清楚设计思路、算法思想、函数间参数如何传递等。总之，教师要有针对性地按照培养程序设计能力的目标进行教学。另一方面教师应加强学习方法指导，使学生理解相关知识概念，掌握格式与基本用法，通过例题体会用法，要特别强调对典型程序的学习和掌握。每一个典型程序的学习过程应分为 4 个阶段：听懂到看懂、理解到熟悉、基本掌握到掌握，完全掌握。仅仅能听懂、能看懂是远远不够的，这样一旦离开教材便不能自行设计程序，自然也不具备程序设计能力。“完全掌握”是指到课程结束时，可以随时写出某个程序的代码，要通过碾压式学习，方能达到“完全掌握”的效果。如果通过学习能够“完全掌握”书中的十几个典型程序，应该说教学是成功的。鉴于以上理解，作者结合多年本课程的教学经验和体会，编写了这本符合当前学生接受能力的、通俗易懂的、注重程序设计能力培养的基础教材。

二、本书结构

本书全面地、系统地讲述了 C 语言的基础知识、语法规则及设计方法，共分 10 章。第 1 章主要介绍 C 语言的基本语法、基本数据表示和开发过程；第 2 章的主要内容是程序控制流程和基本结构；第 3 章介绍数组的使用；第 4 章讨论函数；第 5 章重点说明指针及指针数据的使用方法；第 6 章引入结构体与共用体；第 7 章讲述编译预处理；第 8 章为位运算；第 9 章重点介绍文件及其操作等内容；第 10 章为综合实训，目的是为了提高读者的综合程序设计能力。本书内容全面，结构合理，通过实例对 C 语言的语法要点和设计思路进行了详尽的阐述。

三、本书特点

本书注重提高读者的程序阅读能力和程序设计能力，采用通俗易懂的语言，全面系统地介绍 C 语言程序设计的基本概念、结构化编程思想和方法以及解决实际问题的技巧。注重 C 语言在学科中的基础地位，在整体结构上进行精心的思考。对每章节的结构做了合理安排，先讲概念再讲方法，从用法中加深对概念的理解，将概念、知识点与案例相结合，应用实例贯穿全书，尽可能地适应学生的接受能力，力求将复杂的概念用简洁浅显的语言来描述，做到深入浅出。

实用性强。对 C 语言语法部分进行了整合，将知识内容融入例题，在程序代码前对所使用的知识点先做说明，并大量使用注释；每章开始都简短说明为什么会有这部分内容，在什么情况下需要使用本章概念；使用案例教学法，例题典型，具有针对性，每个例题后并不是给出简单的运行结果，而是针对程序中出现的问题进行详细说明，并讲解对程序可以如何变化等知识。

可读性好。本书定位在初学高级语言的读者。本书内容是一线教师多年讲述 C 语言课程的教案的整理、经验和体会的提炼，语言通俗易懂，组织精练、内容全面、概念清晰、层次分明、实例丰富，将概念、知识点与案例相结合；在重难点概念的阐述上，语言清晰、深刻，解释到位；讲述力求理论联系实际、循序渐进、深入浅出，尽可能地适应读者的接受能力，从学习者的角度去思考每部分内容，对可能产生的疑问进行解释并结合实例进行详细的分析和说明，并注重培养良好的程序设计风格和习惯。

体系结构合理。本书从培养读者的程序阅读能力和程序设计能力出发，简化并整合 C 语言语法部分，合理安排各章节内容；注重 C 语言对后续课程的基础作用，书中加强了结构体部分的内容，为数据结构和面向对象语言课程提供基础。

书中所有的程序都在 Visual C++6.0 环境下调试通过。本书配有《C 语言程序设计实验指导与课程设计》教材，其中给出了实验内容及课程设计样例，并附主教材习题参考答案，供读者学习时参考。本书配有电子教案，并提供例题程序源代码，方便读者自学。

本书由郭有强担任主编，负责总体设计、统稿，并编写第 9 ~ 10 章；王磊担任副主编，负责本书全部例题源代码的测试和电子讲稿制作，并编写第 5 ~ 6 章。参加编写工作的还有姚保峰编写第 1 ~ 2 章；朱洪浩编写第 3 ~ 4 章；马程编写第 7 ~ 8 章。以上人员不仅在本书内容编写、程序测试、文字校对等工作中付出了辛勤劳动，还参与完成了与本书配套的《C 语言程序设计实验指导与课程设计》的内容编写和文字校对工作。电子讲稿和本书全部例题的源代码一起放在人民邮电出版社教学资源网 www.ptpedu.com.cn 上，供下载。

感谢本书所列参考文献的作者！在使用该书时如遇到问题需要与作者商榷，或想索取其他相关资料，请与作者联系。联系方式：bbxyguo@163.com。

郭有强

2016 年 2 月

目录

第 1 章 C 语言概述

学习目标

（1）了解程序、程序设计的概念以及 C 语言的发展历史。

（2）了解 C 语言的基本字符集、词汇、数据类型。

（3）熟悉 C 语言的基本数据类型及其使用方法；了解各种数据类型之间的转换规律。

（4）熟练掌握常用输入输出函数的用法。

（5）理解运算符、表达式、优先级和结合性的概念；熟知各种运算符，掌握对应表达式的书写方法及表达式值的概念。

（6）理解算法设计的过程和表示方法，掌握 Visual C++ 6.0 集成开发环境的用法。

C 语言是广泛流行的高级程序设计语言，它适宜作为系统描述语言。本章主要介绍程序和程序设计、算法、C 语言的发展历史和特点以及基本语法。读者可以通过本章的学习对 C 程序开发设计产生较深入的感性认识，进而强化对计算机语言和程序的理解，为进一步学习 C 语言程序设计打下基础。

1.1 程序设计概述

1.1.1 程序设计语言

现代计算机是由硬件系统和软件系统两大部分构成的，硬件是计算机系统的物质基础，而软件是计算机的灵魂。没有软件的计算机称为“裸机”，这样的计算机什么也干不了，只有安装了软件，计算机才能工作，成为一台真正意义上的“电脑”，而所有的软件都是用计算机程序设计语言编写的。

计算机程序设计语言的发展，经历了从机器语言、汇编语言到高级语言的历程。

1. 机器语言

电子计算机使用的是由“0”和“1”组成的二进制数，二进制是计算机语言的基础。计算机发明之初，人们写出一串串由“0”和“1”组成的指令序列交由计算机执行，这种语言就是机器语言。机器语言是第一代计算机语言，但是机器语言难以掌握，特别是在程序出错需要修改时，更是如此。而且，每台计算机的指令系统往往各不相同，所以，在一台计算机上执行的程序，要想在另一台计算机上执行，必须另编程序，造成了重复工作。但机器语言运算效率是所有语言中最高的。

2. 汇编语言

由于机器语言难以掌握，人们着手进行了一系列的改进，用一些简单的英文字母和符号串来替代完成特定指令的二进制串，比如，用“ADD”代表加法，“MOV”代表数据传递，等等。这样一来，人们很容易读懂并理解程序在干什么，纠错及维护都变得方便，这种程序设计语言就是汇编语言，即第二代计算机语言。然而计算机并不认识这些符号，这就需要一个专门的程序，负责将这些符号翻译成二进制数的机器语言，这种翻译程序被称为汇编程序。

汇编语言同样十分依赖于机器硬件，移植性不好，但效率很高，针对计算机特定硬件而编制的汇编语言程序，能准确发挥计算机硬件的功能和特长，程序精练且质量高，所以至今仍是一种常用而强有力的软件开发工具。

3. 高级语言

为了便于与计算机交流，人们意识到，应该设计一种接近于数学语言或人的自然语言，同时又不依赖于计算机硬件，编出的程序能在所有机器上通用。经过努力，1954 年，第一个完全脱离机器硬件的高级语言——FORTRAN 问世了，60 多年来，共有几百种高级语言出现，有重要意义的有几十种，影响较大、使用较普遍的有 FORTRAN、ALGOL、COBOL、BASIC、LISP、SNOBOL、PL/1、Pascal、C、PROLOG、Ada、C++、VC、VB、Delphi、JAVA 等。

1.1.2 C 语言的发展

C 语言的前身是 ALGOL 语言（ALGOL 60 是一种面向问题的高级语言）。1963 年英国剑桥大学推出 CPL 语言，此语言在 ALGOL 语言的基础上增加了硬件处理能力；同年，剑桥大学的马丁·理查德（Martin Richards）对其简化，提出 BCPL 语言；1970 年美国贝尔实验室的肯·汤姆逊（Ken Thompson）对其进一步简化，提出了 B 语言（取 BCPL 的第一个字母）；1972 年美国贝尔实验室的布朗·W·卡尼汉（Brian W.Kernighan）和丹尼斯·利奇（Dennis Ritchie）对其完善和扩充，提出了 C 语言（取 BCPL 的第二个字母）；1987 年美国标准化协会制定了 C 语言标准“ANSI C”，即现在流行的 C 语言。自 1972 年投入使用之后，C 语言成为 Unix 和 Xenix 操作系统的主要语言，是当今使用最为广泛的程序设计语言之一。推动 C 语言发展的主要计算机专家如图 1.1 所示。

（a）BPCL – Martin Richards

（b）B – Ken Thompson

（c）C – Dennis Ritchie

图 1.1 推动 C 语言发展的主要计算机专家

1.1.3 C 语言的特点

（1）C 语言是具有低级语言功能的高级语言。C 语言把高级语言的基本结构和语句与低级语言的实用性结合起来，是处于汇编语言和高级语言之间的一种程序设计语言，也可称其为“中级语言”。

（2）C语言简洁、紧凑，使用方便、灵活。C语言程序书写形式自由，主要用小写字母表示，相对于其他高级语言源程序，其代码量少。

（3）运算符丰富，表达式能力强。C语言共有34种运算符，范围广泛，除一般高级语言所使用的算术、关系和逻辑运算符外，还可以实现以二进制位为单位的运算，并且具有如 a++，--b 等单项运算符和+=、-=、*=、/=等复合运算符。

（4）数据结构丰富，便于数据的描述与存储。C语言具有丰富的数据结构，其数据类型有整型、实型、字符型、数组类型、指针类型、结构体类型、共用体类型等，因此能实现复杂数据结构的运算。

（5）C语言是结构化、模块化的编程语言。程序的逻辑结构可以使用顺序、分支和循环3种基本结构组成。C语言程序采用函数结构，便于把整体程序分割成若干相对独立的功能模块，为程序模块间的相互调用以及数据传递提供了便利。

（6）C语言程序中，可使用宏定义编译预处理语句、条件编译预处理语句。

（7）C语言程序可移植性好。与汇编语言相比，C程序基本上不做修改就可以运行于各种型号的计算机和各种操作系统之上。

C语言也存在一些不足之处，例如运算符及其优先级过多、语法定义不严格等，对于初学者有一定的困难。

由于C语言功能强大，特点突出，因此得到了迅速推广，成为人们编写大型软件的首选语言之一。许多原来用汇编语言处理的问题可以用C语言进行处理。

1.2 C语言程序的语法

要编写C语言程序，首先需要了解C语言的语法规则。

【例1-1】在屏幕上输出字符串“Hello World!”。

程序代码：

```
/* e1_1.c*/
#include <stdio.h>
void main()
{
    printf("Hello World! \n");          /*在屏幕上输出 Hello World! 字符串*/
}
```

程序运行结果：

```
Hello World!
```

程序说明：

（1）一个完整的C语言程序由一个或多个具有相对独立功能的程序模块组成，这样的程序模块称为“函数”。函数是C程序的基本单位。以上程序就包括一个函数：main()函数。main()函数是C程序处理的起点。main()函数可以返回一个具体类型的值，也可以不返回值。如果某个函数不返回值，那么在它的前面有一个关键字void。函数名后的一对圆括号不能省略，圆括号中内容可以为空，也可以有参数。一个C程序可以包含任意多个函数，但整个程序必须有且仅有一个main()函数。一个C程序总是从main()函数开始执行，最后在main()函数结束。在函数定义的后面有一个左大括号，即“{”，它表示函数体的开始，后面是函数的主体，大括号也可以用于将语句块括起来，在函数定义的结尾处有一个右大括号，即“}”。

（2）程序最前面的以“#”开始的语句称为预处理指令。#include 语句不是必需的，但是，如果程序有该语句，就必须将它放在程序的开始处。以“.h”为后缀的文件被称为头文件，可以是 C 程序中现成的标准库文件，也可以是自定义的库文件。stdio.h 文件中包含了有关输入输出语句的函数。

（3）函数体中的 printf("Hello World!\n");语句在屏幕上输出“Hello world!”，并换行。printf 是 C 语言的标准输出函数，双引号内的内容原样输出，“\n”表示输出字符后换行。函数体中的每个语句都以分号结束，语句的数量不限，C 程序中的一个语句可以跨越多行，并且用分号通知编译器该语句已结束。

（4）“/*在屏幕上输出 Hello World！字符串*/”是 C 程序的注释语句。C 程序中的“/*……*/”表示多行注释，作用是帮助用户阅读程序，它对程序的运行不起作用，编译系统在对源程序进行编译时，注释会被忽略。“/*”和“*/”必须成对出现，且“/”和“*”之间不能有空格，注释内容可以是西文，也可以是中文。在程序中添加注释是一个好的编程习惯，可以增强程序的可读性。

通过例 1-1C 程序的例子，可以看出以下几点。

（1）C 程序由函数组成。每个 C 程序有且仅有一个主函数，该主函数的函数名规定为 main，也可以包含一个 main 函数和若干个子函数。

（2）每个函数的定义分为两部分：函数说明（函数头）和函数体。

函数形式：

```
函数类型 函数名（形式参数 1 类型 形式参数 1，形式参数 2 类型 形式参数 2，……）
{
      变量定义（说明）部分
      函数执行部分
}
```

（3）C 程序的书写格式自由，一行内可以写几条语句，一条语句也可以写在多行上，每条语句后必须以“;”作为语句的结束。复合语句要以一对{}括起来。

（4）C 程序的执行总是从主函数开始，并在主函数中结束。主函数的位置在程序中是任意的，其他函数总是通过函数调用语句来执行。

（5）主函数可以调用任何非主函数，任何非主函数都可以相互调用，但是不能调用主函数。

（6）C 语言本身没有输入输出语句。输入和输出操作是调用由系统提供的输入输出函数来完成的。

（7）可以用“/*……*/”对 C 程序中的任何部分做注释。

【例 1-2】计算两个整数之和，并输出到屏幕。

该问题非常简单，但是使用计算机实现该问题需要解决以下两个主要问题。

（1）计算机将这两个数及其和存放在何处。

（2）如何确保处理的数据是整数而不是其他类型的数据。

对于第一个问题，为了在程序中表示和存放数据，需要使用常量或者变量。在程序执行过程中，其值不能发生改变的量称为常量。常量在程序中不必进行任何说明就可以直接使用。如 3.8、210、'i'等。常量主要分为数值常量、字符常量和字符串常量。变量是指在程序执行过程中其值可以改变的量，C 语言中的变量必须先定义才能使用。

对于第二个问题，当我们使用常量或变量存放数据时，可以指定数据的类型。常量的类型本身就是固定的；对于变量而言，类型一经定义，就只能存放指定类型的数据。

程序代码：

```
/* e1_2.c*/
#include <stdio.h>
void main()
{
    int i,j,sum;                          /*定义变量 i,j,sum*/
    i=3;j=5;                              /*为变量 i,j 赋值*/
    sum=i+j;                              /*对 i 和 j 求和放入变量 sum 中*/
    printf("sum=%d\n",sum);               /*在屏幕输出求和结果*/
}
```

程序运行结果：

```
sum=8
```

程序说明：

（1）在本程序中，首先通过 int i,j,sum;定义了需要使用的变量。其中，i、j 和 sum 是变量的名字，int 表示变量的类型是整型，即这些变量只能存放整数。然后通过 i=3;j=5;为变量 i 和 j 赋值。接着将 i 和 j 的值相加后存入变量 sum，最后将求和的结果 sum 输出。

（2）程序中出现的“=”号是赋值运算符，其含义是将运算符后的值赋值给前面的变量。如 i=3 就是将数值 3 赋值给变量 i，这样变量 i 中存储的值就是 3，sum=i+j 是将 i 和 j 的和赋值给变量 sum，因此本例中最后 sum 的值为 8。

通过以上两个 C 语言程序可以看出，要编写 C 语言程序，需要掌握 C 语言特定的书写规则，下面详细介绍 C 语言的基本语法。

1.2.1　C 语言的字符集、词汇和语句

1. C 语言的字符集

字符是组成语言的最基本的元素。C 语言字符集由数字、字母、空白符、标点和特殊字符组成，在字符常量、字符串常量和注释中还可以使用汉字或其他可表示的图形符号。

C 语言基本字符如下。

① 数字字符。0，1，2，3，4，5，6，7，8，9。

② 大小写拉丁字母。a ~ z，A ~ Z。

③ 其他一些可打印（可以显示）的字符。如各种标点符号、运算符号、括号等。

④ 一些特殊字符。如空格符、换行符、制表符和转义字符等。

空格符、制表符、换行符等统称为空白符，也称为不可显示字符。在程序中适当的地方使用空白符将增加程序的清晰性和可读性。

转义字符是由“反斜杠字符\”和单个字符或若干个字符组成的，通常用来表示键盘上的控制代码或特殊符号，例如换行（\n）、换页（\f）、退格（\b）、响铃（\a）符号等。

2. C 语言的词汇

（1）标识符

在程序中使用的变量名、常量名、数组名、函数名、文件名、类型名等统称为标识符。除库函数的函数名由系统定义外，其余都由用户自定义。

C 语言规定，标识符只能是由字母(A ~ Z，a ~ z)、数字(0 ~ 9)、下划线(_)组成的字符串，并

且其第一个字符必须是字母或下划线。

以下标识符是合法的。

```
A, x, BOOK_1, sum5
```

以下标识符是非法的。

```
3s              /*以数字开头*/
s*T             /*出现非法字符*/
-x3             /*以非法字符减号开头*/
Book 1          /*出现非法字符空格*/
```

在例 1-2 中定义的变量名 i、j 和 sum 都是变量名，因此它们也都是标识符。

在使用标识符时还必须注意以下几点。

① 标准 C 语言不限制标识符的长度，但它受各种版本的 C 语言编译系统限制，同时也受到具体机器的限制。一般系统使用的标识符，其有效长度不超过 8 个字符。

② 在标识符中，大小写是有区别的。例如 BOOK 和 book 是两个不同的标识符。

③ 标识符虽然可由程序员随意定义，但标识符是用于标识某个量的符号。因此，命名应尽量有相应的意义，以便阅读理解，做到“顾名思义”。

④ 用户定义的标识符不能与关键字相同。

（2）关键字

关键字是由 C 语言规定的具有特定意义的字符串，通常也称为保留字，这些特定的关键字不允许用户作为自定义的标识符使用，C 语言关键字绝大多数是由小写字母构成的字符序列。C 语言关键字共有 32 个，如表 1.1 所示。

表 1.1　　　　C 语言关键字

auto	else	register	union
break	enum	return	unsigned
case	extern	short	void
char	float	signed	volatile
const	for	sizeof	while
continue	goto	static	
default	if	struct	
do	int	switch	
double	long	typedef	

（3）运算符

C 语言中含有相当丰富的运算符。运算符与变量、函数一起组成表达式，表示各种运算功能。

运算符由一个或多个字符组成，如下。

+、–、*、/、%、=、<、>、<=、>=、!=、==、<<、>>、&、|、&&、||、^、~、()、[]、->、.、!、?、: 等。

（4）分隔符

在 C 语言中经常使用逗号和空格作为分隔符。逗号主要用在类型说明和函数参数表中，分隔各个变量。空格多用于语句各单词之间，作分隔符。在关键字和标识符之间必须要有一个或一个以上的空格符做分隔，否则将会出现语法错误，例如把 int a;写成 inta; C 编译器会把 inta 当成一个标识符处理，其结果必然出错。

（5）常量

C 语言中使用的常量可分为数字常量、字符常量、字符串常量、符号常量、转义字符等。

（6）注释符

C 语言的注释符是以“/*”开头并以“*/”结尾的字符串，“/*”和“*/”之间的内容即为注释。程序编译时，不对注释作任何处理。注释可出现在程序中的任何位置。注释用来向用户提示或解释程序的意义。在调试程序中对暂不使用的语句也可用注释符括起来，使编译系统跳过不做处理，待调试结束后再去掉注释符。

3. C 语言的语句

语句是组成程序的基本单位，它能完成特定操作，语句的有机组合能实现指定的计算处理功能。所有程序设计语言都提供了满足编写程序要求的一系列语句，它们都有确定的形式和功能。

C 语言中的语句包括表达式语句、函数调用语句、控制语句、复合语句和空语句。

（1）表达式语句

表达式语句由表达式加上分号“;”组成。其一般形式如下。

```
表达式;
```

执行表达式语句就是计算表达式的值。如下。

```
x=y+z;                          /*赋值语句*/
y+z;                            /*加法运算语句，但计算结果不能保留，无实际意义*/
i++;                            /*自增 1 语句，i 值增 1*/
```

（2）函数调用语句

由函数名、实际参数加上分号“;”组成。其一般形式如下。

```
函数名(实际参数表);
```

执行函数调用语句就是调用函数体并把实际参数赋予函数定义中的形式参数，然后执行被调函数体中的语句，求取函数值。如下。

```
printf("C Program");          /*调用库函数，输出字符串*/
```

（3）控制语句

控制语句用于控制程序的流程，以实现程序的各种结构方式。它们由特定的语句定义符组成。C 语言有 9 种控制语句。可分成条件判断语句、循环执行语句、转向语句 3 类。

① 条件判断语句。if 语句和 switch 语句。

② 循环执行语句。do while 语句、while 语句和 for 语句。

③ 转向语句。break 语句、continue 语句、return 语句和 goto 语句。

④ 复合语句。把多条语句用括号{}括起来组成一条复合语句。例如

```
{
   x=y+z;
   a=b+c;
   printf("%d%d",x,a);
}
```

是一条复合语句。

复合语句内的各条语句都必须以分号“;”结尾，但在括号“}”外不能加分号。

⑤ 空语句。只有分号“;”组成的语句称为空语句。空语句是什么也不执行的语句。在程序中空语句有时用来作为被转向点，或用来作为空循环体。如下。

```
while(getchar()!='\n');
```

本语句的功能是，只要从键盘输入的字符不是回车则重新输入。这里的循环体为空语句。

1.2.2 数据类型

1. 数据与类型

数据是程序处理的对象。C 语言把程序能处理的基本数据对象分成一些集合，属于同一集合的数据对象具有同样性质：采用统一的书写形式，在具体实现中采用同样的编码方式（按同样规则对应到内部二进制编码，采用同样二进制编码位数），对它们能做同样操作，等等。语言中具有这样性质的一个数据集合称为一个类型。

计算机硬件处理的数据也分成若干类型，通常包括字符、整数、浮点数等，CPU 为不同数据类型提供了不同的操作指令。例如，对整数有一套加减乘除指令，对浮点数有另一套加减乘除指令等。程序语言中把数据分成类型与此有密切关系。但类型的意义不仅于此，实际上，类型是计算机科学的核心概念之一。在学习程序设计和程序设计语言的过程中将不断与类型打交道，请读者特别注意这一概念。

2. C 语言中的数据类型

在 C 语言中，任何数据对用户呈现的形式都有两种：常量或变量。而无论常量还是变量，都必须属于某种数据类型。所谓数据类型是按被说明量的性质、表示形式、占据存储空间的多少以及构造特点划分的。在 C 语言中，每个数据类型都有固定的表示形式，这个表示形式实际上就确定了可能表示的数据范围和它在内存中的存放形式。例如，整数类型有若干种，每一种都有各自的表示范围，超出这个范围就会发生溢出错误。

在 C 语言中，数据类型可分为：基本数据类型、构造类型、指针类型、空类型 4 大类。有的类型还可以再分为小类，具体分类如表 1.2 所示。

表 1.2 数据类型分类

<table>
<tr><td rowspan="12">数据类型</td><td rowspan="7">基本数据类型</td><td rowspan="5">数值类型</td><td rowspan="3">整形(int)</td><td>短整形(short int)</td></tr>
<tr><td>基本整型(int)</td></tr>
<tr><td>长整形(long int)</td></tr>
<tr><td rowspan="2">实型(浮点型)</td><td>单精度型(float)</td></tr>
<tr><td>双精度型(double)</td></tr>
<tr><td colspan="3">字符型(char)</td></tr>
<tr><td colspan="3">枚举型(enum)</td></tr>
<tr><td rowspan="3">构造类型</td><td colspan="3">数组类型</td></tr>
<tr><td colspan="3">结构体类型(struct)</td></tr>
<tr><td colspan="3">共用体类型(联合类型)(union)</td></tr>
<tr><td colspan="4">指针类型</td></tr>
<tr><td colspan="4">空类型(void)</td></tr>
</table>

（1）基本数据类型

基本数据类型主要特点是，其值不可以再分解为其他类型，即基本数据类型是自我说明的。包括整形、字符型、实型（浮点型）和枚举型。

（2）构造类型

根据已定义的一个或多个数据类型用构造的方法进行定义。也就是说，一个构造类型的值可以分解成若干个“成员”或“元素”。每个“成员”都是一个基本数据类型或者仍是一个构造类型。在 C 语言中，构造类型有数组类型、指针类型、结构体类型、联合类型（共用体类型）。

（3）指针类型

指针是一种特殊的数据类型。一个指针变量的值就是某个内存单元的地址。

（4）空类型

发生调用函数后，通常会向调用者返回一个函数值。返回的函数值是有数据类型的，应在函数定义时给予指定。如果函数调用后返回一个随机值（这个值对程序的后期执行没有什么作用），这种函数的函数值可以定义为“空类型”，其类型说明符为 void。

1.2.3　常量

在程序执行过程中，其值不能发生改变的量称为常量。常量在程序中不必进行任何说明就可以直接使用。如 3.8、210、'i'等。常量主要分为数值常量、字符常量和字符串常量。

1．数值常量

数值常量分为整型常量和实型常量。

（1）整型常量

整型常量又称整常数。在 C 语言中，常用的整常数有十进制、八进制和十六进制 3 种。不同进制的整型常量是根据前缀进行区分的，因此，书写时，应注意前缀的正确性。

十进制整常数没有前缀，数码取值为 0 ~ 9，可以是正数或负数。八进制整常数必须以数字 0 开头，即以 0 作为八进制数的前缀，数码取值为 0 ~ 7，八进制整常数通常是无符号数。十六进制整常数的前缀为 0X 或 0x，数码取值为 0 ~ 9，A ~ F 或 a ~ f。

例如，25、025 和 0x25 分别为十进制数、八进制数和十六进制数，但它们表示的是不同的数值。25 是十进制数，025 对应的十进制数是 21,0x25 对应的十进制数是 37。

再如，0283 是非法的整型常量，因为 0283 作为八进制数不应含有数字 8；0x2g 也是非法的整型常量，因为 0x2g 作为十六进制数不应含有字符 g。

说明如下。

① 空白字符不可出现在整数数字之间。

② 在一个常数后面加一个字母 l 或 L 作后缀，则认为是长整型(4 字节)，如 10L、79l、012L、0115L、0XAl、0x4fL 等。

③ 在一个常数后面加一个字母 U 或 u 作后缀，则是无符号数，如 159u、056u、0X48u 等。

前缀、后缀可同时使用以表示各种类型的数。如 0XA5Lu 表示十六进制无符号长整数 A5，其十进制为 165。

（2）实型常量

实型也称为浮点型，实型常量也称为实数或者浮点数。在 C 语言中，实数只采用十进制。它有两种表示形式：十进制数形式和指数形式。

十进制数形式由数码 0 ~ 9 和小数点组成。其中，小数点是必不可少的，如 356.0、12.2、124.

等都是合法实数，65 不是合法实数，因为缺少小数点。

指数形式由十进制数加阶码标志 E 或 e 组成。一般形式为 aEn（或 aen）。

其中，a 为十进制数；E（或 e）为阶码标志；n 为十进制整数，作为阶码。

当使用指数形式时，要注意 E 之前必须有数字，之后的阶码必须为整数。

例如，123E5 是合法的实型常量，表示 123×10^5；3.14e–2 也是合法的实型常量，表示 3.14×10^{-2}。

E2 不是合法的实型常量，因为阶码标志 E 之前必须有数字，53. –E3 不是合法的实型常量，因为负号位置不对，应为 E–3；2.7E 也不是合法的实型常量，因为其中没有阶码。

说明如下。

① 一个实数可以有多种指数形式，如 123.789 可以表示为 1.23789E2 或 12.3789E1 或 0.123789E3，这些都是合法的，但是只有第一种才是规范化的指数形式，程序在输出结果时都是以该种形式输出，其他形式在程序编写过程中也是允许的。

② C 语言允许浮点数使用后缀 f 或者 F。如 345f 和 345.是等价的。

③ 实型常数不分单、双精度，都按双精度 double 型处理。

2. 字符常量

C 语言中的字符常量有以下两种形式。

（1）由单引号括起来的一个字符

'a'、'z'、'8'、'?'、'+'等都是字符常量。

在 C 语言中，字符常量有以下特点。

① 字符常量只能用单引号括起来，不能用双引号或其他括号。

② 字符常量中的单引号只起定界作用并不表示字符本身。而单引号中的字符不能是单引号（'）和反斜杠（\），它们有着特别的意义。

③ 字符常量只能是单个字符，不能是多个字符组成的串。

④ 字符可以是字符集中任意字符。但数字被定义为字符型后，其含义发生了变化。如'5'和 5 是不同的。

（2）转义字符

转义字符是一种特殊的字符常量。转义字符以反斜杠“\”开头，后跟一个或几个字符。转义字符具有特定的含义，不同于字符原有的意义，故称“转义”字符。转义字符主要表示 ASCII 码字符集中不可打印的控制字符和特定功能的字符。

常见的转义字符如表 1.3 所示。

表 1.3 常见的转义字符

转义字符	转义字符的意义	转义字符	转义字符的意义
\n	回车换行	\\	反斜线符(\)
\t	横向跳到下一制表位置	\'	单引号符
\v	竖向跳格	\"	双引号符
\b	退格	\a	鸣铃
\r	回车	\ddd	1 ~ 3 位八进制数所代表的字符
\f	走纸换页	\xhh	1 ~ 2 位十六进制数所代表的字符

3. 字符串常量

字符串常量简称为“字符串”。字符串就是用一对双引号("")括住的若干个字符。例如，"abc"、"1234567890"、"aAbBcCdD"都是字符串。

转义字符也可以出现在字符串中，如下。

"\\ABCD\\"表示字符串\ABCD\。

"\101\102\x43\x44"表示字符串 ABCD。

"\"ABCD\""表示字符串"ABCD"。由于双引号是字符串开始和结束的标记，所以在字符串内使用双引号要以转义字符\"的形式输入。

注意以下几点。

① 编程时应注意中英文符号和标点的使用，很多编译错误就是由于中文符号和标点造成的。

② C 语言的字符串中字母区分大小写，所以"A"和"a"是不同的。

③ 一个字符串中所有字符的个数称为字符串长度，其中一个转义字符当作一个字符。例如"1234567"长度为 7，"xyz"长度为 3, "\101\102\x43\x44"长度为 4。

字符串常量与字符常量的区别如下。

① 字符常量由单引号括起来，字符串常量由双引号括起来。

② 字符常量只能是单个字符，字符串常量则可以包含 0 个或多个字符。

③ 可以把一个字符常量赋给一个字符变量，但不可以把字符串常量赋给字符变量。C 语言中没有字符串变量，但可用字符数组来存放字符串常量。

④ 字符常量只占 1 字节内存空间，而字符串常量占用的内存空间为其长度加 1，其中增加的 1 字节存放'\0'作为字符串的结束标志，称为空字符，值为 0。如"M"和'M'，前者是字符串，占 2 字节，后者是字符，只占 1 字节。

4. 符号常量

在 C 语言程序中，常量除了以自身的存在形式直接表示之外，还可以用标识符来表示，称为符号常量。

C 语言中用宏定义命令对符号常量进行定义，其定义形式如下。

```
#define 标识符 常量
```

其中，#define 是宏定义命令的专用定义符，标识符是对常量的命名，常量可以是前面介绍的几种类型常量中的任何一种。该定义使用指定的标识符来代表指定的常量，这个被指定的标识符就是符号常量。

例如，在 C 语言程序中，要用 PI 代表实型常量 3.1415927，可用下面的宏定义命令。

```
#define PI 3.1415927
```

PI 为定义的符号常量，程序编译时，用 3.1415927 替换所有的 PI。

为了与变量名相区分，人们习惯把符号常量名用大写字母表示。

下面是符号常量的一个简单的应用。其中，PI 为定义的符号常量，程序编译时，用 3.1416 替换所有的 PI。

【例 1-3】已知圆半径 r，求圆周长 c 和圆面积 s 的值。

程序代码如下。

```
/* e1_3.c */
#include <stdio.h>
#define PI 3.1416
```

```
void main()
{
   float r,c,s;
   scanf("%f",&r);
   c=2*PI*r;             /*编译时用 3.1416 替换 PI*/
   s=PI*r*r;             /*编译时用 3.1416 替换 PI*/
   printf("c=%6.2f,s=%6.2f\n",c,s);
}
```

程序运行结果(从键盘输入：3)：

```
c= 18.85,s= 28.27
```

程序说明：

程序中定义了一个常量 PI，它代表 3.1416，程序中用到的 PI，实际上就是使用 3.1416。

1.2.4 变量

变量是指在程序执行过程中其值可以改变的量。下面介绍 C 语言中变量的定义方法。

1. 变量的命名

为了便于区分变量，首先要给不同的变量起不同的名字。C 语言的变量命名要遵守如下规则。

① 变量名应遵循标识符的命名规则，即变量名只能由字母、数字和下划线组成，并且第一个字符必须是字母或下划线。

合法的变量名：sum,day,myname,_above,y123。

非法的变量名：M.John,$12,7BA,m>n。

② 变量名大写字母和小写字母所代表的意义不同。

变量名 price、PRICE、Price 在 C 语言中表示 3 种不同的名字。

③ 变量名不能使用关键字。

2. 变量的定义

在 C 语言中，变量必须先定义后使用，变量定义是确定变量的数据类型。变量定义的一般形式如下。

```
类型说明符  变量名表;
```

具有相同数据类型的变量可以在一起定义，它们之间用逗号分隔。如下。

```
int data;                        /*定义整型变量 data*/
char ch1,ch2;                    /*定义字符型变量 ch1 和 ch2*/
```

3. 整型变量

（1）整型变量的分类

整型变量可以分为基本型、短整型、长整型和无符号型 4 种。类型说明符分别用 int，short int（或 short），long int（或 long）和 unsigned 表示。

其中无符号型又可与前三种类型匹配而构成以下 3 种类型。

无符号基本型，类型说明符为 unsigned int 或 unsigned。

无符号短整型，类型说明符为 unsigned short。

无符号长整型，类型说明符为 unsigned long。

不同的计算机对上述几种整型数据所占用的内存字节数和数值范围有不同的规定，以 Visual

C++编译系统为例，以上各种数据所分配的存储空间和数值范围如表 1.4 所示。

表 1.4 整型量所分配的存储空间和数值范围

类型说明符	所占字节数	数值范围
int	4	–2147483648 ~ 2147483647(-2^{31} ~ $2^{31}-1$)
short [int]	2	–32768 ~ 32767(-2^{15} ~ $2^{15}-1$)
long [int]	4	–2147483648 ~ 2147483647(-2^{31} ~ $2^{31}-1$)
signed [int]	2	–2147483648 ~ 2147483647(-2^{31} ~ $2^{31}-1$)
unsigned [int]	2	0 ~ 4294967295(0 ~ $2^{32}-1$)
unsigned short	2	0 ~ 65535(0 ~ $2^{16}-1$)
unsigned long	4	0 ~ 4294967295(0 ~ $2^{32}-1$)

（2）整型变量的定义

整型变量定义的一般形式如下。

```
类型说明符 变量名标识符，变量名标识符，……
```

举例如下。

```
int i,j,k;                /*i,j,k 为整型变量*/
long x,y;                 /*x,y 为长整型变量*/
unsigned a,b;             /*a,b 为无符号整型变量*/
```

变量定义应注意以下 3 点。

① 变量定义必须放在变量使用之前。一般放在函数体的开始部分。

② 允许在一个类型说明符后，定义多个相同类型的变量。各变量名之间用逗号间隔。类型说明符与变量名之间至少用一个空格间隔。

③ 定义语句必须以“;”号结尾。

4. 实型变量

（1）实型数据在内存中的存放形式

与整型数据的存储方式不同，实型数据是按照指数形式存储的。一个实型数据在内存中被分为符号部分、小数部分和指数部分 3 部分存放，小数部分和指数部分构成规范化的指数方式，如 –1.23456 在内存中被分为“–”、“.23456”、“1” 3 个部分。

一个实型数据一般占用 4 字节的内存空间，那么，究竟用多少位来表示小数部分，多少位来表示指数部分，标准 C 语言并无具体规定，由各 C 语言编译系统自定。一般的 C 语言编译器会占用 24 位存放小数（包括符号），8 位存放指数（包括指数的符号）。事实上，计算机在存取小数部分时，是以二进制形式来表示的，而指数部分则是以 2 的幂指数形式存放的。

实型数据的小数位数越多，代表有效数字越多，精度也就越高，而指数位数越多，则表示的数值范围就越大。

（2）实型变量的分类

实型变量可以分为两类。

单精度型(float 型)：占用 4 字节内存空间，数值范围为 3.4E–38 ~ 3.4E+38，有效数字为 7 ~ 8 位。

双精度型(double 型)：占用 8 字节内存空间，数值范围为 1.7E−308 到 1.7E+308，有效数字为 15 ~ 16 位。

（3）实型变量的定义

实型变量的定义格式和规则与整型数据相同，所以每一个实型数据在使用前必须先定义。如下。

```
float m,n;                              /*定义 m,n 为单精度实型变量*/
double a,b,c;                           /*定义 a,b,c 为双精度实型变量*/
```

（4）实型数据的舍入误差

由于实型变量是由有限的存储单元组成的，因此能提供的有效数字总是有限的，在有效位以外的数字将被舍去。由此可能会产生一些误差。

【例 1-4】实型数据的舍入误差。

程序代码：

```
/* e1_4.c */
#include <stdio.h>
void main()
{
    float a;
    double b;
    a=5555.55555f;
    b=5555.5555555555;
    printf("%f\n%f\n",a,b);
}
```

程序运行结果：

```
5555.555664
5555.555556
```

程序说明：

变量 a 被定义为 float，变量 b 被定义为 double。所以 a 的有效数字为 7 位，输出 5555.555 之后的数字是无效的；而 b 的有效数字虽然为 16 位。但是由于具体编译器的限制，只运算到小数点后 6 位，其余位数四舍五入。

对于实型数据，由于精度差别，大小差异极大的数值直接进行运算可能会丢失一部分数据。

【例 1-5】请分析下面的程序。

程序代码：

```
/* e1_5.c */
#include <stdio.h>
void main()
{
    float a,b;
    a=123456.789e5f;
    b=a+20;
    printf("%f",b);
}
```

程序运行结果：

```
12345678868.000000
```

程序说明：

a 加 20 的结果显然应该比 a 大，但运行程序得到的 a 和 b 的值都是 12345678868.000000。原因是 a 的值比 20 大很多，a+20 的理论值应是 12345678920，而一个实型变量只能保证的有效数字是 7 位有效数字，后面的数字是无意义的，并不能准确地表示该数。所以，把 20 加在后几位上，是无意义的。

5. 字符变量

字符变量是用来存放字符常量的，因此，一个字符变量中只可以存放一个字符，不可以存放字符串。

（1）字符变量的定义

字符变量的类型说明符为 char，定义格式与规则和整型变量相同。定义形式如下。

```
char c1,c2;
```

它表示 c1 和 c2 为字符型变量，可以各存放一个字符。

（2）字符变量的赋值

定义字符型变量后，在函数中可以用下面语句对 c1、c2 赋值。

```
c1='a';c2='b';
```

（3）字符变量的占用空间

所有编译系统中都规定以 1 字节用于存放一个字符，或者说一个字符变量在内存中占 1 字节，它只能存放 0 ~ 255 范围内的整数。将一个字符常量放到一个字符变量中，实际上并不是把该字符本身放到内存单元中去，而是将该字符对应的 ASCII 代码放到存储单元中。

【例 1-6】字符常量的存储形式。

程序代码：

```
/* e1_6.c */
#include <stdio.h>
void main()
{
   char c1,c2;
   c1=97; c2=98;
   printf("%c %c ",c1,c2);
   printf("%d %d\n",c1,c2);
   c1=c1-32; c2=c2-('a'-'A');
   printf("%c %c\n",c1,c2);
}
```

程序运行结果：

```
a b 97 98
A B
```

程序说明：

c1、c2 被指定为字符变量。在第 5 行中，将整数 97 和 98 分别赋给 c1 和 c2，它的作用相当于以下两个赋值语句。

```
c1='a';
c2='b';
```

第 6 行输出两个字符 a 和 b。“%c”是输出字符时必须使用的格式符。程序第 7 行输出两个整数 97 和 98。程序第 8 行的作用是将两个小写字母转换为大写字母。因为'a'的 ASCII 码为 97，而'A'为 65，'b'为 98，而'B'为 66。从 ASCII 代码表中可以看到每一个小写字母比大写字母的 ASCII 码大 32。即'a'='A'+32。程序第 9 行输出转换为大写字母后的结果。

1.2.5 各类数值型数据间的混合运算及数据类型转换

【例 1-7】数值的混合运算。

程序代码：

```
/* e1_7.c */
#include <stdio.h>
void main()
{
    printf("%f",18+'b'+1.5-2*'a');
}
```

程序运行结果：

```
-76.500000
```

从上面的例子可以看出，在 C 语言中，不同类型的数据是可以一起参与运算的，称为混合运算。

整型(包括 int,short,long)、实型(包括 float，double)数据可以混合运算，字符型数据在 0～255 范围内与整型通用，整型、实型、字符型数据间也可以进行混合运算。

系统开始运算时，不同类型的数据要先转换成同一类型，然后再进行运算。变量的数据类型转换方式有两种：自动转换和强制转换。

1. 自动转换

自动转换发生在不同数据类型的量运算时，由编译系统自动完成。

（1）自动转换遵循的规则如下。

① 若参与运算的量的数据类型不同，则先转换成同一类型，然后再进行运算。

② 转换数据始终往存储长度增加的类型方向进行，以确保精确度，如 int 和 long 运算，则将 int 转换为 long 再进行运算。

③ 所有的浮点运算都是以双精度（double）进行的，即使仅含有 float 变量的运算式，也要先转换为 double 再进行运算。

④ char 型和 short 进行运算时，均要先转换为 int 型。

⑤ 在赋值运算中，赋值号两边的数据类型不同时，将赋值号右边的数据类型转换成左边的类型，如果右边量的数据存储长度长于左边长度，会使一部分数据丢失，从而降低精度，丢失的部分则进行四舍五入。

（2）自动转换的运算规则如图 1.2 所示。

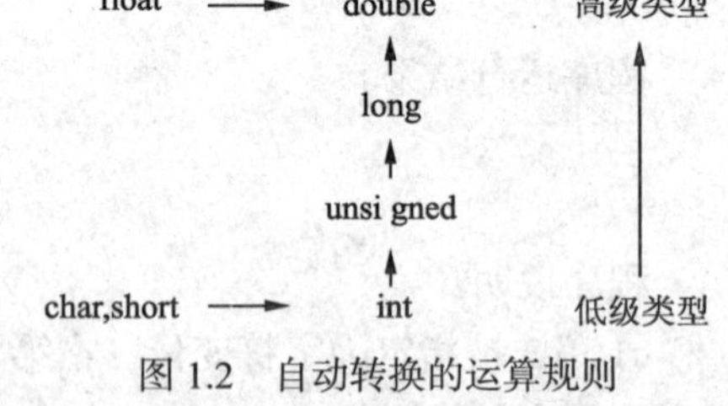

图 1.2 自动转换的运算规则

说明如下。

① 横向箭头是运算时必定要进行的转换，如 char、short 必须转换为 int；float 必须转换为 double 才能运算。

② 纵向箭头表示当运算对象的类型不同时转换的方向。如 char 和 float 运算，是将 char 转换为 double 后运算。

char 转换为 double 的过程是一次性的，无需中间过程，其他转换同样如此。

例如：m*n+'b'+23-d/e，假设已指定 m 为 int 型变量，n 为 float 型变量，b 为 char 型常量，d 为 double 型变量，e 为 long 型变量。

在计算机执行时从左至右扫描，运算次序如下。

step1：计算 m*n，因为 int 和 float 要转换为 double，所以先将 m 和 n 转换为 double，再计算，结果为 double。

step2：'b'为 char，转换为 double 后与第一步结果相加，结果为 double。

step3：23 为 int，转换为 double 后运算，结果为 double。

step4："/" 运算优先级高于 "–" 运算，先运算 d/e，e 转换为 double 型后运算，最后结果为 double。

2. 强制转换

强制转换是通过强制类型转换运算符来实现的。

其一般形式如下。

```
(类型说明符)(表达式);
```

功能是把表达式的运算结果强制转换为类型说明符说明的类型。举例如下。

```
(float)a;                       /*把 a 转换为单精度浮点型*/
(int)(x+y);                     /*把 x+y 的结果转换为整型*/
```

注意以下两点。

① 类型说明符和表达式都要用圆括号括起来（单个变量可以省略括号）。

② 无论是自动运算还是强制运算，都是本次运算的临时值，不会改变定义该变量时声明的数据类型。

举例如下。

```
#include <stdio.h>
void main()
{
    float x=5.75f;
    printf("%d, %f\n",(int)x,x);
}
```

输出结果为：5，5.750000

本例表明，x 虽强制转为 int 型，但只在运算中起作用，只是临时性的，而 x 本身的类型并不改变。因此，（int）x 的值为 5，而 x 的值仍为 5.75。

1.2.6 标准库函数和输入、输出函数

【例 1-8】简单的输入输出处理。

程序代码：

```
/* e1_8.c */
#include <stdio.h>
void main()
{
    int i,j,sum;                                    /*定义变量 i,j,sum*/
```

```
        printf("请输入两个整数（以空格分隔）：");            /*输出操作提示文本*/
        scanf("%d%d",&i,&j);                               /*输入变量 i,j 的值*/
        sum=i+j;                                           /*对 i 和 j 求和放入变量 sum 中*/
        printf("sum=%d\n",sum);                            /*在屏幕输出求和结果*/
    }
```

程序运行结果：

请输入两个整数（以空格分隔）：3 5

sum=8

在编写程序时，经常需要接收用户的输入进行处理，如上例就是由用户输入数字后进行计算，并将计算结果输出。C 语言中提供了标准库函数帮助我们完成一些常用的功能。

1. 标准库函数

C 语言本身没有输入输出语句，也没有直接处理字符串的语句，但是一般的 C 编译系统都提供了完成这些功能的函数，称为标准库函数。常用的有数学函数、字符函数、字符串函数、输入输出函数、动态分配函数和随机函数等若干类。需要说明的是标准库函数并不是 C 语言本身的组成部分，它是由编译程序根据一般用户的需要，编制并提供用户使用的一组程序。

在 C 语言处理系统中，标准库函数存放在不同的头文件（也称标题文件）中，例如，输入\输出一个字符的函数 getchar 和 putchar，有格式的输入\输出函数 printf 和 scanf 等就存放在标准输入输出头文件 stdio.h 中；求绝对值函数和三角函数等各种数学函数存放在标准输入输出头文件 math. h 中。这些头文件中存放了关于这些函数的说明、类型和宏定义，而对应的子程序则存放在运行库(.lib)中。使用时只要把头文件包含在用户程序中，就可以直接调用相应的库函数了。即在程序开始部分用如下形式。

```
#include <头文件名> 或 #include "头文件名"
```

需要说明的是，不同 C 编译系统提供的标准库函数在数量、种类、名称及使用上都有一些差异。但就一般系统而言，常用的标准函数基本上是相同的，附录 C 中列出了一些常用的标准库函数。

2. 格式输出函数 printf()

printf 函数称为格式输出函数，其功能是按用户指定的格式，把指定的数据输出到标准输出设备上。

（1）printf 函数的一般形式

```
printf("格式控制字符串",输出表列);
```

括号内包括以下两部分。

①“格式控制字符串”是用双引号括起来的字符串，也称“转换控制字符串”，它可以是两种信息：格式说明和普通字符。

格式说明是由“%”字符开始和格式字符组成，如%d、%f 等。它的作用是将输出的数据转换为指定的格式输出。

普通字符即需要原样输出的字符，包括转义字符。例如 printf 函数中双引号内的逗号、空格和换行符等。

②“输出表列”是需要输出的一些数据，可以是表达式。

在例 1-8 中，“%d”是格式说明（格式说明总是以“%”开头），“sum=”是普通字符，按原样输出，“\n”为转义字符，即回车换行，使下次输出在下一行的开始处，逗号后的 sum 是输出表列，即要被输出的数据。

在 Visual C++ 6.0 中，printf 函数输出表列中的求值顺序是从右到左进行的。

（2）格式控制字符串

printf 函数的格式控制字符串以%开始，以一个格式字符结束，中间可以插入附加的字符。一般形式如下。

%	[□]	[m]	[.n]	[h/l]	格式字符
↓	↓	↓	↓	↓	↓
[开始符]	[标志字符]	[宽度指示符]	[精度指示符]	[长度修正符]	[格式转换字符]

方括号中的项为可选项，可以省略。

下面分别介绍各项。

① 格式字符

格式字符用来表示输出数据的类型，对不同类型的数据用不同的格式字符，在格式控制字符串中不能省略，其常用符号和含义如表 1.5 所示。

表 1.5　printf 格式字符

格式字符	说明
d,i	以带符号的十进制形式输出整数（正数不输出符号）
o	以八进制无符号形式输出整数（不输出前导符 0）
x,X	以十六进制无符号形式输出整数（不输出前导符 0x），用 x 则输出十六进制数的 a～f，以小写形式输出；用 X 时，则以大写字母输出 A～F
u	以无符号十进制形式输出整数
c	以字符形式输出，只输出一个字符
s	输出字符串
f	以小数形式输出单、双精度数，隐含输出 6 位小数
e,E	以指数“e”或“E”形式输出实数（如 1.2e+02 或 1.2E+02）
g,G	选用%f 或%e 格式中输出宽度较短的一种格式，不输出无意义的 0。用 G 时，若以指数形式输出，则指数以大写表示

② 标志字符

标志字符包括–、+、#、0 4 种，具体含义如表 1.6 所示。

表 1.6 printf 标志字符

字符	意义
–	输出结果左对齐，右边填空格；缺省则输出结果右对齐，左边填空格或零
+	输出值为正时冠以“+”号，为负时冠以“–”号，缺省则为正时冠以空格，为负时冠以“–”号
#	八进制输出时加前缀 0；十六进制输出时加前缀 0x，对 c、s、d、u 类无影响，对 e、g、f 类当结果有小数时才给出小数点
0	输出在数据前的多余空格处加前导 0

举例：

```
printf("%6d\n",111);            /*输出结果为□□□111,左边填空格*/
printf("%-6d\n",111);           /*输出结果为 111□□□，右边填空格*/
printf("%+d,%+d\n",111,-111);   /*输出结果为+111,-111*/
printf("%#o,%#x\n",10,16);      /*输出结果为 012,0x10*/
printf("%06d\n",111);           /*输出结果为 000111*/
```

③ 宽度指示符

用来设置输出数据项的最小宽度，通常用十进制整数来表示输出的位数。如果输出数据项所需实际位数多于指定宽度，则按实际位数输出，如果实际位数少于指定的宽度则用空格填补。

举例：

```
printf("%d\n",888);             /* 888（按实际需要宽度输出）*/
printf("%6d\n",888);            /* □□□888（输出右对齐，左边填空格）*/
printf("%f\n",888.88);          /* 888.880000（按实际需要宽度输出）*/
printf("%12f\n",888.88);        /* □□888.880000（输出右对齐，左边填空格）*/
printf("%g\n",888.88);          /* 888.88（%g 格式比采用%f 格式输出宽度小）*/
printf("%8g\n",888.88);         /* □□888.88（输出右对齐，左边填空格）*/
```

④ 精度指示符

对于十进制数，以“.”开头，用十进制整数表示精度。对于 float 或 double 类型的浮点数或字符串可以用“m.n”的形式在指定宽度的同时来指定其精度。其中，“m”用以指定输出数据所占的总的宽度，“n” 表示精度，对实数，表示输出 n 位小数；对字符串，表示截取的字符个数。

举例：

```
printf("%.5d\n",888);           /* 00888（数字前补 0）*/
printf("%.0d\n",888);           /* 888 */
printf("%8.3f\n",888.88);       /* □888.880 */
printf("%8.1f\n",888.88);       /* □□□888.9 */
printf("%8.0f\n",888.88);       /* □□□□□889 */
printf("%.5s\n","abcdefg");     /* abcde（截去超过的部分）*/
printf("%5s\n","abcdefg");      /* abcdef（宽度不够，按实际宽度输出）*/
```

⑤ 长度修正符

常用的长度修正符为 h 和 l 两种，h 表示输出项按短整型输出，l 表示输出项按长整型输出。

【例 1-9】输出形式举例。

程序代码：

```
/* e1_9.c */
#include <stdio.h>
void main()
{
    int a=123;
    long b=1234567;
    float c=123.4567f;
    printf("%d,%6d,%-6d,%2d\n",a,a,a,a);
    printf("%ld,%8ld,%4ld\n",b,b,b);
    printf("%f,%10f,%10.2f,%-10.2f\n",c,c,c,c);
    printf("%s,%10.5s,%-10.5s\n","student","student","student");
}
```

程序运行结果：

```
123,□□□123,123□□□,123
1234567,□1234567,1234567
123.456700,123.456700,□□□□123.46,123.46□□□□
student,□□□□□stude,stude□□□□□
```

程序说明：

如果输出数据项所需实际位数等于或多于指定宽度，按实际需要宽度输出，如%d、%2d、%ld、%4ld、%s，对应输出 123、123、1234567、1234567、student。

如果实际位数少于指定的宽度则用空格填补，如%6d、%8ld、%10.2f、%10.5s，输出右对齐，左边填空格，对应输出为□□□123、□1234567、□□□□123.46、□□□□□stude；而%−6d、%−10.2f、%−10.5s，输出左对齐，右边填空格，对应输出为 123□□□、123.46□□□□、stude□□□□□。

3. 格式输入函数 scanf()

格式输入函数 scanf()的功能是从键盘上输入数据，该输入数据按指定的输入格式赋给相应的输入项。

（1）scanf 函数的一般形式

```
scanf("格式控制字符串",地址表列);
```

"格式控制字符串"的含义同 printf 函数；"地址表列"是由若干个地址组成的表列，可以是变量的地址，或字符串的首地址。变量的地址由取地址运算符"&"后跟变量名组成。

如在例 1-8 中，"%d%d"是格式控制字符串,&i,&j 是地址表列。

（2）格式控制字符串

和 printf 函数中的格式控制字符串相似，以'%'开始，以一个格式字符结束，中间可以插入附加的字符。格式说明的一般形式如下。

%	[*]	[m]	[h/l]	格式字符
↓	↓	↓	↓	↓
[开始符]	[赋值抑制符]	[宽度指示符]	[长度修正符]	[格式转换字符]

说明

方括号中的项为可选项，可以省略。

① 格式字符。表示输入数据的类型，其字符和含义如表 1.7 所示。

表 1.7 scanf 格式字符

格式字符	说　　明
d,i	输入有符号的十进制整数
u	输入无符号的十进制整数
o	输入无符号的八进制整数
x,X	输入无符号的十六进制整数（大小写作用相同）
c	输入单个字符
s	输入字符串，将字符串送到一个字符数组中，在输入时以非空白字符开始，以第一个空白字符结束。字符串以串结束标志'\0'作为其最后一个字符
f	输入实数，可以用小数形式或指数形式输入
e,E,g,G	与 f 作用相同，e 与 f、g 可以互相替换(大小写作用相同)

② 抑制字符“*”。表示该输入项读入后不赋予相应的变量，即跳过该输入值。

例如：

```
scanf("%d%*d%d",&x,&y);
```

输入 10□18□25 后，把 10 赋予变量 x，18 被跳过，25 赋予变量 y。

③ 宽度指示符。用十进制整数指定输入数据的宽度。

例如：

```
scanf("%5d",&x);
```

输入数据“123456”，把前 5 位数 12345 赋予变量 x，其余部分被截去。

例如：

```
scanf("%4d%4d",&x,&y);
```

输入数据“123456”，把前 4 位数 1234 赋予变量 x，而把剩下的后 2 位数 56 赋予变量 y。

④ 长度修正符。长度修正符分为 l 和 h 两种，l 用于输入长整型数据；h 用于输入短整型数据。

（3）使用 scanf 函数注意事项

① scanf 函数中的“格式控制字符串”后面应当是变量地址，而不应是变量名。

例如：如果 a、b 为整型变量，则 scanf("%d,%d",a,b);是错误的，应将“a,b”改为“&a,&b”。

② scanf 函数没有计算功能，因此输入的数据只能是常量，而不能是表达式。

③ 在输入多个整型数据或实型数据时，可以用一个或若干个空格、Enter 键或制表符（Tab）作为间隔；但在输入多个字符型数据时，数据之间的分隔符和“转义字符”都认为是有效字符。

例如：

```
scanf("%c%c%c",&c1,&c2,&c3);
```

如输入：a□b□c　<Enter>

则字符'a'赋予变量 c1，字符'□'赋予变量 c2，字符'b'赋予变量 c3，因为%c 只要求读入一个字符，后面需要用空格作为两个字符的间隔，因此'□'作为下一个字符赋予变量 c2。

④ 输入格式中，除格式说明符之外的普通字符应原样输入。

例如：

```
scanf("x=%d,y=%d,z=%d",&x,&y,&z);
```

应使用以下形式输入：

```
x=12,y=34,z=56   <Enter>
```

⑤ 输入实型数据时，不能规定精度，即没有“%m.n”的输入格式。

例如：

```
scanf("%7.2f",&f);
```

这种输入格式是不合法的，不能企图用这样的scanf函数输入以下数据而使f的值为12345.67。

```
1234567 <Enter>
```

⑥ 在输入数据时，如果遇到以下情况，则认为是该数据输入结束。

a）遇到空格符、换行符或制表符（Tab）。

例如：

```
scanf("%d%d%d%d",&i,&j,&k,&m);
```

如果输入

```
1□2<Tab>3<Enter>4<Enter>
```

则i、j、k、m变量的值分别为1、2、3、4。

b）遇到给定的宽度结束。

例如：

```
scanf("%2d",&i);
```

如果输入

```
1234567 <Enter>
```

则i变量的值为12。

c）遇到非法字符输入。

例如：

```
scanf("%d%c%f",&i,&c1,&f1);
```

如果输入

```
123x45y.6789
```

系统自左向右扫描输入的信息。由于x字符不是十进制中的合法字符，因而第一个数i到此结束，即i=123；第二个数c1='x'；系统继续向右扫描，由于y字符不是实数中的有效字符，因而第三个数到此结束，即f1=45.0。

⑦ 若输入的数据与输出的类型不一致，虽然编译能够通过，但结果不正确。

【例1-10】输入数据与输出数据类型不一致的情况。

程序代码：

```
/* e1_10.c */
#include <stdio.h>
void main()
{
    int a;
    printf("input a number\n");
    scanf("%d",&a);
    printf("%ld",a);
}
```

程序运行结果：

```
3
196611
```

程序说明：

由于输入 a 的数据类型为整型，而输出语句的格式串中说明为长整型，因此输出结果和输入数据不符。

当输入数据改为长整型后，输入输出数据相等。如改动程序如下。

```
void main()
{
    long a;
    printf("input a long integer\n");
    scanf("%ld",&a);
    printf("%ld",a);
}
```

程序运行结果：

```
input a long integer
1234567890 <Enter>
1234567890
```

4. 单字符输入、输出函数

C 语言提供了两个无格式控制的专门用于输入、输出单个字符的函数 getchar()和 putchar()。

（1）单字符输入函数 getchar()

getchar()函数的功能是从键盘输入一个字符。该函数没有参数。

getchar()函数的一般形式如下。

```
c=getchar();
```

执行这一调用时，变量 c 将得到用户从键盘输入的一个字符值，这里的 c 可以是字符型或整型变量。

【例 1-11】 getchar()函数应用举例。

程序代码：

```
/* e1_11.c */
#include "stdio.h"
void main()
{
    char c;
    c=getchar();                    /*接收用户从键盘上输入的一个字符*/
    putchar(c);                     /*输出字符型变量 c 的值*/
}
```

程序运行结果（从键盘输入：d）：

```
d
```

程序说明：

① getchar()函数只能用于单个字符的输入，且一次只能输入一个字符。

② getchar()函数在使用时，必须在程序的开头加上编译预处理命令#include "stdio.h"。

③ getchar()函数没有参数，但有返回值，返回的就是输入的字符。

④ getchar()函数同样将空格和回车键等字符作为有效字符输入。

⑤ 程序最后两行可用下面两行的任意一行代替。

```
putchar(getchar());
printf("%c",getchar());
```

（2）单字符输出函数 putchar()

putchar()函数的功能是将一个字符向终端输出。

putchar()函数的一般调用形式如下。

```
putchar(c)
```

即把变量 c 的值输出到显示器上，这里的 c 可以是字符型或整型变量，也可以是一个转义字符。

【例 1-12】putchar()函数应用举例。

程序代码：

```
/* e1_12.c */
#include "stdio.h"
void main()
{
    char a,b,c,d;
    a='g';
    b='o';
    c=111;
    d='d';
    putchar(a);
    putchar(b);
    putchar(c);
    putchar(d);
}
```

程序运行结果：

```
good
```

程序说明：

① putchar()函数只能用于单个字符的输出，并且一次只能输出一个字符。

② putchar()函数在使用时，必须在程序的开头加上编译预处理命令#include "stdio.h"。

③ putchar()函数有参数，无返回值。参数就是要输出的字符，可以是字符变量或字符常量。

1.3　基本运算符和表达式

运算符是 C 语言里用于描述对数据进行运算的特殊符号。有了基本数据对象和运算符，就可以写出相应的计算表达式。通常，必须使用合适的运算符和表达式才能解决问题。

【例 1-13】判断输入的年份是否是闰年。

解决该问题首先要了解闰年的条件，闰年年份必须满足以下条件之一。

（1）能被 4 整除，但不能被 100 整除。

（2）能被 100 整除又能被 400 整除。

程序代码：

```
/* e1_13.c */
#include <stdio.h>
void main()
{
    int year;
    printf("请输入年份：");
    scanf("%d",&year);
    if(year%400==0||(year%4==0&&year%100!=0))
        printf("%d年是闰年\n",year);
    else
        printf("%d年不是闰年\n",year);
}
```

程序运行结果：

```
请输入年份：2015
2015年不是闰年
```

程序说明：

在程序中为了表示符合闰年的两个条件，使用表达式：year%400==0||(year%4==0&&year%100!=0)，该表达式中包含算术运算符和逻辑运算符，year%400==0表示用年份对400求余数结果为0，即能被400整除（当然也能被100整除），year%4==0&&year%100!=0表示年份对4求余数结果为0，且年份对100求余结果不为0。符号“&&”表示其两侧表达式是“且”的关系，符号“||”表示其两侧表达式是“或”的关系。

下面将对C语言的各类运算符和表达式做具体介绍。

1.3.1 运算符、表达式、优先级和结合性

1. 运算符

用来表示各种运算的符号称为运算符，也叫操作符。C语言的运算符按其在表达式中与运算对象的关系（连接运算对象的个数）可以分为：单目运算、双目运算和三目运算。

运算符必须有运算对象。C语言中的运算符的运算对象可以是1个，称为单目运算符；运算对象也可以是2个，称为双目运算符；运算对象还可以是3个，称为三目运算符。单目运算符若放在运算对象的前面称为前缀单目运算符；若放在运算对象的后面称为后缀单目运算符。双目运算符都是放在两个运算对象之间的。三目运算符在C语言中只有一个：条件运算符，夹在3个运算对象之间。

若按运算符在表达式中所起的作用又可以进一步分类。具体分类如表1.8所示。

表1.8　　C语言的运算符

运算符种类	运算符	运算符种类	运算符
算术运算符	+、–、*、/、%	逗号运算符	,
自增、自减运算符	++、--	指针运算符	*、&
关系运算符	>、<、= =、>=、<=、!=	求字节数运算符	sizeof
逻辑运算符	!、&&、||	强制类型转换运算符	(类型)
位运算符	<<、>>、~、|、^、&	分量运算符	.、->
赋值运算符	=及其扩展赋值运算符	下标运算符	[]
条件运算符	? :	其他	如函数调用运算符()

要把表中的运算符仔细分类是不容易的，因为同一个运算符，在不同的地方其含义是不同的。如*运算符，当作为乘运算时是双目操作符，而作为指针运算符就是单目操作符。

2. 表达式

表达式就是用运算符将运算对象连接而成的符合C语言规则的算式。表达式中的运算对象可为常量、变量、函数等。表达式是程序和语句中最为活跃的成分，C语言的多数执行语句中都包含有表达式。有些表达式在程序中可以作为一个独立的语句，如赋值表达式、复合赋值表达式、自增自减表达式等，这些可作为独立语句使用的表达式称为表达式语句。

对C语言表达式的理解和掌握，除了要严格遵循表达式构成的规则外，最重要的有两方面：一是对表达式含义的理解，也就是对各种运算符运算规则的理解；二是掌握运算符的优先级和结合规则。在此基础上才能灵活地用表达式有效地对实际问题进行描述。

3. 优先级和结合性

C语言中的运算具有一般数学运算的概念，即有优先级和结合性（也称为结合方向）。

优先级：指同一个表达式中不同运算符进行计算时的先后次序。

结合性：是针对同一优先级的多个运算符而言的，它是指同一个表达式中相同优先级的多个运算应遵循的运算顺序。

在C语言中，运算符的运算优先级共分为15级，1级最高，15级最低。在表达式中，优先级较高的先于优先级较低的进行运算。当一个运算量两侧的运算符优先级相同时，则按运算符的结合性所规定的结合方向处理。在书写包含多种运算符的表达式时，应注意各个运算符的优先级，从而确保表达式中的运算符能以正确的顺序执行。如果对复杂表达式中运算符的计算顺序没有把握，可用圆括号强制实现计算顺序。

C语言中各运算符的结合性分为两种：左结合性（自左至右）和右结合性（自右至左）。例如算术运算符的结合性是自左至右，即先左后右。如有表达式x–y+z，则y应先与“–”号结合，执行x–y运算，然后再执行+z的运算。这种自左至右的结合方向就称为“左结合性”。而自右至左的结合方向称为“右结合性”。 最典型的右结合性运算符是赋值运算符。如x=y=z,由于“=”的右结合性，应先执行y=z再执行x=(y=z)运算。运算符的优先级和结合性如表1.9所示。

表1.9　　运算符的优先级和结合性

优先级	运算符	结合率	运算对象个数
1	() [] –> .	从左至右	
2	! ~ ++ –– （类型） sizeof + – * &	从右至左	单目运算符
3	* / %	从左至右	双目运算符
4	+ –	从左至右	双目运算符
5	<< >>	从左至右	双目运算符
6	< <= > >=	从左至右	双目运算符
7	== !=	从左至右	双目运算符
8	&	从左至右	双目运算符
9	^	从左至右	双目运算符
10	|	从左至右	双目运算符

续表

优先级	运算符	结合率	运算对象个数
11	&&	从左至右	双目运算符
12	||	从左至右	双目运算符
13	?:	从右至左	三目运算符
14	= += -= *= /= %= &= ^= |= <<= >>=	从右至左	双目运算符
15	,	从左至右	

从表中可以看出一个规律，通常所有单目运算的优先级高于双目运算；凡是单目运算符都是“右结合”的，凡是双目运算符（除了赋值运算符）都是“左结合”的。其中有一个“?:”运算符是三目运算符，是“右结合”的，记住了这个规律，也就掌握了运算符的结合性。

1.3.2 算术运算符与算术表达式

1. 算术运算符

算术运算符除了取正、取负值运算符外都是双目运算符，即指两个运算对象之间的运算。取正、取负运算符是单目运算符。表 1.10 给出了基本算术运算符的种类和功能。

表 1.10 算术运算符

运算符	名称	例子	运算功能
+ -	取正、负值	-x	取 x 的负值
+	加	x+y	求 x 与 y 的和
-	减	x-y	求 x 与 y 的差
*	乘	x*y	求 x 与 y 的积
/	除	x/y	求 x 与 y 的商
%	求余（或模）	x%y	求 x 除以 y 的余数

使用算术运算符应注意以下几点。

（1）“+”、“-”运算符既具有单目运算的取正值运算和取负值运算的功能，又具有双目运算功能。作为单目运算符使用时其优先级别高于双目运算符。

（2）除法运算“/”在使用时要特别注意数据类型。因为两个整数（或字符）相除，其结果是整型。如果不能整除时，只取结果的整数部分，小数部分全部舍去。例如，1/3 = 0 和 13/4 = 3，结果为 0 和 3，舍去小数部分。若两个实数相除，所得的商也为实数。上述两个整数如果用实数相除，则有 1.0/3.0 = 0.333333 和 13.0/4.0 = 3.250000。

（3）模运算“%”也称为求余运算。运算符“%”要求两个运算对象都为整型，其结果是整数除法的余数。例如 5%10 = 5，10%3 = 1，-10%3 = -1。

2. 算术运算符的优先级、结合规律

表 1.11 给出了算术运算符的优先级和结合性。

表 1.11 算术运算符的优先级和结合性

运算种类	结合性	优先级
* / %	从左向右	高 ↓ 低
+ -	从左向右	

在算术表达式中，若包含不同优先级的运算符，则按运算符的优先级别由高到低进行；若表达式中运算符的优先级别相同时，则按运算符的结合方向（结合性）进行。

3. 算术表达式

C 语言的算术表达式由算术运算符、常数、变量、函数和圆括号组成，其基本形式与数学上的算术表达式类似。如下。

```
3+5    12.34-23.65*2    -5*(18%4+6)    x/(67-(12+y)*a)
```

都是合法的算术表达式。

C 语言算术表达式的书写形式与数学中表达式的书写形式是有区别的，在使用时要注意以下几点。

（1）双目运算符两侧运算对象的类型不一定一致。如果类型不一致，系统将自动按转换规律先对操作对象进行转换，然后再进行相应的运算。

（2）C 语言表达式中的乘号不能省略。例如，数学式 b^2-4ac,相应的 C 表达式应写成：b*b–4*a*c。

（3）C 语言表达式中只能使用系统允许的标识符。例如，数学式 πr^2 相应的表达式应写成：3.1415926*r*r。

（4）C 语言表达式中的内容必须书写在同一行，不允许有分子分母形式，必要时要利用圆括号保证运算的顺序。如下。

数学式 $\frac{a+b}{c+d}$ 相应的 C 表达式应写成：（a+b）/(c+d)。

（5）C 语言表达式不允许使用方括号和花括号，只能使用圆括号帮助限定运算顺序。可以使用多层圆括号，但左右括号必须配对，运算时从内层圆括号开始，由内向外依次计算表达式的值。

1.3.3 赋值运算符与赋值表达式

赋值运算符用于赋值运算，分为简单赋值(=)、复合算术赋值(+=,–=,*=,/=,%=)和复合位运算赋值(&=,|=,^=,>>=,<<=)3 类共 11 种。

1. 简单赋值运算符和表达式

（1）赋值运算符。赋值运算符用“=”表示，其功能是计算赋值运算符“=”右边表达式的值，并将计算结果赋给“=”左边的变量。如下。

```
n=12.3;        /*直接将实型数 12.3 赋给变量 n*/
c=a*b;         /*将 a 和 b 进行乘法运算，所得到的结果赋给变量 c*/
```

注意

赋值运算符“=”与数学中的等号完全不同，数学中的等号表示在该等号两边的值是相等的，而赋值运算符“=”是指要完成“=”右边表达式的运算，并将运算结果存放到“=”左边指定的内存变量中。可见，赋值运算符完成两类操作，一是计算，二是赋值。

（2）赋值表达式。由赋值运算符将一个变量和一个表达式连接起来的式子称为赋值表达式。它的一般形式如下。

```
变量名=表达式
```

对赋值表达式的求解过程：计算赋值运算符右边“表达式”的值，并将计算结果赋值给赋值运算符左边的“变量”。赋值表达式“变量名=表达式”的值就是赋值运算符左边“变量”的值。

说明如下。

① 赋值运算符的左边必须是变量，右边的表达式可以是单一的常量、变量、表达式和函数调用语句。例如，下面均为合法赋值表达式。

```
x=10;y=x+10;y=func()
```

② 赋值符号“=”不同于数学中使用的等号，不具有相等的含义。如下。

x=x+1，其含义是取出变量 x 中的值加 1 后，再存入变量 x 中去。

③ 在一个赋值表达式中，可以出现多个赋值运算符，其运算顺序是从右向左结合。例如，下面是合法的赋值表达式。

```
a=b=3+5        /*相当于 a=(b=3+5)*/
```

运算时，先执行 b=3+5，再把它的结果赋予 a，最后使 a、b 的值均为 8。

（3）类型转换。在对赋值表达式求解过程中，如果赋值运算符两边的数据类型不一致，赋值时要进行类型转换。其转换工作由 C 语言编译程序自动实现，转换原则是以“=”左边的变量类型为准，即将“=”右边的值转换为与“=”左边的变量类型一致。

【例 1-14】类型转换示例。

程序代码：

```
/* e1_14.c */
#include <stdio.h>
void main()
{
    int i=5;                                 /*说明整型变量 i 并初始化为 5*/
    float a=3.5,a1;                          /*说明实型变量 a 和 a1 并初始化 a*/
    double b=123456789.123456789;            /*说明双精度型变量 b 并初始化 b*/
    char c='A';                              /*说明字符变量 c 并初始化为'A'*/
    printf("i=%d,a=%f,b=%f,c=%c\n",i,a,b,c);      /*输出 i,a,b,c 的初始值*/
    a1=i;i=a;a=b;c=i;                        /*整型变量 i 的值赋值给实型变量 a1*/
                                             /*实型变量 a 的值赋给整型变量 i*/
                                             /*双精度型变量 b 的值赋值给实型变量 a*/
                                             /*整型变量 i 的值赋值给字符变量 c*/
    printf("i=%d,a=%f,a1=%f,c=%c\n",i,a,a1,c);
                                             /*输出 i,a,a1,c 赋值以后的值*/
}
```

程序运行结果：

```
i=5, a=3.500000, b=123456789.123457, c=A
i=3, a=123456792.000000, a1=5.000000, c=♥
```

程序说明：

① 将 float 型数据赋值给 int 型变量时，先将 float 型数据舍去其小数部分，然后再赋值给 int 型变量。例如“i=a;”的结果是 int 型变量 i 只取实型数据 3.5 的整数 3。

② int 型数据赋给 float 型变量时，先将 int 型数据转换为 float 型数据，并以浮点数的形式存储到变量中，其值不变。例如“a1=i;”的结果是整型数 5 先转换为 5.000000 再赋值给实型变量 a1。如果赋值的是双精度实数，则按其规则取有效数位。

③ double 型实数赋给 float 型变量时，先截取 double 型实数的前 7 位有效数字，然后再赋值给 float 型变量。例如“a=b;”的结果是截取 double 型实数 123456789.123457 的前 7 位有效数字 1234567 赋值给 float 型变量。上述输出结果中 a=123456792.000000 的第 8 位以后就是不可信的数据了。所以一般不使用这种把有效数字多的数据赋值给有效数字少的变量。

④ int 型数据赋值给 char 型变量时，由于 int 型数据用 2 字节表示，而 char 型数据只用 1 字节表示，所以先截取 int 型数据的低 8 位，然后赋值给 char 型变量。例如上述程序中执行“i=a;”后 int 型变量 i 的结果是 3，而“c=i;”的结果是截取 i 的低 8 位（二进制数 00000011）赋值给 char 型变量，将其 ASCII 码对应的字符输出为♥。

2. 复合赋值运算符和表达式

（1）复合赋值运算符。C 语言规定赋值组合运算符的一般形式如下。

```
运算符=
```

其中“运算符”可以与“=”一起组合成复合赋值运算符。共有以下 10 种复合赋值运算符。

+=、-=、*=、/=、%=、<<=、>>=、&=、^=、|=

其中后 5 种是有关位运算的，位运算将在以后的章节中介绍。复合赋值运算符的优先级与赋值运算符的优先级相同，且结合方向也一致。

（2）复合赋值表达式。由复合赋值运算符将一个变量和一个表达式连接起来的式子称为复合赋值表达式。它的一般形式如下。

```
变量名 组合赋值运算符 表达式
```

其功能是对“变量名”和“表达式”进行组合赋值运算符所规定的运算，并将运算结果赋值给组合赋值运算符左边的“变量名”。

组合赋值运算的作用等价于

```
变量名=变量名 运算符 表达式
```

即先将变量和表达式进行指定的组合运算，然后将运算的结果值赋给变量。

举例如下。

```
a+=3 等价于 a=a+3
a*=b+5 等价于 a=a*(b+5)
a%=7 等价于 a=a%7
```

“a*=b+5”与“a=a*b+5”是不等价的，它实际上等价于 a*(b+5)，这里括号是必须有的。

C 语言提供了赋值表达式，它使赋值操作不仅可以出现在赋值语句中，而且可以以表达式的形式出现在其他语句中。如下。

```
printf("i=%d,s=%f\n",i=3*45,s-=3.14*12.5*12.5);
```

该语句直接输出赋值表达式 i=3*45 和 s-=3.14*12.5*12.5 的值，也就是输出变量 i 和 s 的值，在一个语句中完成了赋值和输出的双重功能，这就是 C 语言使用的灵活性。

【例 1-15】复合赋值运算符示例。

程序代码：

```
/* e1_15.c */
#include <stdio.h>
void main()
{
    int a=3,b=4,c=5,d=6,x;
    a+=b*c;
    b-=c/b;
    printf("%d,%d,%d,%d\n",a,b,c*=2*(a-c),d%=a);
    printf("x=%d\n",x=a+b+c+d);
}
```

程序运行结果：

```
23,3,180,6
x=212
```

程序说明：

其中“a+=b*c;”等价于“a=a+b*c;”，“ b-=c/b;” 等价于“b=b-c/b;”，“c*=2*(a-c)” 等价于“c=c*2*(a-c)”，“d%=a”等价于“d=d%a”，计算结果 a、b、c、d 分别为 23、3、180 和 6。

1.3.4 自增、自减运算符与表达式

自增“++”、自减“--”运算是单目运算，其作用是使变量的值增 1 或减 1。其优先级高于所有双目运算。表 1.12 列出了自增、自减运算符的种类和功能。

表 1.12 自增、自减运算符

运算符	名称	例子	等价于
++	加 1	i++或++i	i=i+1
--	减 1	i--或--i	i=i-1

自增、自减运算的应用形式如下。

++i；--i；运算符在变量前面，称为前缀形式，表示变量在使用前自动加 1 或减 1。

i++；i--；运算符在变量后面，称为后缀形式，表示变量在使用后自动加 1 或减 1。

使用自增自减运算时应注意以下几点。

（1）++、--运算只能作用于变量，不能用于表达式或常量。因为自增、自减运算是对变量进行加 1 或减 1 操作后再对变量赋新的值，而表达式或常量都不能进行赋值操作。所以下列语句形式都是不允许的。

```
x=(a+b)++;     8++;     (2*3)++;
```

（2）++、--运算的前缀形式和后缀形式的意义不同。前缀形式是在使用变量之前先将其值增 1 或减 1；后缀形式是先使用变量原来的值，使用完后再使其值增 1 或减 1。即++i 是先执行 i=i+1 后，再使用 i 的值；i++是先使用 i 的值后，再执行 i=i+1。

如 i 的原值等于 3，则执行下面的赋值语句。

```
j=++i;                /*i 的值先变成 4，再赋给 j，j 的值为 4*/
j=i++;                /*先将 i 的值 3 赋给 j，j 的值为 3，然后 i 变为 4*/
```

又如

```
i=3;
printf("%d",++i);
```

输出“4”。

若改为

```
printf("%d",i++);
```

则输出“3”。

（3）用于++、--运算的变量只能是整型、字符型和指针型变量。

（4）++、--的结合性是自右向左的。例如，-i++，因为“-”运算符和“++”运算符优先级相同，而结合方向为“自右至左”，即它相当于-(i++)。

（5）自增(减)运算符常用于循环语句中，使循环变量自动加1（或减1）；也用于指针变量，使指针指向上一个（或下一个）地址，这些将在以后的章节中介绍。

1.3.5 关系运算符与关系表达式

1. 关系运算符

关系运算是逻辑运算中比较简单的一种。所谓“关系运算”实际上是“比较运算”。将两个值进行比较，判断其比较的结果是否符合给定的条件。

C 语言规定的 6 种关系运算符及其有关的说明如表 1.13 所示。

表 1.13 关系运算符

运算符	含义	例子
>	大于	x>y，5>8
>=	大于等于	x>=y，3>=2
<	小于	x<y，3<8
<=	小于等于	x<=y，3<=y
!=	不等于	x!=y，3!=5%7
==	等于	x==y，3==5*x

关系运算符都是双目运算符，其结合性是从左到右结合。关系运算符的优先次序如下。

（1）前 4 种关系运算符(<，<=，>，>=)的优先级别相同，后 2 种也相同。前 4 种高于后 2 种。例如，“>”优先于“==”。而“>”与“<”优先级相同。

（2）关系运算符的优先级低于算术运算符高于赋值运算符。

2. 关系表达式

用关系运算符将两个表达式(可以是算术表达式、关系表达式、逻辑表达式、赋值表达式、字符表达式)连接起来的式子，称关系表达式。

例如，下面都是合法的关系表达式。

```
x+y>3*z                        /*两个算术表达式的值做比较*/
(x=y)<(y=10%z)                 /*两个赋值表达式的值做比较*/
```

```
(x<=y)==(y>z)                /*两个关系表达式的值做比较*/
'X'!='x'                     /*两个字符表达式的值做比较*/
```

进行关系运算时，先计算表达式的值，然后再进行关系比较运算。

关系表达式的运算结果（称为关系表达式的值）只有两种可能，即“真”或“假”。以“1”代表“真”，以“0”代表“假”。一个关系表达式描述的是一种逻辑判断，运算结果一定是逻辑值。

注意以下两点。

（1）关系运算符的优先级。以关系表达式 x+y>3*z 为例，因为算术运算的优先级高于关系运算，所以先计算 x+y 和 3*z 的值，如果 x=3，y=4，z=5，则结果分别为 7 和 15，再将 7 和 15 进行关系比较，其运算结果为 0。

（2）在表达式中连续使用关系运算符时，要注意表达含义正确。例如，变量 x 的取值范围为 0≤x≤20 时，不能写成 0<=x<=20。因为关系表达式“0<=x<=20”的运算过程是按照优先级，先求出“0<=x”的结果，再将结果 1 或 0 做“<=20”的判断，这样无论 x 取何值，最后表达式一定成立，结果一定为 1。这样显然违背了原来的含义。此时，就要运用下面介绍的逻辑运算符进行连接，即应写为 0<=x && x<=20。

1.3.6 逻辑运算符与逻辑表达式

1. 逻辑运算符

C 语言规定的 3 种逻辑运算符及其说明如表 1.14 所示。

表 1.14 逻辑运算符

<table>
<tr><th>运算符</th><th>含义</th><th>运算对象个数</th><th>结合方向</th><th>例子</th></tr>
<tr><td>&&</td><td>逻辑与</td><td>双目运算符</td><td>自左向右</td><td>x&&y，3>8&&x==y</td></tr>
<tr><td>||</td><td>逻辑或</td><td>双目运算符</td><td>自左向右</td><td>x||y，3<=8||x==y</td></tr>
<tr><td>!</td><td>逻辑非</td><td>单目运算符</td><td>自右向左</td><td>!x，!x==y</td></tr>
</table>

逻辑运算要求运算对象为“真”（非 0）或“假”（0）。这 3 种逻辑运算符的运算规则可用表 1.15 所示的真值表表示，用它表示当 a 和 b 的值为不同组合时，各种逻辑运算所得到的值。

表 1.15 逻辑运算真值表

<table>
<tr><th>a</th><th>b</th><th>!a</th><th>!b</th><th>a&&b</th><th>a||b</th></tr>
<tr><td>真</td><td>真</td><td>假</td><td>假</td><td>真</td><td>真</td></tr>
<tr><td>真</td><td>假</td><td>假</td><td>真</td><td>假</td><td>真</td></tr>
<tr><td>假</td><td>真</td><td>真</td><td>假</td><td>假</td><td>真</td></tr>
<tr><td>假</td><td>假</td><td>真</td><td>真</td><td>假</td><td>假</td></tr>
</table>

2. 逻辑运算符的优先次序

在一个逻辑表达式中如果包含多个逻辑运算符，如

```
!a&&b||x>y&&c
```

则逻辑运算符的优先次序如下。

（1）!(非)→&&(与)→|| (或)，即“!”为三者中最高的。

（2）逻辑运算符中的“&&”和“||”低于关系运算符，“!”高于算术运算符。

例如：

```
(a>b)&&(x>y)                /*可写成 a>b&&x>y*/
(a==b)||(x==y)              /*可写成 a==b||x==y*/
(!a)||(a>b)                 /*可写成 !a||a>b*/
```

3. 逻辑表达式

逻辑表达式的值是一个逻辑量“真”或“假”。

C 语言编译系统在给出逻辑运算结果时，以数值 1 代表“真”，以 0 代表“假”，但在判断一个量是否为“真”时，以 0 代表“假”，以非 0 代表“真”。即将一个非零的数值认作“真”。所以，在逻辑表达式中作为参加逻辑运算的运算对象（操作数）可以是 0（“假”）或任何非 0 的数值（按“真”对待）。如果在一个表达式中不同位置上出现数值，应区分哪些是作为数值运算或关系运算的对象，哪些作为逻辑运算的对象。

例如，6>2&&9<3–!0 的值为 0。

先进行“!0”的运算，得到结果 1。然后进行 3–1 的运算，得结果 2，再进行 9<2 的运算，得 0，最后进行“1&&0”的运算，得 0。

注意以下两点。

（1）逻辑运算符两侧的运算对象不但可以是 0 和 1，或者是 0 和非 0 的整数，也可以是任何类型的数据。可以是字符型、实型或指针型等。系统最终以 0 和非 0 来判定它们属于“真”或“假”。

例如，'c'&&'d' 的值为 1（因为'c'和'd'的 ASCII 值都不为 0，按“真”处理）。

可以将表 1.15 改写成表 1.16 所示的形式。

表 1.16　逻辑运算的真值表

a	b	!a	!b	a&&b	a||b
非 0	非 0	0	0	1	1
非 0	0	0	1	0	1
0	非 0	1	0	0	1
0	0	1	1	0	0

（2）在逻辑表达式的求解中，并不是所有的逻辑运算符都被执行，只是在必须执行下一个逻辑运算符才能求出表达式的解时，才执行该运算符。

举例如下。

① x&&y&&z，只有 x 为真（非 0）时，才需要判别 y 的值，只有 x 和 y 都为真的情况下才需要判别 z 的值。只要 x 为假，就不必判别 y 和 z（此时整个表达式已确定为假）。如果 x 为真，y 为假，不判别 z。

② x||y||z，只要 x 为真（非 0），就不必判断 y 和 z；只有 x 为假，才判别 y；x 和 y 都为假才判别 z。

也就是说，对&&运算符来说，只有 x≠0，才继续进行右面的运算。对运算符||来说，只有 x=0，才继续进行其右面的运算。因此，如果有下面的逻辑表达式

```
(m=a>b)&&(n=c>d)
```

当 a=1，b=2，c=3，d=4，m 和 n 的原值为 1 时，由于 a>b 的值为 0，因此 m=0，而 n=c>d 不

被执行，因此 n 的值不是 0 而仍保持原值 1。

1.3.7 逗号运算符及逗号表达式

在 C 语言中，逗号运算符即“,”。可以用“,”将若干个表达式连接起来构成一个逗号表达式。其一般形式如下。

```
表达式 1，表达式 2，…，表达式 n
```

求解过程：自左至右，先求解表达式 1，再求解表达式 2，…，最后求解表达式 n。表达式 n 的值即为整个逗号表达式的值。如下。

```
3+4,5*6
```

是一个逗号表达式，它的值为第 2 个表达式 5*6 的值，即为 30。

逗号运算符在所有运算符中的优先级别最低，且具有从左至右的结合性。它起到了把若干个表达式串联起来的作用。如下。

```
a=3*4,a*5,a+10
```

求解过程：先计算 3*4，将值 12 赋给 a，然后计算 a*5 的值为 60，最后计算 a+10 的值为 12+10=22，所以整个表达式的值为 22。

此时变量 a 的值为 12，而逗号表达式的值为 22。

注意以下几点。

（1）逗号运算符是所有运算符中级别最低的。因此，下面两个表达式的作用是不同的。

```
x=(a=3,6*3)        /*赋值表达式，将一个逗号表达式的值赋给 x，x 的值等于 18*/
x=a=3,6*a          /*逗号表达式，它包括一个赋值表达式和一个算术表达式，x 的值为 3*/
```

（2）一个逗号表达式可以与另一个表达式组成一个新的逗号表达式。如下。

```
(a=3*4,a*5),a+10
```

其中，逗号表达式 a=3*4,a*5 与表达式 a+10 构成了新的逗号表达式。

（3）不是任何地方出现逗号都作为逗号运算符。例如，在变量说明中的逗号只起间隔符的作用，不构成逗号表达式。

1.3.8 条件运算符与条件表达式

1. 条件运算符

条件运算符要求有 3 个操作对象，称三目(元)运算符，它是 C 语言中唯一的三目运算符。条件运算符的形式是“?:”。

2. 条件表达式

由条件运算符构成的表达式称为条件表达式。条件表达式的一般形式如下。

```
表达式 1?表达式 2:表达式 3
```

条件表达式的求解过程：先计算表达式 1 的值，若值为非 0，则计算表达式 2 的值，并将表达式 2 的值作为整个条件表达式的结果；若表达式 1 的值为 0，则计算表达式 3 的值，并将表达式 3 的值作为整个条件表达式的结果。例如有以下条件表达式。

```
(a>b)?a+b:a-b
```

当 a=8,b=4 时，求解条件表达式的过程：先计算关系式 a>b，结果为 1，因其值为真，则计算

a+b 的结果为 12，这个 12 就是整个条件表达式的结果。请特别注意，此时不再计算表达式 a−b 了。如果关系式 a>b 的结果为 0，就不再计算表达式 a+b 了。这一点在应用中很重要。

3. 条件表达式的优先级和结合性

条件表达式的优先级高于赋值运算，但低于所有关系运算、逻辑运算和算术运算。条件表达式的结合性是自右向左结合。

例如，在条件表达式“a>0 ? a/b : a<0 ? a+b : a−b”中，出现两个条件表达式的嵌套，求解这个表达式时先计算后面一个条件表达式“a<0 ? a+b:a−b”的值，然后再与前面的“a>0 ? a/b:”组合。

使用条件表达式可以使程序简洁明了。例如，赋值语句“max=(a>b)?a:b”中使用了条件表达式，很简洁地表示了判断变量 a 与 b 的最大值并赋给变量 max 的功能。

1.3.9　sizeof 运算符

sizeof 是一种运算符，其一般应用形式如下。

```
sizeof(opr)
```

其中，opr 表示 sizeof 运算符所要运算的对象，opr 可以是表达式或数据类型名，当 opr 是表达式时括号可省略。

sizeof 是单目运算符，其运算的含义是求出运算对象在计算机的内存中所占用的字节数量。如下。

```
sizeof(char)            /*求字符型在内存中所占用的字节数，结果为 1*/
sizeof(int)(a*b)        /*求整型数据在内存中所占用的字节数，结果为 4 */
```

虽然 sizeof 的使用像是一个函数调用，但它只是个运算符，不是函数。

1.4　C 语言程序的开发过程

前面学习了 C 语言的基本语法知识，这些知识是编写 C 语言程序的基础，但仅仅这些是不够的。下面通过一个具体实例来讲解 C 语言编程求解的完整过程。

1.4.1　问题分析与算法设计

1. 问题分析

求 1 ~ 100 的整数和。对该问题容易想到的解法是将每个数字逐步累加，即

```
1+2=3, 3+3=6, 6+4=10, ……, 4851+99=4950, 4950+100=5050
```

这个过程步骤繁多，对于手工计算是非常困难而且容易出错的，但是这类问题对于计算机而言却非常简单，因为计算机最擅长做的就是对有规律数据的大量运算。容易看出，这个问题最主要的是每次累加一个值，而且这个值是规律变化的，因此我们需要设置一个变量（如 i）来表示这个值，由于在第一次要加的这个值是 1，因此将其初始化为 1。另外，为了保存值累加的结果，还需要设置另一个变量（如 sum），由于其开始时没有加入任何值，因此将其值初始化为 0。所以，

每次累加的 C 语言语句可以写为

```
sum=sum+i;
```

这个累加过程要从 1 开始重复 100 次，因此需要循环进行，完整的过程可以描述如下。

Step1： 将 i 初始化为 1，将 sum 初始化为 0。

Step2： 若 i 小于等于 100，将 i 加入 sum 中，i 的值加 1，重复执行 Step2。

Step3： 若 i 的值大于 100，输出 sum 的值，程序结束。

以上过程，就是逐步解决该问题的具体步骤，也就是该问题的算法。

2. 算法及其表示方法

算法是指为解决某一特定问题而采取的确定的有限的步骤。对同一个问题，每一个人确定的算法可能并不相同。比如以上问题也可以采用数学家高斯提出的方法来解决，即

```
(1+100)+(2+99)+……+(50+51)=101*50=5050
```

虽然解决同一问题可以使用不同的算法，但是不同算法的执行效率往往存在差别，对于程序设计人员来说，应该选择更简洁，效率更高的算法。关于算法优劣的评判本书不做介绍。

算法的表示方法很多，主要有自然语言、流程图、N-S 图、伪代码和计算机程序语言等。这里只介绍传统流程图。

用图形表示算法，直观形象，易于理解。流程图是用一些图框来表示各种操作。美国国家标准化协会 ANSI 规定了一些常用的流程图符号，如图 1.3 所示。

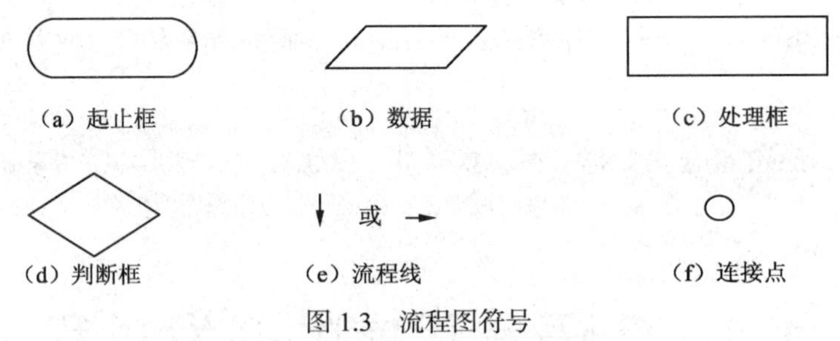

图 1.3 流程图符号

（1）起止框。扁圆形表示转向外部环境或从外部环境转入的端点符。例如，程序流程的起始或结束，数据的外部使用起点或终点。

（2）数据。平行四边形表示数据、用途或其他的文字说明，此符号并不限定数据的媒体。

（3）处理框。矩形表示各种处理功能。例如，执行一个或一组特定的操作，从而使信息的值、信息形势或所在位置发生变化，或是确定对某一流向的选择。矩形内可注明处理名或其简单功能。

（4）判断框。菱形表示判断或开关。菱形内可注明判断的条件。它只有一个入口，但可以有若干个可供选择的出口，在对符号内定义选择条件求值后，有一个且仅有一个出口被激活。求值结果可在表示出口路径的流线附近写出。

例如，图 1.4 中菱形框的作用是对一个给定的条件进行判断，根据给定的条件是否成立来决定如何执行其后的操作。它有一个入口，两个出口。

菱形框两侧的 Y 和 N 表示“是”（yes）和“否”（no）。

（5）流程线。直线表示控制流的流线。

（6）连接点。圆表示连接符，用以表明转向流程图的它处，或从流程图它处转入。它是流线的断点。在图内注明某一标识符，表明该流线将在具有相同标识符的另一连接符处继续下去。

求1～100的整数和问题的流程图如图1.5所示。

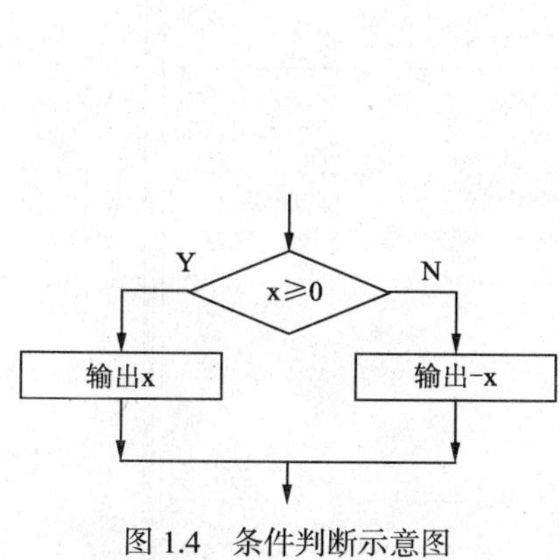

图1.4 条件判断示意图

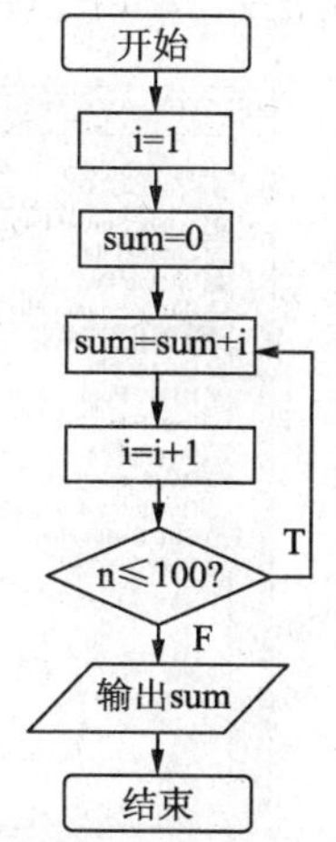

图1.5 算法的流程图

1.4.2 编辑程序

确定了问题的算法后，就可以根据算法的描述对程序进行编辑。编辑程序是指C语言源程序的输入和修改。使用文本编辑器创建源代码的文件，最后以文本文件的形式存放在磁盘上，主文件名由用户自行定义，扩展名一般为".c"，例如hello.c(Visual C++ 6.0编辑C程序的后缀名默认为.cpp)。许多文本编辑器都可以用来编辑源程序，例如Windows的记事本、Turbo C等，本书的程序均采用Visual C++ 6.0环境编辑。下面介绍具体的操作方法。

1. 启动Visual C++ 6.0环境

方法：选择【开始】|【程序】|【Microsoft Visual studio 6.0】|【Microsoft Visual C++ 6.0】命令，启动Visual C++ 6.0，主窗口如图1.6所示。

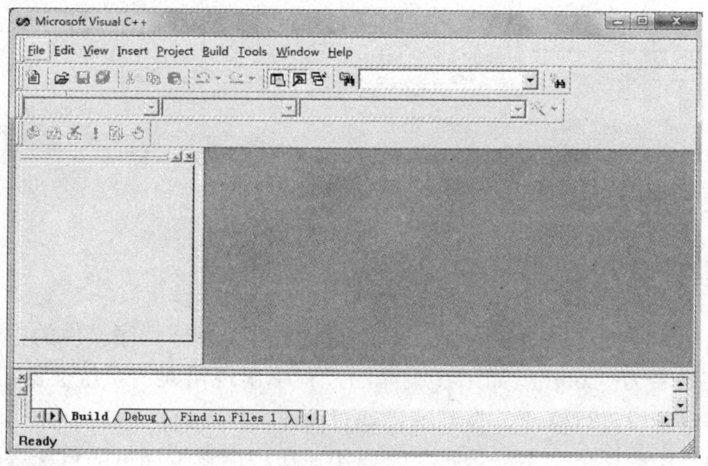

图1.6 Visual C++ 6.0环境

2. 新建C源程序文件

（1）选择【Files】|【New…】命令，弹出"New"对话框。

（2）单击"Files"选项卡；再选取C++ Source File选项，在右侧的"File"文本框中给文件起个名字，如 test.c（扩展名若不写将默认建立 C++源程序文件），在“Location:”文本框中可以设置文件存放的路径，单击【OK】按钮，如图 1.7 所示。

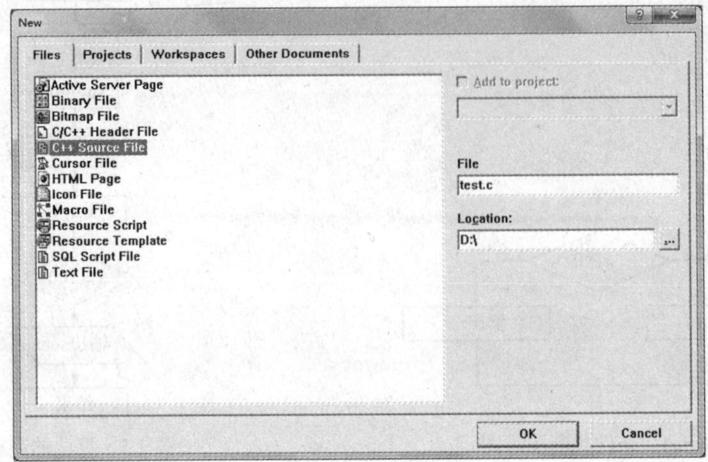

图 1.7　新建对话框

此时可以看到右侧空白区域即为该文件的编辑区。在该区域内输入程序代码即可，如求 1～100 的整数和的程序编辑如图 1.8 所示。

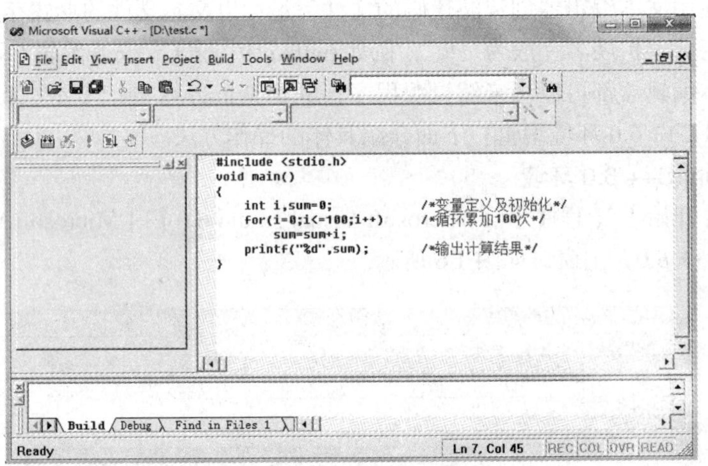

图 1.8　为 test.c 输入代码

1.4.3　编译与连接

编译是编译器把 C 语言源程序翻译成二进制目标程序。目标程序文件的主文件名与源程序的主文件名相同，扩展名为“.obj”。如果在编译的过程中出现错误，系统会给出“出错信息”，此时用户需要回到编辑阶段进行修改，直到编译通过为止。

编译成功后的目标程序仍然不能运行，需要用连接程序将编译过的目标程序和程序中用到的库函数连接装配在一起，形成可执行的目标程序。可执行文件的主文件名与源程序的主文件名相同，其扩展名为“.exe”。

在 Visual C++ 6.0 中输入源程序后，选择“Build”菜单下的“Compile test.c” (或使用快捷键

Ctrl+F7)编译这个文件，如果输入内容没有错误，则屏幕下方输出窗口的显示内容如图 1.9 所示。

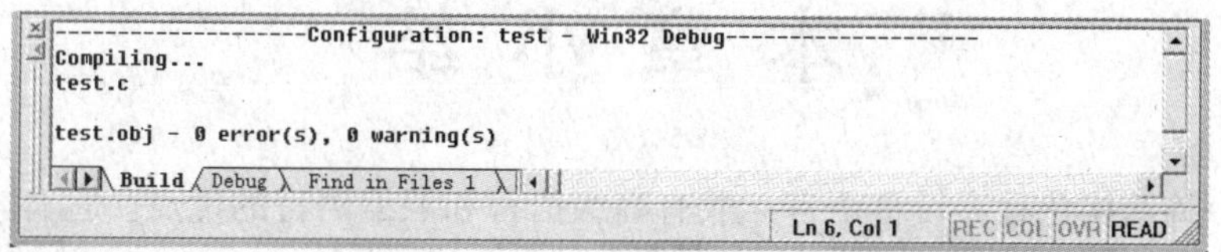

图 1.9　编译成功提示

如果在编译时得到错误或警告信息，可能是源文件出现错误，再次检查源文件是否有错误；若有则改正它，再重新编译，直到出现图 1.9 所示内容。

因为本程序很简单，只有一个文件，所以编译通过后，就可以进行连接来得到可执行程序了。选择“Build”菜单下的“Build　test.exe”(或使用快捷键 F7)来进行连接。如果连接正确，则在屏幕下方的输出窗口将会显示图 1.10 所示内容。

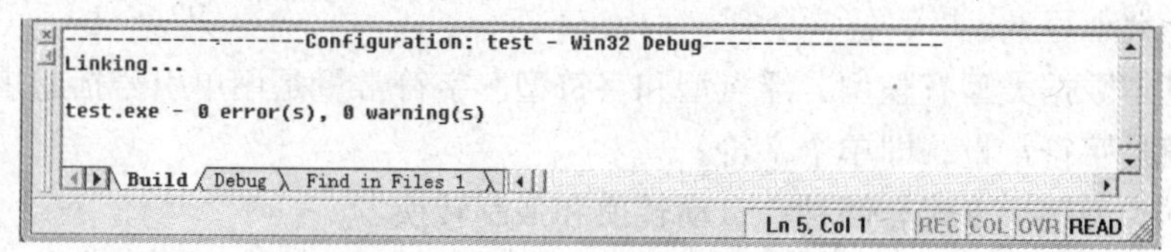

图 1.10　连接成功提示

1.4.4　运行与调试

连接成功后，可以运行该程序。选择“Build”菜单下的“Execute test.exe”(或使用快捷键 Ctrl+F5)执行该文件，程序运行后将显示一个类似于 DOS 的窗口，在窗口中显示一行“5050”。

所谓程序调试，是指对程序的查错和排错。调试程序一般应经过以下几个步骤。

1. 人工检查，即静态检查

在写好一个程序以后，不要匆匆忙忙上机，而应对纸面上的程序进行人工检查，这一步是十分重要的，它能发现程序设计人员由于疏忽而造成的错误。为了更有效地进行人工检查，所编写的程序应力求做到以下 3 点。

（1）应当采用结构化程序方法编程，以增加可读性。

（2）尽可能多地加注释，以帮助理解每段程序的作用。

（3）在编写复杂的程序时，不要将全部语句都写在 main 函数中，而要多利用函数，用一个函数来实现一个单独的功能。这样既易于阅读，也便于调试，各函数之间除用参数传递数据外，数据间应尽量少出现耦合关系，以便于分别检查和处理。

2. 上机调试，即动态检查

在人工（静态）检查无误后，才可以上机调试。通过上机发现错误称之为动态检查。在编译时，系统会给出语法错误的信息（包括哪一行有错以及错误类型），用户可以根据提示的信息找出程序中具体出错之处并进行修改。

3. 运行程序，试验数据

在改正语法错误(包括“错误”error 和“警告”warning)后，程序经过连接(link)就得到可执行的目标程序。运行程序，输入程序所需数据，就可得到运行结果。应当对运行结果进行分析，看它是否符合要求。有的初学者看到输出运行结果就认为没问题了，不认真分析，这是不对的。

本 章 小 结

C 语言是一种结构化程序设计语言，兼有高级语言和汇编语言的优点。它有丰富的数据类型和运算符，有丰富的标准库函数和预处理功能，目标代码效率高，程序的可移植性好。

构成 C 程序的基本单位是函数，函数是具有相对独立功能的程序模块。C 语言的函数有 3 种：第一种是主函数，名为 main。任何一个可以执行的 C 程序，有且仅有一个 main 函数，程序总是从主函数中的第一条语句开始运行。第二种是用户自己定义的函数，C 程序中可包含一个或多个这样的函数，也可以没有。第三种是 C 语言提供的标准库函数，它们是开发者为用户预先编写的具有特定功能的一系列函数。

C 语言程序的书写格式自由、灵活。C 语言的函数由语句组成，以分号“;”作为语句的结束符；C 语言区分大小写。

C 语言的基本数据类型有整型、浮点型和字符型。字符常量是用单引号括起来的一个字符，字符变量的取值是字符常量，即单个字符。

变量的数据类型转换方式有两种：自动转换和强制转换。

常用的输入输出函数有：scanf()、printf()、getchar()、putchar()等。

常见的运算符有算术运算符、关系运算符、逻辑运算符、赋值运算符、条件运算符、逗号运算符、求字节数运算符等，其中条件运算符是三目运算符。

习 题 1

一、单项选择题

1. 一个 C 语言程序总是从________位置开始执行的。

   A. 程序开头　　B. 第一个函数　　C. 主函数　　D. 第一条语句

2. 以下叙述中不正确的选项是________。

   A. 无论注释内容的多少，在对程序编译时都被忽略

   B. 注释语句只能位于某一语句的后面

   C. 注释语句必须用/*和*/括起来

   D. 在注释符“/”和“*”之间不能有空格

3. C 语言程序的基本单位是________。

   A. 语句　　B. 程序行　　C. 函数　　D. 字符

4. 以下说法中正确的是________。

   A. C 语言程序总是从第一个函数开始执行

   B. 在 C 语言程序中，要调用的函数必须在 main()函数中定义

   C. C 语言程序总是从 main()函数开始执行

   D. C 语言程序中的 main()函数必须放在程序的开始部分

5. 下列 4 组选项中，均不是 C 语言关键字的选项是________。

   A. define　IF　type　　B. getc　char　printf

C. include　　case　　scanf　　D. while　　go　　pow

6. 下列4组选项中，均是合法转义字符的选项是________。

A. '\"'　　'\\'　　'\n'

B. '\'　　'\017'　　'\"'

C. '\018'　　'\f'　　'xab'

D. '\\0'　　'\101'　　'xlf'

7. 设有以下定义。

```
int a=0;
double b=1.25;
char c='A';
#define d 2
```

则下面语句中错误的是________。

A. a++;　　B. b++　　C. c++;　　D. d++;

8. 以下选项中合法的字符常量是________。

A. " B "　　B. '\010'　　C. –268　　D. D

9. 已知字母A的ASCII码为十进制数65，且c2为字符型，则执行语句c2='A'+'6'–'3'后，c2的值为________。

A. D　　B. 68　　C. 不确定的值　　D. C

10. 表达式3.6–5/2+1.2+5%2的值是________。

A. 4.3　　B. 4.8　　C. 3.3　　D. 3.8

11. 有以下定义语句。

```
double a,b; int w; long c;
```

若各变量已正确赋值，则下列选项中正确的表达式是________。

A. a=a+b=b++　　B. w%((int)a+b)

C. (c+w)%(int)a　　D. w=a==b;

12. 有以下程序。

```
void main()
{
    char a='a',b;
    printf("%c,",++a);
    printf("%c\n",b=a++);
}
```

程序运行后的输出结果是________。

A. b,b　　B. b,c　　C. a,b　　D. a,c

13. 能正确表示a和b同时为正或同时为负的逻辑表达式是________。

A. (a>=0||b>=0)&&(a<0||b<0)　　B. (a>=0&&b>=0)&&(a<0&&b<0)

C. (a+b>0)&&(a+b<=0)　　D. a*b>0

14. 设 int x=1，　y=1；　表达式(!x||y––)的值是________。

A. 0　　B. 1　　C. 2　　D. –1

15. 若变量c为char类型，能正确判断出c为小写字母的表达式是________。

A. 'a'<=c<='z'　　B. (c>='a')||(c<='z')

C. ('a'<=c)and('z'>=c)　　D. (c>='a')&&(c<='z')

16. 若要求从键盘读入含有空格字符的字符串，应使用函数________。

A. getc()　　B. gets()　　C. getchar()　　D. scanf()

二、填空题

1. C 语言的程序由________组成。

2. 结构化程序由________、________和________ 3 种基本结构组成。

3. C 语言源程序文件的后缀是________，经过编译后，所生成文件的后缀是________，经过链接后，所生成的文件后缀是________。

4. 函数体以符号________开始，以符号________结束。

5. 表示“整数 x 的绝对值大于 5”时值为“真”的 C 语言表达式是________。

6. 以下程序的输出结果是________。

```
#include <stdio.h>
void main()
{
    int a=5,b=4,c=3,d;
    d=(a>b>c);
    printf("%d\n",d);
}
```

7. 若有以下定义，则计算表达式 y+=y–=m*=y 后的 y 值是________。

```
int m=5,y=2;
```

8. 已知字母 a 的 ASCII 码为十进制数 97，且设 ch 为字符型变量，则表达式 ch='a'+'8'–'3'的值为________。

9. 已知字符 A 的 ACSII 码值为 65，以下语句的输出结果是________。

```
char ch='B';
printf("%c %d\n",ch,ch);
```

10. 下列程序运行时输入 12 后，执行结果是________。

```
#include <stdio.h>
void main( )
{
    char ch1,ch2; int n1,n2;
    ch1=getchar(); ch2=getchar();
    n1=ch1-'0'; n2=n1*10+(ch2-'0');
    printf("%d\n",n2);
}
```

11. 下列程序执行后的输出结果是________。

```
#include <stdio.h>
void main()
{
    int x='f';
    printf("%c \n",'A'+(x-'a'+1));
}
```

12. 阅读以下程序，当输入数据的形式为：25，13，10，则正确的输出结果为________。

```
#include <stdio.h>
void main()
{
    int x,y,z;
    scanf("%d%d%d",&x,&y,&z);
    printf("x+y+z=%d\n",x+y+z);
}
```

13. x、y、z 被定义为 int 型变量，若从键盘给 x、y、z 输入数据，正确的输入语句是________。

14. 若要求从键盘读入含有空格字符的字符串，应使用函数________。

三、用传统流程图表示实现下列功能的算法。

1. 求 5！的算法。（1*2*3*4*5）。
2. 输入一个整数，输出它的所有因子数。
3. 判断 2000 ~ 2500 年间闰年的算法。
4. 求两个数 m 和 n 的最大公约数。

四、编程序输出下列图形

1.
```
  *
 ***
*****
 ***
  *
```

2.
```
* * * * * * * * * * * * * * *
         Very good!
* * * * * * * * * * * * * * *
```

第2章 程序流程控制

学习目标

（1）掌握顺序结构的概念。

（2）掌握分支和多分支语句的语法格式及用法。

（3）理解循环的概念，掌握while、do while、for 3种循环语句的语法格式、用法及区别。

（4）掌握选择结构和循环结构嵌套的含义及用法。

编写程序的目的是使用计算机帮助我们完成相关任务，而任务的执行都是有顺序的，这个顺序体现在程序中就是程序的流程。流程控制是指在程序设计中控制完成某种功能的次序。只有按正确的次序执行代码才能完成指定的任务，因此程序的流程控制对于程序设计而言至关重要。C语言中有3种基本的流程控制结构，即顺序结构、选择结构和循环结构。本章将详细讲述如何在程序中进行流程控制。

2.1 顺序结构程序设计

用C语言编写程序时，实现顺序结构的方法非常简单，只需要将语句顺序排列即可。

【例2-1】交换两个整型变量的值。

知识点说明：

顺序结构的程序中语句均按排列次序顺序执行。

程序代码：

```
/* e2_1.c */
#include <stdio.h>
void main()
{
     int x=3,y=5,tmp;
     tmp=x;
     x=y;
     y=tmp;
     printf("x=%d,y=%d\n",x,y);
}
```

程序运行结果：

```
x=5,y=3
```

程序说明：

（1）程序通过一个中间变量 tmp 对 x 和 y 的值进行交换，即首先将 x 的值存储在临时变量 tmp 中，再将 y 的值赋值给 x，再将 tmp 中存放的原先 x 的值赋值给 y，从而实现了 x 和 y 的值的互换。

（2）将中间的 3 条语句修改为

```
x=x+y;
y=x-y;
x=x-y;
```

也可以实现 x 和 y 值的互换功能，这样可以省去一个变量 tmp。

2.2　选择结构程序设计

计算机在执行程序时通常按语句的编写顺序依次执行，但是有时我们需要根据条件决定某些语句是否需要执行，这就需要通过选择结构来实现。选择结构也称为分支结构，C 语言的选择结构通过 if 语句和 switch 语句来实现。

2.2.1　if 语句

【例 2-2】在两个数中输出较大数。

知识点说明：

为了在给定的两个数中找出较大的数，显然需要对已知的两个数进行比较，根据两个数的大小来决定输出哪一个数，也就是说，需要根据指定条件来决定输出结果。这里可以使用单分支的 if 语句来实现。

单分支的 if 语句的基本格式：

```
if（表达式）
    语句
```

执行这一结构时，首先对表达式的值进行判断。如果表达式的值为“真”，则执行其后的语句，否则不执行该语句。其执行流程如图 2.1 所示。

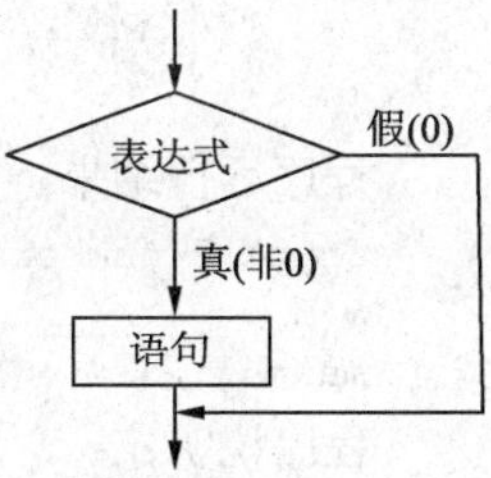

表达式
假(0)
真(非0)
语句

图 2.1　if 结构的流程

程序代码：

```
/* e2_2.c */
#include <stdio.h>
void main()
{
    int num1,num2,max;
    printf("\n input 2 numbers: ");          /*提示用户输入两个数*/
    scanf("%d%d",&num1,&num2);               /*从键盘输入数据*/
    if(num1>=num2)
        printf("max=%d\n",num1);             /*若 num1>=num2，输出 num1*/
    if(num1<num2)
        printf("max=%d\n",num2);;            /*若 num1<num2，输出 num2*/
}
```

程序运行结果：

```
input 2 numbers: 5 3
max=5
```

程序说明：

本例中，首先定义两个变量 num1 和 num2 存放两个数，定义变量 max 存放二者中的较大者。如果 num1>num2，则将 num1 赋值给 max；如果 num2>num1，则将 num2 赋值给 max。

上述程序中的两条语句

```
if(num1>=num2) max=num1;
if(num1<num2) max=num2;
```

显然只有一条会被执行，这是因为条件 num1>=num2 和 num1<num2 只有一个成立。事实上，使用双分支的 if 语句可以仅做一次判断来决定执行哪一条语句。

if-else 结构构造了一种双分支结构。

基本格式如下。

```
if (表达式)
    语句 1
else
    语句 2
```

执行该结构时，首先对表达式的值进行判断。如果表达式的值为“真”，则执行语句 1；否则执行语句 2。其执行流程如图 2.2 所示。

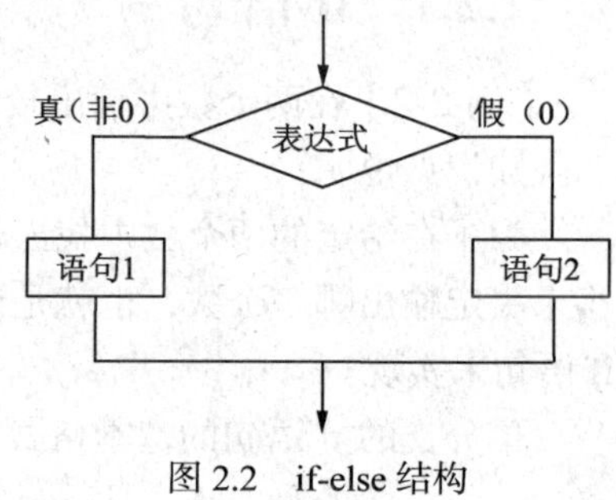

图 2.2　if-else 结构

因此例 2-2 的程序也可以改写为：

【例 2-3】在两个数中输出较大数。

程序代码：

```
/* e2_3.c */
#include <stdio.h>
void main()
{
    int num1,num2;
    printf("\n input 2 numbers: ");
    scanf("%d%d",&num1,&num2);
    if(num1>num2)
        printf("max=%d\n",num1);
    else
        printf("max=%d\n",num2);
}
```

程序运行结果：

```
input 2 numbers:
5 3
max=5
```

程序说明：

本例与例 2-2 功能相同，输入两个整数 num1 和 num2，判断两者的大小，若 num1 大，则输出 num1，否则输出 num2。改用 if-else 语句实现后，只进行一次比较就可以完成处理，比单分支的 if 语句易于理解且格式清晰。

通常对于条件较少的问题，使用单分支或双分支的 if 语句都可以解决，但是如果问题中涉及的条件较多，使用单分支或多分支的 if 语句处理起来就比较麻烦，这时可以采用多分支的 if 语句来完成。

【例 2-4】将学生成绩由百分制转化为等级制。规则如下。

（1）85 分（含）以上为 A 级。

（2）70 分（含）以上且 85 分以下为 B 级。

（3）60 分（含）以上且 70 分以下为 C 级。

（4）60 分以下为 D 级。

知识点说明：

本例需要对学生的成绩按区间分别判断，由于等级区间较多，因此使用多分支的 if 语句比较方便。

if-else if 是一种多分支选择结构。其格式如下。

```
if（表达式 1）
    语句 1
else if（表达式 2）
      语句 2
      else  if（表达式 n）
                语句 n
              else 语句 n+1
```

执行这一结构时，依次判断表达式的值，当出现某个表达式值为“真”时，则执行其对应的语句，然后跳到整个 if 语句之外继续执行。如果所有的表达式均为假，则执行语句 n+1。然后继续执行后续程序。if-else if 结构的执行过程如图 2.3 所示。

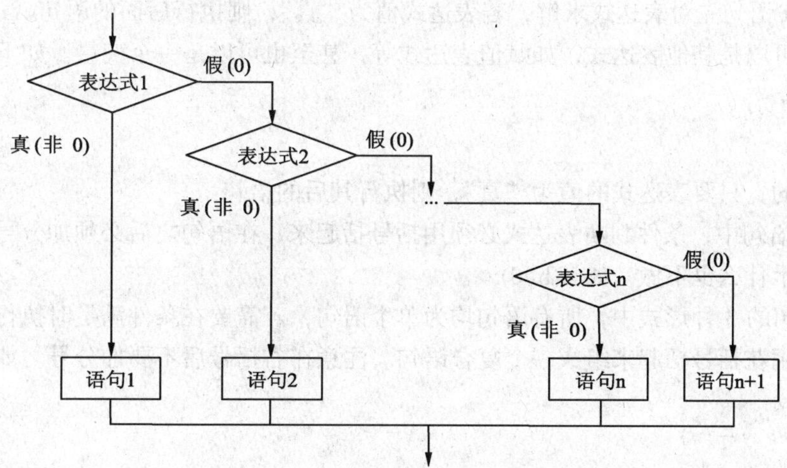

图 2.3　if-else if 结构的执行过程

程序代码：

```
/* e2_4.c */
#include <stdio.h>
void main()
{
     float score;
     printf("\n please input a score: ");
     scanf("%f",&score);
     if(score>=85)
          printf("the score %f is A \n",score);
     else if(score>=75)
               printf(" the score %f is B \n",score);
          else if(score>=60)
                    printf("the score %f is C \n",score);
               else
                    printf("the score %f is D \n" ,score);
}
```

程序运行结果：

```
please input a score: 89
the score 89.000000 is A
```

程序说明：

这是一个多分支选择的问题，用 if-else if 语句实现，通过判断输入的成绩变量 score 所在的范围，分别给出不同的输出。

if-else if 结构列出了一系列的条件（表达式）和对应的操作，通过条件（表达式）成立与否，而执行相应的操作。执行该结构时，依次对各个条件（表达式）进行判断，一旦某一表达式值为“真”，就转去执行对应的操作，其他部分便不再执行；若所有表达式都为“假”，则执行最后一个 else 所对应的操作；若最后一个 else 不存在，同时所有表达式都为“假”，则此 if-else if 结构不做任何操作。

以上介绍了 if 语句的 3 种形式。使用 if 语句还应注意下列几个问题。

（1）3 种形式的 if 语句中，在关键字 if 之后均为“表达式”。该表达式通常是逻辑表达式或关系表达式。如下。

```
if(x==y&&a==b) printf("x=y,a=b\n");
```

执行时，if 语句先对表达式求解，若表达式值为“真”，则执行后面的语句。

表达式也可以是其他表达式，如赋值表达式等，甚至也可以是一个变量。如下。

```
if(x=3) 语句;
if(a) 语句;
```

都是合法的，只要表达式的值为“真”，则执行其后的语句。

（2）在 if 语句中，条件判断表达式必须用括号括起来，在语句之后必须加分号。空语句也是允许的，他表示什么也不做。如 if(b>0);。

（3）if 语句的 3 种形式中，所有语句均为单个语句，若需要在条件满足时执行多个语句，必须把多个语句用花括号括起来组成一个复合语句。注意在右括号后不要加分号。如下。

```
if(x>1)
    { x++; y--; }
else
    { x--; y++; }
```

（4）正确使用缩进格式，有助于更好地理解程序，尤其是在使用 if 语句嵌套时。

在解决一些问题时，还可能出现在一个条件判断中又包含了其他条件判断的情况，这种情况称为 if 语句的嵌套。if 语句的嵌套形式通常如下。

```
if (表达式 1)
    if(表达式 2) 语句 1
    else 语句 2;
else
    if(表达式 3) 语句 3
    else 语句 4
```

该语句实现了 4 个分支，根据处理问题的不同，每个双分支 if-else 语句也可以是一个单分支 if 语句，或在内层的 if-else 结构中包含更多的分支。

【例 2-5】 求一元二次方程 $ax^2+bx+c=0$（$a\neq0$）的根。

求解一元二次方程的根 x 时有 3 种情况，分别如下（记 $\Delta=b^2-4ac$）。

（1）$\Delta>0$，有两个不等的实根。

（2）$\Delta=0$，有两个相等的实根。

（3）$\Delta<0$，无实根。

知识点说明：

在嵌套的 if 语句中，由于有多个 if 和多个 else，此时应注意 else 和 if 如何匹配。匹配的规则是：在嵌套 if 语句中，if 和 else 按照“就近配对”的原则配对，即 else 总是与它上面距它最近的且还没有配对的 if 相匹配。

程序代码：

```
/* e2_5.c */
#include <stdio.h>
#include <math.h>
void main()
{
    float a,b,c,x1,x2,delta;
    printf("输入 a,b,c 的值：");
    scanf("%f %f %f", &a, &b, &c);
    delta = b*b-4*a*c;
    if (delta>=0){
        if (delta>0){
            x1=(-b+sqrt(delta))/(2*a);
            x2=(-b-sqrt(delta))/(2*a);
            printf("两个不等的实根：x1=%.2f x2=%.2f\n", x1, x2);
        }
        else{
            x1=-b/(2*a);
            printf("两个相等的实根，x1=x2=%.2f\n", x1);
        }
    }
    else{
        printf("方程无实根！\n");
    }
}
```

程序运行结果：

输入 a,b,c 的值：2 6 3

两个不等的实根：x1=–0.63 x2=–2.37

程序说明：

本例中外层 if-else 语句处理 delta>=0 和 delta<0 的情况，内层 if-else 语句处理 delta>0 和 delta=0 的情况。这就是典型的 if 语句的嵌套结构。

在嵌套的 if-else 语句中，如果内嵌的是单分支 if 语句，可能在语义上产生二义性。

```
if (表达式 1)
    if (表达式 2) 语句 1
else
    if (表达式 3) 语句 2
    else 语句 3
```

以上程序段中，虽然第一个 else 与第一个 if 在书写格式上对齐，但按照匹配规则，与它匹配的应是第二个 if。如果希望第一个 else 与第一个 if 匹配，可以采用以下两种方法。

① 加花括号。程序段进行如下改写。

```
if (表达式 1)
    {if (表达式 2) 语句 1}
else
    if (表达式 3) 语句 2
    else 语句 3
```

加上花括号后，括号内的 if 语句是一个整体，不再与外部 else 匹配，这样第一个 else 只能与第一个 if 匹配。

② 加空的 else 语句。程序段进行如下改写。

```
if (表达式 1)
    if (表达式 2) 语句 1
    else;
else
    if (表达式 3) 语句 2
    else 语句 3
```

加上空的 else 后，执行结果不变，但由于该 else 与内层 if 匹配，这样原来的第一个 else 就可以与第一个 if 匹配。

2.2.2 switch 语句

多分支选择结构也可以使用 switch 语句，switch 语句也称为标号分支结构。

【例 2-6】输入 1 ~ 7 中的数字，将其转换成相应的星期英文单词。

知识点说明：

本程序需要处理 7 种情况，显然应该使用多分支选择结构，这里使用 switch 语句实现，其格式如下。

```
switch (表达式)
{
    case 常量表达式 1：语句序列 1
    case 常量表达式 2：语句序列 2
    ......
    case 常量表达式 n：语句序列 n
    default：语句序列 n+1
}
```

switch 结构在执行时，首先计算 switch 判断表达式的值，并按照计算结果依次寻找 case 子结构中与之相等的常量表达式，若找到，则执行该 case 子结构后的语句序列；若找不到与之相等的常量表达式，则执行 default 后的语句序列。default 子句不是必需的。若结构中无 default 子结构且没有相符的 case 子结构时，则什么也不做。执行流程如图 2.4 所示。

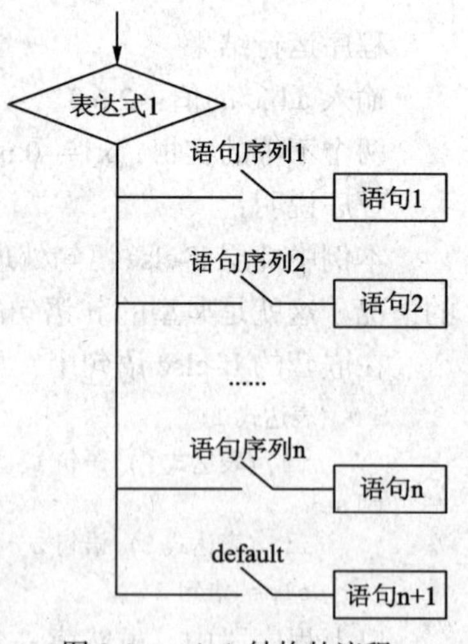

图 2.4 switch 结构的流程

在使用 switch 结构时，应注意以下 4 个问题。

（1）case 后的各常量表达式值不能相同。

（2）case 后允许有多个语句，可以不用花括号括起来。

（3）程序执行至与 switch 表达式值匹配的 case 子结构后的语句序列 m 后，不是立即退出 switch 结构，而是继续执行语句序列 m+1，直至语句序列 n+1。若需要在执行语句序列 m 后，立即退出 switch 结构，则在每个语句序列后加一条 break 语句，break 语句用于跳出 switch 结构。

（4）switch 结构也可以嵌套。

程序代码：

```
/* e2_6.c */
#include <stdio.h>
void main()
{
    int num;
    scanf("%d",&num);
    switch(num)
    {
        case 1: printf("Monday\n"); break;
        case 2: printf("Tuesday\n"); break;
        case 3: printf("Wednesday\n"); break;
        case 4: printf("Tursday\n"); break;
        case 5: printf("Friday\n"); break;
        case 6: printf("Saturday\n");break;
        case 7: printf("Sunday\n");break;
        default: printf("Error\n");
    }
}
```

程序运行结果：

```
1
Monday
```

若输入 1 ~ 7 之外的数字则显示：error。

程序说明：

（1）在本例中，每一个 case 子结构最后都有一条 break 语句，用于跳出 switch 流程。程序中若无 break 语句，运行时，若输入数字 1，则运行结果如下。

```
Monday
Tuesday
Wednesday
Tursday
Friday
Saturday
Sunday
Error
```

（2）在使用 switch 结构时，一定要注意 break 语句的位置。

【例 2-7】编写程序测试是数字、空白，还是其他字符。

知识点说明：

若 case 子结构后面没有语句，也没有 break，则继续执行下一个 case 子结构后面的语句，以此类推。

程序代码：

```
/* e2_7.c */
#include <stdio.h>
void main()
{
```

```
    char c;
    scanf("%c",&c);
    switch(c)
    {
        case '0':
        case '1':
        case '2':
        case '3':
        case '4':
        case '5':
        case '6':
        case '7':
        case '8':
        case '9':printf("this is a digit\n"); break;
        case ' ':
        case '\n':
        case '\t':printf("this is a blank\n"); break;
        default :printf("this is a character\n"); break;
    }
}
```

程序运行结果：

```
3
this is a digit
```

程序说明：

程序执行时，输入了数字 3，则从 case '0'寻找各 case 子结构后面的常数，从 case '3'入口开始执行后面的语句，但是由于 case '3'后面没有语句，也没有 break，因此会继续执行 case '4'后面的语句，以此类推，直到执行到 case '9'后面的 printf 函数语句，输出"this is a digit"后遇到 break 退出 switch 结构。若 case '9'后的语句不包括 break，则执行其后的输出语句后不会结束，继续向下输出"this is a blank"后才会退出 switch 结构。同理，若输入了回车（即 c='\n'），则从 case '\n'入口开始执行后面的语句，case '\n'后面没有语句，于是执行 case '\t'后面的 printf 函数语句，遇到 break 跳出 switch 流程。

【例 2-8】输入某年某月某日，判断这一天是这一年的第几天。

以 3 月 5 日为例，应该先把前两个月的天数加起来，然后再加上 5 天即可知道是本年的第几天。特殊情况是，平年 2 月份 28 天，而闰年 2 月份 29 天，所以若是闰年且输入月份大于 3 时需多加一天。

闰年年份满足以下条件之一。

（1）能被 4 整除，但不能被 100 整除。

（2）能被 100 整除又能被 400 整除。

知识点说明：

switch 语句适合分支条件较多的情况。

程序代码：

```
/* e2_8.c */
#include <stdio.h>
main()
{
    int day,month,year,sum,leap;
    printf("please input year,month,day\n");
    scanf("%d,%d,%d",&year,&month,&day);
```

```
        switch(month)                              /* 先计算某月以前月份的总天数 */
        {
            case 1:sum=0;break;
            case 2:sum=31;break;
            case 3:sum=59;break;
            case 4:sum=90;break;
            case 5:sum=120;break;
            case 6:sum=151;break;
            case 7:sum=181;break;
            case 8:sum=212;break;
            case 9:sum=243;break;
            case 10:sum=273;break;
            case 11:sum=304;break;
            case 12:sum=334;break;
            default: printf("data error");break;
        }
        sum=sum+day;                                          /*再加上某天的天数*/
        if(year%400==0||(year%4==0&&year%100!=0))             /*判断是不是闰年*/
            leap=1;
        else
            leap=0;
        if(leap==1&&month>2)                       /*如果是闰年且月份大于 2,总天数应该加一天*/
            sum++;
        printf("It is the %dth day.",sum);
    }
```

程序运行结果：

```
please input year,month,day:
2008,8,8
It is the 221th day.
```

程序说明：

本例中 switch 结构有两个作用，一是列出月份所对应的天数，二是对不合法的月份给出 “data error”信息。

2.3　循环结构程序设计

在解决一些问题时，需要通过重复执行某些操作来得到所需结果，这时就要用到循环结构。使用循环结构前需要确定以下两个问题，一是重复执行哪些语句？二是重复执行这些语句的条件是什么？这两个问题决定了循环的内容和循环的条件。

2.3.1　while 语句

【例 2-9】计算 sum=1+2+3+4+⋯ + 100。

知识点说明：

本例的算法在 1.4.1 节中已经介绍了，由于重复加 1 ~ 100 的每一个数，因此需要使用循环结构。这里使用 while 语句实现循环。

while 用来实现“当型”循环结构。其格式如下。

```
while（表达式）
    语句
```

在执行 while 语句时，先对表达式进行计算，若值为“真”（非 0），则执行循环体语句；否则跳过循环体语句，执行 while 结构后面的语句。每执行完一次循环体语句，都对表达式进行一次计算和判断。若表达式的值为 0，则立即跳出循环体。流程如图 2.5 所示。

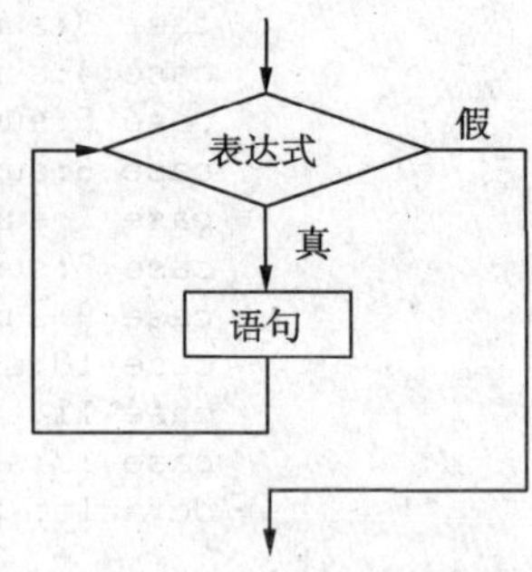

图 2.5　while 结构的流程

程序代码：

```
/* e2_9.c */
#include <stdio.h>
void main()
{
    int sum=0,i;
    i=1;
    while(i<=100)
    {
        sum=sum+i;
        i++;
    }
    printf("sum=%d\n",sum);
}
```

程序运行结果：

```
sum=5050
```

程序说明：

程序中，循环变量 i 初值为 1，循环体语句是复合语句{sum=sum+i;i++;}，每累加一次，i 的值增 1，为下一次累加做准备。当 i=101 时，跳出循环体，执行 while 循环后面的 printf 函数语句，也就是说，当程序执行后，i 最终的值是 101，即循环条件共判断了 101 次。

【例 2-10】猴子吃桃子的问题。

猴子第一天摘下若干个桃子，当即吃了一半，不过瘾，又多吃了一个。第二天又将剩下的吃了一半，又多吃了一个，以后每天都吃剩下的一半多一个，到第 10 天时，只剩下一个桃子。求第一天共摘了多少个桃子。

知识点说明：

设第 n 天的桃子数为 p_n，则算法可做如下描述。

p_{10}=1;　　　①

p_n=p_{n-1}/2-1;　　　②

要计算第一天的桃子数，采用逆推法。即从第 10 天开始推算，①式为赋初值，②式用 C 语言做如下描述。

```
p1=2*(p2+1);
p2=p1;
```

这里的 p1 和 p2 分别代表每个“昨天”和每个“今天”桃子数。不断用“昨天”的桃子数替代“今天”的桃子数，这种不断用旧值递推得到新值的过程叫作迭代。迭代要有初值、迭代公式和迭代终止次数。

程序代码：

```
/* e2_10.c */
#include <stdio.h>
void main()
{
    int p1,p2=1;
```

```
    int n=9;
    while(n>0)
    {
        p1=2*(p2+1);
        p2=p1;
        n--;
    }
    printf("the total is %d\n",p1);
}
```

程序运行结果：

```
the total is 1534
```

程序说明：

迭代初值为 1（p2=1）,即第 10 天剩下的桃子数；迭代公式为 p1=2*(p2+1)，p2=p1。

使用 while 循环要注意以下几点。

（1）while 是一个入口条件循环，是否执行循环体是在进入循环之前决定的，循环体可能永远被执行。

（2）循环体部分可以是带有分号的简单语句，也可以是花括号中的一个复合语句。while 语句在语法上是一个单独语句，若有多条语句需要重复执行，应将这些语句组成复合语句。该语句从 while 开始，到第一个分号结束；若使用了复合语句，则执行至右括号结束。

如以下程序片段。

```
int n=0;
while(n++<3 );
    printf("n is %d\n",n);
printf("it's over.\n");
```

其执行结果：

```
n is 4
it's over.
```

循环在第一个分号处终止,因为单独的分号也是一个语句,本循环语句什么也不做。所以 printf 函数语句不是循环体语句，只在跳出循环后才会执行该 printf 函数语句。

【例 2-11】输入两个正整数 m 和 n，求其最大公约数。

知识点说明：

求两个整数的最大公约数通常采用“辗转相除法”，又称欧几里得算法。具体算法如下。

（1）用 m 和 n 中的大数 m 除以 n，得余数 r（0<=r<=n）。

（2）判断余数 r 是否为 0。若 r=0，当前的除数值则为最大公约数，算法结束；否则进行下一步。

（3）若 r!=0，用当前除数更新被除数，用当前余数更新除数，再转第（1）步。

程序代码：

```
/* e2_11.c */
#include <stdio.h>
void main()
{
    int a,b,m,n,t,r;
    printf("please input 2 numbers:\n");
    scanf("%d,%d",&m,&n);
    if(m<n)
    { t=m; m=n; n=t; }                    /*将 m,n 中大值赋给 m*/
```

```
    a=m; b=n;
    while(b!=0)                              /*利用辗除法，直到 b 为 0 为止*/
    {
        r=a%b;
        a=b;
        b=r;
    }
    printf("greatest common divisor:%d\n",a);
}
```

程序运行结果：

```
please input 2 numbers:
7,35
greatest common divisor:7
```

程序说明：

（1）在辗转相除之前用 if 语句比较 m 和 n 的大小，并将较大数存放在 m 中，较小数存在 n 中。然后通过大数对小数的辗转相除得出结果。需要注意最后输出的是变量 a 的值而不是变量 b 的值，这是因为在循环体中辗转相除的除数 b 总是赋值给变量 a，随后 b 被赋值给余数。

（2）程序中之所以使用变量 a 和 b，是为了对 m 和 n 两个变量进行保护。执行 a=m; b=n;语句后，无论对 a 和 b 做怎样的运算，都不会影响 m 和 n 的原始值。

（3）在原程序的基础上，只需在程序末尾添加一条语句 printf("least common multiple:%d\n", m*n/a); 即可求出 m 和 n 的最小公倍数。

（4）若程序仅需求解两个数的最大公约数，无需额外定义 a 和 b 变量。

2.3.2 do-while 语句

【例 2-12】使用 do-while 语句改写例 2-9。

知识点说明：

do-while 也是一种循环结构，称为当型循环，其格式如下。

```
do
    循环体语句
while（表达式）;
```

程序执行时，当流程到达关键字 do 后，立即执行一次循环体，然后对表达式进行判断。若表达式值为“真”，则重复执行循环体语句；否则退出。do-while 结构至少要执行一次循环体。其执行过程如图 2.6 所示。

使用 do-while 语句改写例 2-9 后的程序代码如下。

```
/* e2_12.c */
#include <stdio.h>
void main()
{
    int sum=0,i;
    i=1;
    do{
        sum=sum+i;
        i++;
    }while(i<=100);
    printf("sum=%d\n",sum);
}
```

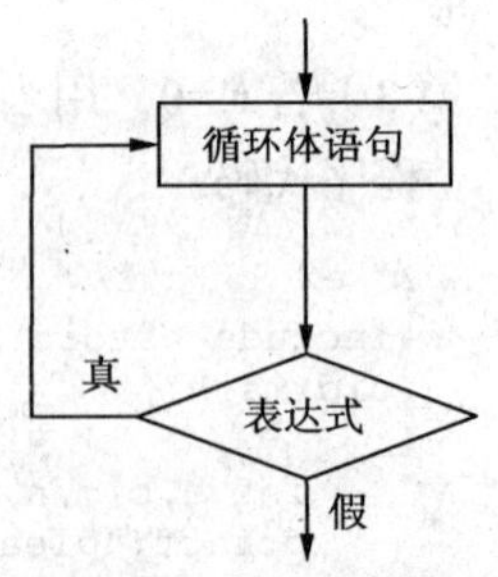

图 2.6 do-while 结构的流程

do-while 循环根据表达式的成立与否来决定是否执行循环语句，所以其循环语句可能一次也不执行；而 while 循环是先执行循环体，而后再判断表达式的值，因此 while 循环至少执行一次。

2.3.3　for 循环

【例 2-13】使用 for 语句改写例 2-9。

知识点说明：

C 语言中，for 语句也是一种常用的实现循环结构的语句，且相对于 while 和 do-while 语句，for 语句更为灵活，for 语句的格式如下。

```
for（表达式 1;表达式 2;表达式 3）
    循环体语句
```

执行过程是先执行表达式 1，（表达式 1 在整个循环中只执行一次），接着重复执行下面的过程：计算表达式 2 的值，若其值为“真”，则执行一次循环体语句，然后执行表达式 3；再执行表达式 2，判断其值是否为“真”……直到表达式 2 的值为“假”，跳出循环。执行过程如图 2.7 所示。

使用 for 语句改写例 2-9 后的程序代码如下。

```
/* e2_13.c */
#include <stdio.h>
void main()
{
    int sum=0,i;
    for(i=1;i<=100;i++)
        sum=sum+i;
    printf("sum=%d\n",sum);
}
```

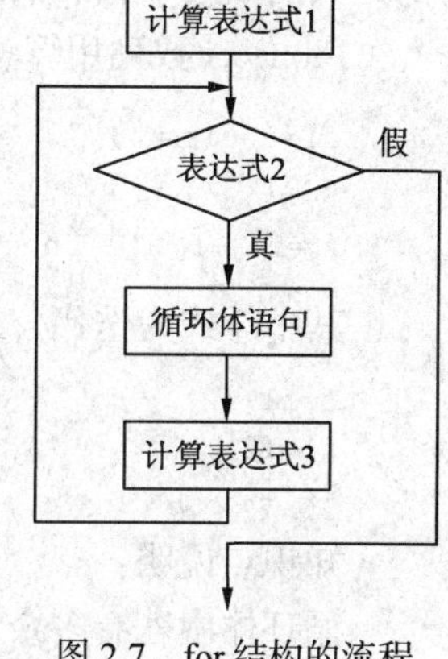

图 2.7　for 结构的流程

程序说明：

（1）for 语句中的表达式 1 是初值表达式，通常用来对循环变量赋初值。表达式 1 中可以包含多个表达式，此时需用分号分隔这些表达式。如可以将对 sum 变量赋值的语句放在表达式 1 中，则循环语句写为如下形式。

```
for (sum=0, i=1; i<=100; i++)
    sum=sum+i;
```

表达式 1 也可以省略（其后的分号不能省略），如以上程序也可以改写为如下形式。

```
sum=0;i=1;
for ( ; i<=100; i++)
    sum=sum+i;
```

这里将 i=1 写在了循环的外部，程序执行的结果与前面相同。

（2）for 语句中的表达式 2 是条件表达式，它给出了循环执行的条件，只有当表达式 2 的值为“真”时循环才能继续，否则循环将终止。表达式 2 也可以省略（其后的分号不能省略），当表达式 2 省略时，循环条件将始终为“真”。此时必须在循环体内加入使程序终止执行的语句，否则程序将无休止地执行下去，这种循环始终执行而无法自行终止的现象称为死循环。

（3）for 语句中的表达式 3 是步长表达式，用来设置循环的步长，即循环变量每次的增量。随着循环变量不断变化，其值趋于使循环条件不成立。如以上程序中，i 的值每次增加 1，最终当 i 的值为 101 时，表达式 2 的值为“假”，循环结束。表达式 3 也可以省略，此时需要通过其他方式实现循环变量的增值。如以上程序也可以改写为如下形式。

```
for( i=1; i<=100; )
{ sum=sum+i; i++;}
```

这里将原表达式 3 位置上的语句写在了循环体中，虽然位置发生了变化，但是按照 for 循环执行的顺序，该程序的语句执行过程并未改变。

（4）循环体语句是被重复执行的语句，它可以是一条语句，也可以是多条语句，若有多条语句需要重复执行，应通过加花括号使其成为复合语句。

注意

循环体语句还可以是只有一个分号构成的空语句，如果以上程序写为

```
for(i=1;i<=100;i++);
    sum=sum+i;
```

则循环体语句就仅有空语句，此时 sum=sum+i 将不是循环体语句，也不会重复执行，只在 for 语句执行完后执行一次。因此，不要在 for 语句中随意加分号。

【例 2-14】斐波那契（Fibnacci）数列有下列规律：前两个数为 1，从第三个数开始，每个数都是其前面两个相邻数的和。求该数列第 40 项。

Fibnacci 数列用算法可表示为如下形式。

$f1=1 \quad (n=1)$ ①

$f2=1 \quad (n=2)$ ②

$f_n=f_{n-1}+f_{n-2} \quad (n>=3)$ ③

其中③式为迭代公式。用 C 语言可描述为如下形式。

```
f=f1+f2;
f1=f2;
f2=f;
```

知识点说明：

循环体中若有多余语句应用花括号括起来构成复合语句。

本例程序用 for 结构实现如下。

```
/* e2_14.c */
#include <stdio.h>
void main()
{
    long f,f1,f2;
    int i;
    f1=f2=1;                        /*初始化前两项的值*/
    for(i=3;i<=40;i++)
    {
        f=f1+f2;                    /*新一项的值等于前两项的值之和*/
        f1=f2;                      /*将 f1 赋值为 f2 的值*/
        f2=f;                       /*将 f2 赋值为新一项的值*/
    }
    printf("the 40th is %ld\n",f);
}
```

程序运行结果：

```
the 40th is 102334155
```

程序说明：

由于数列前两项的值已确定，因此从第三项开始计算，所以循环变量 i 的初值为 3，i 值通过表达式 3 发生变化。循环体为复合语句{f=f1+f2;f1=f2;f2=f;}，该语句先计算第 i 项的值，再为计算第 i+1 项做准备，将 f1 的值赋值为当前 f2 的值，即 i–1 项的值，将 f2 的值赋值为第 i 项的值。此处 f、f1、f2 应定义为长整型。

【例 2-15】利用 for 循环打印出所有的“水仙花数”。所谓“水仙花数”是指一个三位数，其各位数字立方和等于该数。

知识点说明：

程序设计中一种常用的解决问题的方法是穷举法，即对问题中所有可能的值或状态逐一测试，直到找到解或所有可能状态都测试完为止。

在 100 ~ 999 之间依次取数 m，然后分离出百位数 i、十位数 j、个位数 k，并将三者立方和与 m 相比较，如相等，则 m 为水仙花数。

程序代码：

```
/* e2_15.c */
#include <stdio.h>
void main()
{
    int i,j,k,m;
    for(m=100;m<1000;m++)
    {
        i=m/100;                                        /*计算百位数*/
        j=m/10%10;                                      /*计算十位数*/
        k=m%10;                                         /*计算个位数*/
        if(m==i*i*i+j*j*j+k*k*k)
            printf("%5d",m);
    }
}
```

程序运行结果：

```
153  370  371  407
```

程序说明：

本例采用的是穷举法，即对问题中所有可能的值或状态逐一测试，直到找到解或所有可能状态都测试完为止。这里对从 100 开始到 999 的所有三位数逐一测试，取出每一个数的百位数、十位数和个位数，如果这 3 个数的立方和与对应三位数的值相等，则该数就是“水仙花数”。

2.3.4　循环的嵌套

【例 2-16】用循环输出 20 个字符'*'。

程序代码：

```
/* e2_16.c */
#include <stdio.h>
void main()
{
    int i;
    for(i=1;i<=20;i++)
        printf("*");
}
```

以上程序非常简单，实现了在一行上输出 20 个字符'*'的功能。那么如果要输出 5 行这样的内容如何实现呢？容易想到，只要将上述程序中的循环执行 5 次就可以了。此时，需要在原有 for

循环的外面再加一层循环，使原来的 for 循环重复执行 5 次。这种在一个循环体内包含另一个完整循环的结构，称为循环的嵌套。

【例 2-17】编写程序输出以下图形。

```
**********
**********
**********
**********
**********
```

知识点说明：

使用循环嵌套时，内层和外层循环的循环控制变量不能相同。

程序代码：

```
/* e2_17.c */
#include <stdio.h>
void main()
{
    int i,j;
    for(j=1;j<=5;j++)                      /*输出 5 行*/
    {
        for(i=1;i<=10;i++)                 /*每行输出 10 个字符'*'*/
            printf("*");
        printf("\n");                      /*每行输入完后换行*/
    }
}
```

程序说明：

本例是在例 2-16 的基础上，多加了一层循环实现的，因而是一个循环的嵌套问题。需要注意的是，在输出的过程中，每输出一行都要输出一个回车，否则所有的内容将全部显示在一行上。

对于一些较为复杂的问题，必须使用循环的嵌套，while 循环、do-while 循环、for 循环都可以相互嵌套。需要注意，执行嵌套的循环时，外层循环每执行一次，内层循环执行一个周期。如例 2-17 中，外层循环 j=1 时，内层循环 i 要从 1 执行到 10，因此该嵌套的循环共执行 5×10=50 次。

【例 2-18】打印如下图形。

```
   *
  ***
 *****
*******
 *****
  ***
   *
```

要打印此类图形，应先找出规律性。可以把图分上下两部分来看，前 4 行规律相同，即第 i 行由 2*i–1 个星号和 6–2*i 个空格组成；后 3 行规律相同，即第 i 行由 7–2*i 个星号和 2*i 个空格组成。每行结尾要换行。

容易看出，本例也应使用嵌套的循环实现，外层循环控制行，内层循环控制列。

知识点说明：

循环嵌套结构在书写时应采用“右缩进”格式将内层循环进行缩进，以体现循环的层次关系。

程序代码:

```
/* e2_18.c */
#include <stdio.h>
void main()
{
    int i,j,k;
    for(i=1;i<=4;i++)                                    /*打印上半部分，共 4 行*/
    {
        for(k=1;k<=8-2*i;k++) printf(" ");               /*输出每行前面的空格*/
        for(j=1;j<=2*i-1;j++) printf("*");               /*输出每行的星号*/
        printf("\n");                                    /*输出每行后换行*/
    }
    for(i=1;i<=3;i++)
    {
        for(k=1;k<=2*i;k++) printf(" ");                 /*输出每行前面的空格*/
        for(j=1;j<=7-2*i;j++) printf("*");               /*输出每行的星号*/
        printf("\n");                                    /*输出每行后换行*/
    }
}
```

程序运行后会打印出题目要求的图形。

程序说明:

内层循环中的 printf("\n")语句是必不可少的，它的作用是在每行结尾换行。

【例 2-19】打印九九乘法表。

九九乘法表共 9 行 9 列。因此使用嵌套的循环实现。

知识点说明:

在需要按行列方式输出数据时，通常采用嵌套的循环来实现。

程序代码:

```
/* e2_19.c */
#include <stdio.h>
void main()
{
    int m,n;
    for(m=1;m<=9;m++)                                    /*共输出 9 行*/
    {
        for(n=1;n<=m;n++)                                /*第 m 行输出 m 列*/
            printf("%d*%d=%d\t",m,n,m*n);
        printf("\n");
    }
}
```

程序运行结果:

```
1*1=1
2*1=2   2*2=4
3*1=3   3*2=6   3*3=9
4*1=4   4*2=8   4*3=12  4*4=16
5*1=5   5*2=10  5*3=15  5*4=20  5*5=25
6*1=6   6*2=12  6*3=18  6*4=24  6*5=30  6*6=36
7*1=7   7*2=14  7*3=21  7*4=28  7*5=35  7*6=42  7*7=49
8*1=8   8*2=16  8*3=24  8*4=32  8*5=40  8*6=48  8*7=56  8*8=64
9*1=9   9*2=18  9*3=27  9*4=36  9*5=45  9*6=54  9*7=63  9*8=72  9*9=81
```

程序说明：

（1）本例外层循环打印 9 行，然后使用内层循环打印每一行的每一列。用变量 m 控制总行数，n 控制每行的列数，由于第 m 行输出 m 个表达式，因此内层循环总是执行 m 次。

（2）语句 printf("\n")用来在每行的第 9 列后换行。内层循环体语句 printf ("%d*%d=%d\t", m,n,m*n)用于输出每个乘法表的表达式。

【例 2-20】百马百担问题。

有 100 匹马，驮 100 担货，大马驮 3 担，中马驮 2 担，两匹小马驮 1 担，问大、中、小马各多少匹？

这是一个不定方程求解问题。

```
a+b+c=100
3*a+2*b+c/2=100
```

式中 a,b,c 分别表示大、中、小马。由题目给出的条件可得到以下 3 个变量的取值范围。

a：0 ~ 33 之间的整数。

b：0 ~ 50 之间的整数。

c：0 ~ 200 之间的偶数（两只小马组合才能驮担）。

知识点说明：

对于较为复杂的问题，可能需要多层嵌套才能解决，但应尽量减少嵌套的层数。

采用穷举法，用 3 层 for 循环来实现，程序代码如下。

```
/* e2_20.c */
#include <stdio.h>
void main()
{
    int a,b,c;
    for(a=0;a<=33;a++)                              /*取所有可能的大马数*/
        for(b=0;b<=50;b++)                          /*取所有可能的中马数*/
            for(c=0;c<=200;c+=2)                    /*取所有可能的小马数*/
                if((a+b+c==100)&&(3*a+2*b+c/2==100))
                    printf("a=%d,b=%d,c=%d\n",a,b,c);
}
```

程序运行结果：

```
a=2,b=30,c=68
a=5,b=25,c=70
a=8,b=20,c=72
a=11,b=15,c=74
a=14,b=10,c=76
a=17,b=5,c=78
a=20,b=0,c=80
```

程序说明：

（1）第三层循环若改为 for(c=0;c<=200;c++)也是允许的。因两匹小马驮一担，所以变量 c 值必为偶数，使用 c+=2 来修定其值可使程序更优化。

（2）若 a 和 b 已知，则 c 的值可以根据 a 和 b 的值求出，因此本例也可以使用两层循环实现，这样程序执行效率更高。循环语句部分可以改写如下。

```
for(a=0;a<=33;a++)                                  /*取所有可能的大马数*/
    for(b=0;b<=50;b++)                                  /*取所有可能的中马数*/
    {
```

```
        c=100-a-b;                                    /*小马数根据大马和中马数求出*/
        if((c%2==0)&&(3*a+2*b+c/2==100))
            printf("a=%d,b=%d,c=%d\n",a,b,c);
    }
```

2.3.5 几种循环的比较

（1）3 种循环都可以用来处理同一个问题，一般可以互相代替。

（2）while 和 do-while 循环，循环体中应包括使循环趋于结束的语句，否则循环会永远执行下去。前者的循环体可能一次也不执行，后者的循环体至少执行一次。

（3）用 while 和 do-while 循环时，循环变量初始化的操作应在 while 和 do-while 语句之前完成，而 for 语句可以在表达式 1 中实现循环变量的初始化。

2.4 几种控制语句

2.4.1 break 语句

break 语句通常用在循环和 switch 结构中。当 break 用于 switch 结构中时,可使程序跳出 switch 结构而执行 switch 结构以后的语句；当 break 语句用于 do-while、for 和 while 循环中时，可使程序中途退出循环结构，从而执行循环体后面的语句。

【例 2-21】判断一个大于 3 的正整数 m 是否为素数。

判定一个数 m 是否为素数的方法是，测试在 2 到 m/2 中是否有可以整除（余数为 0）m 的数 n。若能找到 n，则 m 不是素数；若找不到，则 m 为素数。用 for 结构穷举 2 到 m/2 之间的数 n，去除 m，若在此过程中找到一个可以整除 m 的数 n，则退出循环。

知识点说明：

break 语句通常与 if 语句一起使用，以便满足条件时跳出循环。

程序代码：

```
/* e2_21.c */
#include <stdio.h>
void main()
{
    int m,n;
    printf("please input the number m:\n");
    scanf("%d",&m);
    for(n=2;n<=m/2;n++)
        if(m%n==0)
            break;
    if(n>m/2)
        printf("%d is a prime number\n",m);
    else
        printf("%d is not a prime number\n",m);
}
```

程序运行结果：

```
please input the number m:
67
67 is a prime number
```

若输入 25，程序运行结果：

```
please input the number m:
25
25 is not a prime number
```

程序说明：

（1）在判断过程中，从 2 ~ m/2 之间只要有一个数满足 m%n==0，则该数一定不是素数，此时 for 循环没有必要继续循环下去，即循环应提前结束，使用 break 语句在满足条件时提前结束循环。

（2）break 语句如果处在嵌套的循环中，则 break 结束的仅是其所在的那层循环，对其他层循环无效。

2.4.2 continue 语句

continue 语句的作用是跳过循环中剩余的语句，强行执行下一次循环。continue 语句只用在 for、while 和 do-while 等循环体中，常与 if 条件语句一起使用，用来加速循环。

【例 2-22】打印 3 ~ 100 内的素数。

本例只需在上例的基础上，扩大判断的范围即可，因此使用了一个嵌套的 for 循环处理。

知识点说明：

注意 continue 和 break 语句的区别，continue 语句仅结束当前这次循环跳过 continue 语句后的其它语句后还会执行下一次循环；而 break 语句则结束整个循环，循环将完全终止。

程序代码：

```
/* e2_22.c */
#include <stdio.h>
void main()
{
    int m,n;
    printf("the prime number is:\n");
    for(m=3;m<100;m+=2)
    {
        for(n=2;n<=m/2;n++)
            if(m%n==0) break;
        if(n<m/2) continue;
        printf("%5d",m);
    }
}
```

程序运行结果：

```
the prime number is:
 3   5   7  11  13  17  19  23  29  31  37  41  43  47  53  59
61  67  71  73  79  83  83  97
```

程序说明：

本例中如果 n<m/2 成立，当前判断的 m 必然不是素数，因此不会执行下面的输出语句，这里使用了 continue 语句实现跳过本次循环，然后继续判断下一个 m。

2.4.3 return 语句

return 用来返回一个值。通常在调用的函数里用 return 返回一个值。

```
#include <stdio.h>
int max(int a ,int b)
```

```
{
    int max;
    if(a>b)
        max=a;
    else
        max=b;
    return max;                    /* 返回一个 int 值 */
}
void main()
{
    int a,b;
    scanf("%d,%d",&a,&b);
    printf("MAX is %d\n",max(a,b));
}
```

在函数中，如果遇到 return 语句，那么程序就会返回调用该函数的下一条语句继续执行，也就是说跳出当前函数的执行，回到原来的地方继续执行下去。但是如果是在主函数中遇到 return 语句，那么整个程序就会终止执行。

本 章 小 结

流程控制是 C 语言程序中重要的组成部分，从程序执行的流程来看，程序一般有 3 种控制结构，即顺序结构、选择结构和循环结构。

顺序结构比较简单，只要按照解决问题的顺序写出相应的语句即可，它的执行顺序是自上而下，依次执行。

选择结构也叫分支结构，if 语句主要用于单分支选择；if-else 语句主要用于双分支选择；if-else if 和 switch 语句用于多分支选择的情况。

if 语句根据条件表达式值的真假来决定程序的转向。其中条件表达式通常是关系或逻辑表达式，表达式的结果应为一个逻辑值，也可以是赋值表达式或单个的变量。3 种 if 语句中，若要执行多条语句，必须用花括号将多条语句括起来组成复合语句；若要执行的是一条语句，则花括号可以省略。3 种形式的 if 语句可以相互嵌套，此时 else 总与其前最近的尚未与 if 配对的 if 配对。

开关语句 switch 是一种多分支选择结构，它根据判断表达式的值去寻找与之匹配的 case 子结构，随之执行该 case 后面的语句。注意各 case 子句后面的常量表达式值不能相同。switch 结构只有一个入口，为使流程提前转出 switch 结构，一般使用 break 语句。由于最先匹配的 case 才是 switch 的入口，所以 switch 结构中匹配的 case 前的语句是永远不会被执行的。

C 语言中循环结构有 3 种，分别是 while、do-while 和 for，3 种循环可以互相替代。while 和 do-while 语句一般用于循环次数及循环条件需要在循环过程中才能确定的情况，而 for 语句主要用于给定循环变量初值、步长增量以及循环次数的循环结构。其中 while 的循环体语句可能一次也不执行，do-while 的循环体语句至少执行一次，而 for 语句两种情况都可能出现。3 种循环还可以嵌套组成多重循环。3 种循环在使用中应避免出现判断表达式值永远为真（即死循环）的情况。同时注意循环体为多条语句时，需用复合语句实现。

在循环执行过程中，可用转移语句 break、continue 和 return 语句把流程转向循环体外。其中前两个语句比较常用，break 语句可终止整个循环，而 continue 只是提前结束本次循环，跳转到是否执行下一次循环的判定语句中。

程序书写应注意养成缩进的习惯，正确的缩进可增加程序的可读性。

习 题 2

一、单项选择题

1. C语言中的if语句中，用作判断的表达式为________。

A. 算术表达式　B. 逻辑表达式　C. 关系表达式　D. 任意表达式

2. 下列if语句中不正确的是________。

A. `if(x>y)`　B. `if(x= =y) x=+2;`

C. `if(x!=y) x=0;else x=1;`　D. `if(x<y) {x++;x++;}`

3. 下面的程序________。

```
#include <stdio.h>
void main()
{
    int x=3,y=0,z=0;
    if(x=y+z) printf("* * * *");
    else printf("# # # #");
}
```

A. 有语法错误不能通过编译

B. 输出* * * *

C. 可以通过编译，但是不能通过连接，因而不能运行

D. 输出# # # #

4. 如下程序的输出结果是________。

```
#include <stdio.h>
void main()
{
    int x=1,a=0,b=0;
    switch(x)
    {
        case 0:b++;
        case 1:a++;
        case 2:a++;b++;
    }
    printf("a=%d,b=%d,\n",a,b);
}
```

A. a=2,b=1　B. a=1,b=1　C. a=1,b=0　D. a=2,b=2

5. 如下程序的输出结果是________。

```
#include <stdio.h>
void main()
{
    float x=2.0,y;
    if(x<0.0) y=0.0;
        else if(x<10.0) y=1.0/x;
            else y=1.0;
    printf("%f\n",y);
}
```

A. 0.000000 B. 0.250000 C. 0.500000 D. 1.000000

6. 执行下面程序段的结果是________。

```
int x=23;
do
{
    printf("%d",x--);
}while(!x);
```

A. 打印出 321 B. 打印出 23 C. 不打印任何内容 D. 陷入死循环

7. 下面不是无限循环的是________。

A. `for(y=0;x=1;++y)` B. `for(;;x=0);`

C. `while(x=1){x=1;}` D. `for(y=0,x=1;x>++y;x+=1)`

8. 语句 while(!E);中的条件!E 等价于________。

A. E= =0 B. E!=1 C. E!=0 D. ～E

9. 以下程序中，while 的循环次数为________。

```
#include <stdio.h>
void main()
{
    int i=0;
    while(i<10)
    {
        if(i<1) continue;
        if(i==5) break;
        i++;
    }
    ……
}
```

A. 1 B. 10 C. 6 D. 死循环,不能执行

二、填空题

1. do-while 循环语句的执行过程是先________后________，while 循环的执行过程是先________后________。

2. break 语句可在________或________使用，而 continue 语句只能在________中使用。

3. 下面程序的功能是输出 100 以内能被 3 整除且个位数为 6 的所有数，请将程序填写完整。

```
#include <stdio.h>
void main()
{
    int i,j;
    for(i=0; ______;i++)
    {
        j=i*10+6;
        if(______) continue;
        printf("%d\n",j);
    }
}
```

4. 下面程序段中循环体的执行次数是________。

```
a=10; b=0;
do{ b+=2; a-=2+b; }while(a>=0);
```

5. 以下的程序输出结果是________。

```
#include <stdio.h>
void main()
```

```
{
    int i=10,j=0;
    do
    {
        j=j+i; i--;
    }while(i>2);
    printf("j=%d",j);
}
```

6. 下面程序段的运行结果是________。

```
i=1; s=3;
do
{
    s+=i++;
    if(s%7==0) continue;
       else ++i;
}while(s<15);
printf("%d",i);
```

7. 若 int i=10;则执行下列程序后，变量 i 的正确结果是________。

```
switch(i)
{
    case 9: i+=1;
    case 10: i+=1;
    case 11: i+=1;
    default: i+=1;
}
```

8. 以下程序输出结果是________。

```
#include <stdio.h>
void main()
{
    int x=10,y=20,t=0;
    if(x==y) t=x; x=y;y=t;
    printf("%d,%d\n",x,y);
}
```

三、阅读程序，写出运行结果

1. 下面程序的运行结果是________。

```
#include <stdio.h>
void main()
{
    int c;
    while((c=getchar())!="\n")
    switch(c-'2')
    {
        case 0:
        case 1:putchar(c+4);
        case 2:putcha(c+4);break;
        case 3:putchar(c+3);
        default:putchar(c+2);break;
    }
    printf("\n");
}
```

2. 下面程序的运行结果是________。

```
#include <stdio.h>
void main()
```

```
{
    int a,b;
    for(a=1,b=1;a<=100;a++)
    {
        if(b>=20) break;
        if(b%3==1)
        {
            b+=3;
            continue;
        }
        b-=5;
    }
    printf("a=%d\n",a);
}
```

四、编程题

1. 编写程序，打印出三角形的九九乘法表。

2. 有一分数序列：2/1，3/2，5/3，8/5，13/8，21/13...求出这个数列的前20项之和。

3. 将一个正整数分解质因数。例如：输入90,打印出90=2*3*3*5。

4. 输入一行字符，分别统计出其中英文字母、空格、数字和其他字符的个数。

5. 百钱买百鸡问题。

1只公鸡值5元钱，1只母鸡值3元钱，3只鸡雏值1元钱。欲100元钱买100只鸡，问公鸡、母鸡、鸡雏的只数如何搭配？

6. 抓交通肇事犯。

一辆卡车违反交通规则，撞人后逃跑。现场有3人目击事件，但都没记住车号，只记下车号的一些特征。甲说："牌照的前两位数字是相同的"，乙说："牌照的后两位数字是相同的，但与前两位不同"，丙是位数学家，他说："4位车号刚好是一个整数的平方"。请根据以上线索求出车号。

第3章 数组

学习目标

（1）了解数组的概念。

（2）掌握一维数组、二维数组及字符数组的定义，以及初始化和引用的方法。

（3）熟练掌握一维、二维数组及字符数组的应用。

（4）掌握字符数组的输入、输出方法。

（5）掌握字符串处理函数的使用方法。

前面介绍了基本数据类型，而在稍微复杂的程序中，基本数据类型远远不能满足需要，因此，C 语言中允许用户根据需要自行构造类型，如数组、指针、结构体、共用体和枚举类型等，本章介绍数组类型。

数组就是具有相同类型的有限个数据按序排列而成的集合，数组中的每一个数据称为数组元素。在使用数组元素时，必须要用标号来确定它在数组中的位置，此标号称为数组元素的下标。数组元素的类型可以是基本数据类型，也可以是用户自定义类型。因此，根据数组元素的数据类型可分为数值数组、字符数组、指针数组、结构体数组等。按数组的维数又可分为一维数组、二维数组和多维数组。

3.1 一维数组

1. 一维数组的定义

【例 3-1】从键盘上输入 10 个整型数据，输出其中大于平均数的数据。

知识点说明：

为了输出 10 个数中大于平均数的数据，首先需要对 10 个数据求和并计算平均值，然后逐个与平均值比较，将大于平均值的数据进行输出。这时需要对 10 个数据进行存储，使用变量存储需要 10 个不同的变量，由于存储的 10 个数均是整型数据，因此可以使用数组来实现。

一维数组定义的一般形式如下。

```
类型说明符 数组名[常量表达式]；
```

例如：int x[10];

表示该数组的数组名为 x，数组的元素共有 10 个，并且每个元素都是 int 类型的变量。

说明如下。

（1）类型说明符可以是基本数据类型，也可以是结构体等构造数据类型。

（2）数组名的命名规则和普通变量一样，要遵循标识符命名规则，并且不能与其他变量同名。

（3）常量表达式表示数组元素的个数（也称为数组长度），必须是常量、符号常量或包含常量或符号常量的表达式，不能包含不确定的变量。因为在定义数组后，系统会在内存中开辟“常量表达式*sizeof(类型)”的个数字节的连续存储单元用来存放数组中各个元素。

例如：

```
float a[5];
/*a 为实型数组，包含 5 个数组元素，系统为数组开辟 20 字节的存储空间*/
int n;
scanf("%d",&n);
int y[n];                   /*错误定义，方括号内的常量表达式不能为不确定的变量 n*/
```

（4）数组名后的常量表达式必须用方括号括起来，不能使用其他的符号。

程序代码：

```
/* e3_1.c */
#include <stdio.h>
main()
{
    int i,sum,a[10];                  /*定义数组 a 和变量 sum、i*/
    float avg;
    sum=0;                            /*存储数组元素和的变量 sum 赋初值为 0*/
    printf("请输入 10 个整数:");
    for(i=0;i<=9;i++)                 /*输入数组元素的值*/
        scanf("%d",&a[i]);
    for(i=0;i<=9;i++)                 /*计算数组元素的和*/
        sum=sum+a[i];
    avg=(float)sum/10;                /*计算数组元素的平均值*/
    for(i=0;i<=9;i++)                 /*输出大于平均数的数组元素的值*/
    if(a[i]>avg)
        printf("%3d",a[i]);
}
```

程序运行结果：

请输入 10 个整数:1 2 3 4 5 6 7 8 9 10

```
6 7 8 9 10
```

程序说明：

（1）数组的长度确定后，数组元素的下标范围就确定了。比如上面定义的 x[10]，该数组元素的下标从 0 开始，分别为 x[0]至 x[9]。注意在该数组中不存在 x[10]这个元素。

（2）输入和输出数组元素时，与循环语句结合使用。输入数组元素值和计算数组元素之和的循环语句可以合并为一个循环语句，合并后格式如下。

```
for(i=0;i<=9;i++)
{
    scanf("%d",&a[i]);            /*输入数组元素的值*/
    sum=sum+a[i];                 /*计算数组元素的和*/
}
```

（3）思考：输出数组元素值的语句是否可以与上述循环语句合并？

2. 一维数组元素的引用

从上例可以看出，数组定义后，在使用的时候每次只能引用一个数组元素，而不能引用整个数组。

上面提到了数组元素的下标标识了数组元素在数组中的位置，在引用数组元素的时候可以使用下标来引用，故数组元素也称为下标变量。

数组元素的引用形式：

```
数组名[下标]
```

程序说明：

（1）下标可以是整型常量、变量或表达式，不可以为小数。

举例：

```
a[2*3]=a[1]+a[3-1];          /*系统会自动将 a[1]与 a[2]的和赋给 a[6]*/
a[3.2]=a[0]+a[1];            /*错误，下标必须为整型，不可以为小数*/
```

（2）数组元素的下标范围要在 0 到数组长度减 1 之间，超出此范围，则数组下标越界，而 C 语言编译系统不会检查数组下标是否越界。

【例 3-2】从键盘上输入 10 个数据，输出 10 个数中的最大值和最小值。

知识点说明：

数组元素引用时需要通过下标逐个引用数组中的元素，可以把数组元素当作普通的变量一样看待，从而完成各种运算。

程序代码：

```
/* e3_2.c */
#include <stdio.h>
main()
{
    int a[10];                  /*定义一维数组 a*/
    int max,min,i;
    printf("请输入 10 个整数:");
    for(i=0;i<=9;i++)           /*输入数组元素的值*/
      scanf("%d",&a[i]);
    max=a[0];                   /*设第一个数据的值为最大值*/
    min=a[0];                   /*设第一个数据的值为最小值*/
    for(i=1;i<=9;i++)
    {
      if(max<a[i])              /*当前数据与最大值比较*/
        max=a[i];               /*若大于最大值，则当前数据的值为最大值*/
      if(min>a[i])              /*当前数据与最小值比较*/
        min=a[i];               /*若小于最小值，则当前数据的值为最小值*/
    }
    printf("max=%d\nmin=%d\n",max,min);  /*输出最大值和最小值*/
}
```

程序运行结果：

请输入 10 个整数:1 10 3 5 16 7 80 65 20 6

```
max=80
min=1
```

程序说明：

（1）数组元素引用时，可以与循环语句配合使用，使用循环变量表示数组的下标，逐个访问数组中的元素。

（2）数组元素的下标范围要在 0 到数组长度减 1 之间，超过此范围系统不检查越界问题，因此数组使用时需注意数组的下标范围。

（3）思考：如果还需输出最大值和最小值所在的下标，应如何实现？

（4）思考：最大值和最小值的初始值可否赋值为 0，即 max=a[0]; min=a[0];能否修改为 max=0; min=0;?

【例 3-3】使用数组输出 Fibonacci 数列的前 20 项的值。

Fibonacci 数列，数列为 1，1，2，3，5，8，13，21，34，…，即数列规律为前两项值为 1，从第三项开始，每一项都等于前两项之和。

程序代码：

```
/* e3_3.c */
#include <stdio.h>
void main()
{
    int fib[20];                          /*定义一维数组 fib*/
    int i;
    fib[0]=1;fib[1]=1;                    /*指定前两项的数值*/
    for(i=2;i<20;i++)                     /*计算 Fibonacci 数列其他项的值*/
        fib[i]=fib[i-1]+fib[i-2];
    for(i=0;i<20;i++)                     /*输出 Fibonacci 数列前 20 项的值*/
    {
        if(i%10==0)                       /*每行输出 10 个数据*/
            printf("\n");
        printf("%5d",fib[i]);
    }
}
```

程序运行结果：

```
1    1    2    3    5    8   13   21   34   55
89  144  233  377  610  987 1597 2584 4181 6765
```

程序说明：

（1）程序中定义了一个包含 20 个元素的数组，首先将前两个数 fib[0]、fib[1]赋值为 1，然后通过循环语句为数组中下标为 2 到 19 的元素赋值，最后将数组中的数据按每行 10 个元素依次输出。

（2）对数组元素的赋值还可以修改为如下方式。

```
for(i=0;i<20;i++)                   /*计算 Fibonacci 数列前 20 项的值*/
{
    if(i==0||i==1)
        fib[i]=1;
    else
        fib[i]=fib[i-1]+fib[i-2];
}
```

【例 3-4】输入 10 个数据，用冒泡法对其按照从小到大的顺序排列，然后输出。

知识点说明：

冒泡法排序思想：对相邻的数据两两比较并调整，将其中小的调到前面，大的调到后面。例如：int a[5]={4，7，3，9，1}；则对数组的排序过程如图 3.1 所示。

第1趟遍历	第2趟遍历	第3趟遍历	第4趟遍历
47391	4371	341	31
47391	3471	341	13
43791	3471	314	
43791	3417		
43719			

图 3.1　冒泡排序示意图

第一趟遍历：首先是将 4 与 7 比较，小的在前面，不需要交换位置；第二次将 7 与 3 比较，需要交换位置；第三次将 7 与 9 比较，小的在前，不需要交换位置；第四次将 9 与 1 比较，需要交换位置。第一趟遍历的结果将最大的数据“9”沉到了最后，共比较了 4 次。数据“9”将不参加下面的过程。

第二趟遍历：在剩下的 4 个数据中，首先将 4 与 3 比较，需要交换位置；第二次将 4 与 7 比较，不需要交换位置；第三次将 7 与 1 比较，需要交换位置。第二趟遍历后将次大的数据 7“下沉”到倒数第二个位置，共比较了 3 次。下面的遍历中数据“7”不需要参加。

第三趟遍历：在剩下的 3 个数据中，首先将 3 与 4 比较，不需要交换位置；第二次将 4 与 1 进行比较，需要交换位置。第三趟遍历结束，将第三大的数据 4“下沉”到倒数第三个位置，共比较了 2 次。

第四趟遍历：在剩下的 2 个数据中，将 3 与 1 比较，需要交换位置。第四趟遍历结束，将数据 3“下沉”，共比较 1 次。在四趟遍历后还剩下最后一个数据 1，此时，数组中的元素已经按照从小到大的顺序排列。

由以上分析可以看出，若有 n 个数据，则需要遍历 n–1 趟。在每一趟遍历的过程中，数据比较的次数是不同的，如 n 个数，第一趟遍历需比较 n–1 次，第二趟比较需要 n–2 次，所以在第 i 趟遍历中需要进行 n–i 次比较。

程序代码：

```
/* e3_4.c */
#include <stdio.h>
void main()
{
    int a[10];                                  /*定义数组 a */
    int i,j,t;
    printf("请输入 10 个整数:");
    for(i=0;i<10;i++)                           /*输入 10 个用于排序的数组元素值*/
        scanf("%d",&a[i]);
    for(i=0;i<9;i++)                            /*控制数组元素排序的趟数*/
        for(j=0;j<9-i;j++)                      /*控制每趟排序数组元素比较的次数*/
            if(a[j]>a[j+1])                     /*比较相邻的两个数组元素*/
              {t=a[j];a[j]=a[j+1];a[j+1]=t;}    /*交换相邻的两个数组元素值*/
    printf("排序后的 10 个数为:\n");
    for(i=0;i<10;i++)                           /*输出从小到大排序后的 10 个数组元素*/
        printf("%3d",a[i]);
}
```

程序运行结果：

请输入 10 个整数:30 5 15 8 3 9 1 45 20 4

排序后的 10 个数为:

```
1  3  4  5  8  9 15 20 30 45
```

程序说明：

（1）数据排序时，需要使用两层循环语句实现，外层循环用于控制数组元素排序的趟数，内层循环用于控制每趟排序中数组元素比较的次数。若有 n 个数据，则需要遍历 n–1 趟。在每一趟遍历的过程中，分别需要 n–1 次、n–2 次、n–3 次、……、2 次、1 次比较。

（2）思考：如果需要将数据按从大到小的顺序排序，上述程序将如何修改？

3. 一维数组元素的初始化

前面的例题中均使用循环语句对数组元素逐个赋值，对数组元素的赋值也可以采用初始化的方法。

初始化是指在数组定义的同时对数组元素赋予初值，用下列方法来实现。

（1）对数组元素全部赋值。对数组元素全部赋值时，可以不指定数组的长度。

```
int a[5]={1,2,3,4,5};
```

可以写成

```
int a[]={1,2,3,4,5};
```

表示该数组的元素 a[0]、a[1]、a[2]、a[3]、a[4]分别赋值为 1、2、3、4、5。

（2）只给部分元素赋值。

```
int a[5]={1,2,3};
```

表示给该数组中的前面 3 个元素 a[0]、a[1]、a[2]分别赋值为 1、2、3，后面的元素 a[3]、a[4]系统会自动赋予 0 值。

数组初始化时，若被定义的数组长度与要赋值的个数不相同时，数组长度不能省略，且只可以少赋值，不能多赋值，否则会出现编译错误。

例如：

```
int a[5]={1,2,3,4,5,6,7};        /*错误，整型数组中数组长度为 5，却赋了 7 个值*/
```

【例 3-5】用选择法将 10 个整数按从小到大排序并输出。

知识点说明：

选择法排序的思想，是首先从 n 个数据中找出值最小的元素，将其与第一个元素交换，然后从剩下的 n–1 个数据中找出值最小的元素，将其与第二个元素交换，以此类推，直到所有的数据均有序时为止。

程序代码：

```
/* e3_5.c */
#include <stdio.h>
void main()
{
    int a[10]={0,20,45,50,8,6,30,25,1,10}; /*定义并初始化数组 a*/
    int i,j,t,k;
    printf("数组原数据为:\n");
```

```
        for(i=0;i<10;i++)                       /*输出数组 10 个原始数据*/
            printf("%3d",a[i]);
        for(i=0;i<9;i++)                        /*控制数组元素排序的趟数，共进行 9 趟排序*/
        {
            k=i;                                /*初始化最小值的下标*/
            for(j=i+1;j<10;j++)                 /*与当前数的后面元素比较寻找最小值的下标*/
            if(a[j]<a[k])
            k=j;                                /*记录新的最小值的下标*/
            if(k!=i)
            { t=a[i];a[i]=a[k];a[k]=t;}         /*第 i 趟将第 i 个数和最小值交换*/
        }
      printf("\n 排序后的数据为:\n");
      for(i=0;i<10;i++)                         /*输出排序后的 10 个数*/
            printf("%3d",a[i]);
    }
```

程序运行结果：

数组原数据为：

```
0 20 45 50  8  6 30 25  1 10
```

排序后的数据为：

```
0  1  6  8 10 20 25 30 45 50
```

程序说明：

（1）选择法实现 10 个数据的排序过程中，10 个数据需要 9 趟遍历。第一趟遍历时需要从 10 个元素中找出值最小的元素，将其与下标为 0 的第一个元素交换。求最小值所在的位置时，用一个变量 k 来记录最小元素的下标，初值为 0（即假设第一个元素是最小值）然后与后面的元素依次比较，比它小，就用 k 记录新的最小值的下标，直到比较至最后一个元素，确定最小值所在的下标。第二趟遍历时从剩下的 9 个元素中找出值最小的元素，将其与第二个元素交换。以此类推，经过 9 趟遍历，所有的数据有序排列后，程序结束。

（2）数组初始化时若对全部元素进行赋值，可以省略数组的长度。

（3）思考：当初始化数组后，能否在输出原数据前添加如下输入语句？若添加，运行结果会有何不同？

```
for(i=0;i<10;i++)
  scanf("%d",&a[i]);
```

3.2 二维数组与多维数组

在 C 语言中可以使用二维或者多维数组来解决一些实际问题，如用二维数组存放一个矩阵，进行矩阵的相关运算，或者存放一个表格数据。一个三维数组可以用来存放一组空间的坐标(x,y,z)数据。

3.2.1 二维数组

一维数组是具有一个下标的数组，具有两个下标的数组称为二维数组。

1. 二维数组的定义

二维数组定义的一般形式：

```
类型说明符 数组名[常量表达式1][常量表达式2];
```

例如：

```
float a[2][3];                    /*定义a为2行3列的实型数组*/
int b[3][4];                      /*定义b为3行4列的整型数组*/
```

说明：

（1）与一维数组一样，数组名的命名规则遵循标识符命名规则，方括号中的常量表达式，必须是常量或符号常量，不能为不确定的值。

（2）常量表达式1表示第一维的长度，常量表达式2表示第二维的长度。二维数组元素的个数就是两者的乘积。如上面的a数组共有2×3=6个元素。

（3）数组定义后，系统要在内存中开辟“数组元素个数*sizeof(类型)”个连续的存储单元来存放数组的各个元素。如：float a[2][3]，系统要为该数组开辟2×3×4=24字节的存储空间来存放数组a。

（4）二维数组定义后，数组元素的下标范围就确定了。如上面定义的a[2][3]，元素的下标从[0][0]开始，这6个元素分别是a[0][0]、a[0][1]、a[0][2]、a[1][0]、a[1][1]、a[1][2]。

2. 二维数组的存储

二维数组可以看作一个特殊的一维数组。如a数组，就是一个特殊的一维数组，它共有2个元素，分别是a[0]和a[1]。而每个元素又是一个一维数组，对于a[0]来说，可以看成是一个一维数组的数组名，它有3个元素，分别为a[0][0]、a[0][1]、a[0][2]；同理，对于元素a[1]来说它也是一个有3个元素的一维数组的数组名，3个元素分别是a[1][0]、a[1][1]、a[1][2]。

在C语言中，二维数组在内存中默认情况下采用行优先存储：先将第一行的元素存放，然后再存放第二行的元素，以此类推，直到最后一行存放完毕，如图3.2所示。

a [0][0]
a [0][1]
a [0][2]
a [1][0]
a [1][1]
a [1][2]

图3.2 二维数组存储示意图

【例3-6】编写程序，将一个二维数组中行和列元素互换，存到另一个二维数组中。设数组如下。

$$a=\begin{bmatrix}1 & 5 & 9\\ 2 & 6 & 8\end{bmatrix} \qquad b=\begin{bmatrix}1 & 2\\ 5 & 6\\ 9 & 8\end{bmatrix}$$

知识点说明：

（1）数组的定义，需要定义两个数组，一个为a[2][3]存放原数组，另一个为b[3][2]存放互换后的数组。

（2）数组的初始化，可以通过初始化的方式对数组元素赋值。

（3）数组元素的引用，二维数组也是每次只能引用一个元素，每个元素引用时都有两个下标。

程序代码：

```
/* e3_6.c */
#include <stdio.h>
void main()
{
    int a[2][3]={{1,5,9},{2,6,8}};                /*定义并初始化二维数组a*/
    int b[3][2],i,j;
```

```
    printf("数组 a:\n");
    for(i=0;i<2;i++)                              /*输出原来数组 a 的数据*/
    {
      for(j=0;j<3;j++)
      {
         printf("%4d",a[i][j]);                   /*输出数组元素 a[i][j]的值*/
         b[j][i]=a[i][j];                         /*将两个数组元素相互交换*/
      }
   printf("\n");                                  /*输出一行数组元素后换行*/
   }
   printf("数组 b:\n");
   for(i=0;i<3;i++)                               /*输出交换后的数组 b 的数据*/
   {
      for(j=0;j<2;j++)
        printf("%4d",b[i][j]);
          printf("\n");
   }
}
```

程序运行结果：

数组 a:

```
1   5   9
2   6   8
```

数组 b:

```
1   2
5   6
9   8
```

程序说明：

（1）将二维数组中的各元素逐个输出时，需要使用双重循环语句来完成，一般用外层循环来控制二维数组的行，内层循环来控制二维数组的列。

（2）思考：将输出数组元素的双重循环语句中的外层循环和内层循环语句交换位置，交换后的代码如下，输出结果有何变化?

```
for(j=0;j<2;j++)
{
  for(i=0;i<3;i++)
         printf("%4d",b[i][j]);
  printf("\n");
}
```

3. 二维数组的初始化

上例中对二维数组通过初始化的方式进行了赋值，它的初始化与一维数组类似，可以用下列方法实现。

（1）分行对二维数组赋初值。

```
int a[2][3]={{1,2,3},{4,5,6}};
```

这种赋值的方法很直观，以行为单位，第一个花括号里的值赋给了第一行的元素，第二个花括号里的值赋给了第二行的元素。

（2）对所有数据一起赋值，放在一个花括号中。

```
int a[2][3]={1,2,3,4,5,6};
```

按照数组元素在内存中的排列顺序依次对各元素赋值。

（3）对部分元素赋值。像一维数组一样，可以对数组中的部分元素赋值，其余元素值自动赋予默认值。

```
int a[2][3]={{1,2},{4}};
```

该数组 a 的第一行各元素的值分别为 1，2，0；第二行元素的值分别为 4，0，0。

```
int a[2][3]={{1}};
```

该数组的第一行的各元素的值分别为 1，0，0；第二行的元素值为 0，0，0。

（4）对数组元素全部赋值时，可以省略数组的第一维长度，但是第二维长度不能省略。

```
int a[][3]={1,2,3,4,5,6};
```

等价于

```
int a[2][3]={1,2,3,4,5,6};
/*系统根据数据总个数分配存储空间，共 6 个数据，每行 3 列，可以确定为 2 行*/
int a[][3]={{1,2,3},{4,5,6}};
```

等价于

```
int a[2][3]={{1,2,3},{4,5,6}};
```

在初始化时可以只对部分元素赋值而省略第一维的长度，但是要分行赋值。

```
int a[][3]={{1,2},{3}};
```

这时候系统会根据分行赋值的方法，判断共有两行，每行 3 列。第一行元素的值为 1，2，0；第二行元素的值为 3，0，0。

4. 二维数组元素的引用

二维数组元素的引用和一维数组元素的引用类似，每次只能引用一个元素。而不是引用整个数组。二维数组中的每个元素都有两个下标，标识其在二维数组中的位置。

二维数组元素的引用形式：

```
数组名[下标1][下标2]
```

说明：

（1）下标 1 和下标 2 可以是常量、变量或表达式。

（2）数组的两个下标范围应该分别在 0 到行长度或列长度减 1 之间。

【例 3-7】编写程序求一个 3*3 矩阵的两条对角线元素之和，并输出。

知识点说明：

（1）数组的定义，需要定义一个二维数组 a[3][3]存放 3*3 矩阵的值。

（2）数组元素的引用，二维数组也是每次只能引用一个元素，每个元素引用时都有两个下标。

程序代码：

```
/* e3_7.c */
#include <stdio.h>
void main()
{
    int a[3][3],sum=0,i,j;                    /*定义二维数组 a 和变量 sum、i、j*/
    printf("输入 3*3 矩阵值:\n");
    for(i=0;i<3;i++)                          /*输入二维数组 a 的各元素值*/
      for(j=0;j<3;j++)
        scanf("%d",&a[i][j]);
   for(i=0;i<3;i++)                           /*求对角线元素之和*/
       sum=sum+a[i][i]+a[i][2-i];
```

```
    printf("对角线之和为:%d\n",sum);
}
```

程序运行结果：

输入 3*3 矩阵值：

```
1 3 5
2 4 6
7 8 9
```

对角线之和为:30

程序说明：

3*3 矩阵中一条对角线元素的下标特点是行列下标相等。另一条对角线元素的下标特点是行列下标之和等于 2。

【例 3-8】输入 4 个学生的 3 门课程的考试成绩，编写程序计算每个学生的平均成绩，最后输出计算后的结果。

知识点说明：

（1）数组的定义：需要定义一个二维数组 score[4][3]存放 4 个学生的 3 门课程考试成绩，定义一个一维数组 sv[4]存放 4 个学生成绩的计算结果。

（2）数组元素的引用，二维数组每次只能引用一个元素，每个元素引用时都有两个下标。从键盘上逐个输入二维数组中的各元素值时，需要使用双重循环语句完成。

程序代码：

```
/* e3_8.c */
#include <stdio.h>
void main()
{
    float score[4][3],sv[4];                    /*定义二维数组 score 和一维数组 sv */
    int i,j;
    printf("输入 4 个学生的 3 门课程的成绩:\n");
    for(i=0;i<4;i++)                            /*输入 4 个学生的 3 门课程的成绩*/
    {
        for(j=0;j<3;j++)
            scanf("%f",&score[i][j]);
    }
    for(i=0;i<4;i++)
    {
        sv[i]=0;                                /*每个学生的总成绩清零*/
        for(j=0;j<3;j++)                        /*计算每个学生的总成绩*/
            sv[i]=sv[i]+score[i][j];
        sv[i]=sv[i]/3;                          /*计算每个学生的平均成绩*/
    }
    printf("输出每个学生的平均成绩为:\n");
    for(i=0;i<4;i++)                            /*输出每个学生的平均成绩*/
        printf("学生%d=%.3f \n",i+1,sv[i]);
}
```

程序运行结果：

输入 4 个学生的 3 门课程的成绩:

```
80  67  78
84  80  54
67  87  60
90  81  90
```

输出每个学生的平均成绩为：

```
学生 1=75.000
学生 2=72.677
学生 3=71.333
学生 4=87.000
```

程序说明：

计算每个学生的平均成绩时，首先计算每个学生的总成绩，总成绩是将每一行的所有元素进行求和，结果存储在与行下标相同的一维数组中，然后再计算每个学生的平均成绩。

3.2.2 多维数组

多维数组可以在一维和二维的基础上理解。三维及三维以上的数组可称为多维数组。

1. 多维数组的定义

```
类型说明符 数组名[常量表达式 1][常量表达式 2][常量表达式 3]…[常量表达式 n];
```

例如：int a[2][3][4];

表示定义一个三维数组，数组的元素个数是 2*3*4=24 个。

2. 多维数组在系统中的存储方式

多维数组在内存中的排列原则是第一维的变换最慢，而最右边的下标变换最快。例如上述的三维数组的元素排列顺序如下。

```
a[0][0][0]  a[0][0][1]  a[0][0][2]   a[0][0][3]
a[0][1][0]  a[0][1][1]  a[0][1][2]   a[0][1][3]
a[0][2][0]  a[0][2][1]  a[0][2][2]   a[0][2][3]
a[1][0][0]  a[1][0][1]  a[1][0][2]   a[1][0][3]
a[1][1][0]  a[1][1][1]  a[1][1][2]   a[1][1][3]
a[1][2][0]  a[1][2][1]  a[1][2][2]   a[1][2][3]
```

可以看出，前面的 12 个元素的第一个下标都为 0，后面 12 个元素的第一个下标都为 1；而在前面的 12 个元素中，前 4 个的第二个下标相同，都为 0，中间 4 个的第二个下标都为 1，后面 4 个的第二个下标都为 2。后面的 12 个元素的第二个下标也是这样变换的。

3. 多维数组元素的引用

多维数组元素的引用方法和前面讲到的一维、二维类似，也必须使用下标标识元素。

多维数组元素表示形式：

```
数组名[下标 1][下标 2]…[下标 n]
```

下标与一维和二维数组中一样，只可以是整型常量、变量或表达式，不可以为小数。每一维的下标范围均在 0 到该维数组长度减 1 之间，如定义的三维数组 a[2][3][4]，下标 1 的范围为 0 到 1，下标 2 的范围为 0 到 2，下标 3 的范围为 0 到 3。

3.3 字符数组

3.3.1 字符数组的定义与初始化

在程序设计中，经常需要处理一些如姓名、地址、工作单位等非数值型的文本数据。这时候使用前面学习的字符变量和字符串常量无法完全满足要求。C 语言中提供了字符数组解决这些问题。

字符数组是类型为字符型的数组，该数组的每个元素都用来存放一个字符常量。下面是一个字符数组的例子。

【例 3-9】输出字符数组的元素值。

知识点说明：

（1）字符数组的定义与初始化，与前面介绍的一维数组的定义格式和初始化方法相同。

（2）字符数组元素的引用，与一维数组元素的引用相同，可以通过下标逐个引用数组中的元素。

程序代码：

```
/* e3_9.c */
#include <stdio.h>
void main()
{
     char c[6]={ 'a','n',' ','h','u','i'};   /*定义并初始化字符数组 c*/
     int i;
     for(i=0;i<6;i++)                        /*输出字符数组元素值*/
      printf("%c",c[i]);                     /*数组元素的引用，输出数组元素 c[i]*/
}
```

程序运行结果：

```
an hui
```

程序说明：

程序中定义了一个字符数组并进行了初始化，然后通过下标逐个输出字符数组中的元素值。

1. 字符数组的定义

从上例可以看出字符数组定义的一般形式：

```
char 数组名[常量表达式];
```

例如：

```
char c[10];                         /*定义字符数组 c，包含 10 个字符型数组元素 */
```

在数组定义后，系统在内存中会开辟“常量表达式*1”个连续的存储单元来存放数组的各个元素。

2. 字符数组的初始化

字符数组定义后，可以通过赋值语句对每个数组元素逐个赋值，也可以通过初始化对字符数组中的元素赋值。字符数组的初始化与前面学习的数组初始化类似。

（1）对一维字符数组全部元素赋值。

```
char s[3]={'I','B','M'};
```

定义字符数组 s，共有 3 个数组元素 s[0]、s[1]、s[2]，分别赋值为'I'、'B'、'M'。

在对一维字符数组全部数组元素赋值时，数组的长度可以省略，系统会自动根据花括号中的初值个数来确定字符数组的长度。上述定义语句还可以写为如下形式。

```
char s[]={'I','B','M'};
```

（2）对一维字符数组部分元素赋值。

```
char s[5]={'I','B','M'};
```

定义字符数组 s，共有 5 个数组元素 s[0]、s[1]、s[2]、s[3]、s[4]，前 3 个数组元素分别赋值为'I'、'B'、'M'，后面的元素 s[3]和 s[4]均赋值为'\0'。

在对一维字符数组部分元素赋值时，会将字符常量逐个赋给数组中前面的元素，其余的元素自动赋值为空字符（即'\0'）。

3.3.2 字符串与字符数组

1. 字符串

字符串常量是由一对双引号括起来的字符序列。字符串常量存储时，系统会在字符串常量后面自动加上一个结束符号'\0'。所以在存储字符串常量的时候，需要的存储字节数是实际字符长度加上 1。

例如，字符串常量“Hello world!”，字符的个数为 12，但是在存储的时候必须要用 13 字节的存储空间存放。

2. 字符串对字符数组初始化

对字符数组的初始化，可以使用字符常量对字符数组中的元素逐个赋值，也可以使用字符串常量对字符数组初始化。

```
char str[]={"student"};
```

或者直接将花括号省略，写成如下的形式。

```
char str[]="student";
```

系统会根据后面的字符串需要占用的空间大小而自动给 str 数组分配空间。字符数组的长度为字符串中字符个数加 1。故 str 数组的长度为 8。

说明：

不能使用赋值语句将一个字符串常量直接赋值给一个字符数组，如 str1={"student"}；是错误的。

例 3-9 还可以修改为如下实现方法。

```
#include <stdio.h>
void main()
{
     char c[]={"an hui"};                    /*定义并初始化字符数组 c*/
     int i;
     for(i=0;i<6;i++)                        /*输出字符数组元素值*/
      printf("%c",c[i]);                     /*数组元素的引用，输出数组元素 c[i]*/
     printf("\n%s\n",c);                     /*输出字符数组元素值*/
}
```

程序运行结果：

```
an hui
an hui
```

程序说明：

（1）程序中定义了一个字符数组并使用字符串对其进行初始化，定义时缺省的数组长度为 7。

（2）字符数组元素引用时也是通过下标逐个引用数组中的元素。同时也可以使用%s 一次输出字符数组元素值。

3.3.3 字符数组的输入和输出

从上面的程序可以看出，字符数组的输入和输出方法有两种。

（1）和普通的字符变量一样，用“%c”逐个将字符输入和输出。

例如，如下输出语句，输出时一般与循环语句结合使用。

```
char str[10]="student";
for(i=0;i<7;i++)
  printf("%c",str[i]);
```

（2）用“%s”格式符将字符串一次输入或输出。

在使用%s 格式符输入或输出字符串时，是将整个字符数组中的字符串一次输入或输出，而不必使用循环语句逐个进行，因此使用输入或输出语句中的输出项是字符数组名，而不是数组的某个元素。

【例 3-10】字符数组的输入与输出。

知识点说明：

（1）字符数组的输入，使用%s 格式符接收字符串赋值给字符数组，格式为 scanf("%s"，字符数组名);

（2）字符数组的输出，使用%s 格式符输出字符数组中字符串的值，格式 printf("%s"，字符数组名);

程序代码：

```
/* e3_10.c */
#include <stdio.h>
void main()
{
    char c[50];                    /*定义字符数组 c*/
    printf("请输入字符串:");
    scanf("%s",c);                 /*输入字符数组值*/
    printf("%s\n",c);              /*输出字符数组值*/
}
```

程序运行结果：

请输入字符串:student

student

程序说明：

（1）使用 printf ("%s",c);语句输出字符数组中字符串值时，遇到结束符'\0'时结束输出，结束符'\0'不会一并输出。如果一个字符数组中包含一个以上的'\0'，则遇到第一个'\0'时，就结束输出。

（2）使用 scanf("%s",c);语句接收字符串给字符数组赋值时，输入的字符串中不可以包含空格。如果输入的字符串中包含了空格，则该语句只接收第一个空格之前的字符串赋值给字符数组。即 scanf 语句接收字段串时，以空格和回车作为字符串的结束符。

例如：运行输入如下字符串。

请输入字符串:who are you

输出的结果为 who，因为在利用键盘输入的时候，遇到了空格就表示字符串已经结束，系统会自动的在后面加上了结束符号'\0'，从而将“who”作为一个字符串看待。

（3）使用 scanf("%s",c);语句接收字符串给字符数组赋值时，输入的字符串的长度应该小于字符数组的长度。因为系统会自动在字符串的后面加一个结束字符'\0'。对于上面的字符数组 c 来说，从键盘上输入的字符串长度要小于50个。

（4）思考：利用scanf函数输入多个字符串时，scanf函数的格式与字符串输入的格式应如何设置？

3.3.4 字符串处理函数

C语言的函数库中提供了丰富的字符串处理函数，这些函数使用起来非常方便，可以在很大程度上减轻编程人员的负担。而这些库函数的声明是放在头文件中的，使用之前，需要在程序中使用编译预处理命令。如果是字符串的输入输出函数，则要加上头文件“stdio.h”；如果使用的是其他的字符串处理函数则要加上头文件“string.h”。

下面介绍几种常用的字符串处理函数。

1．字符串输出函数（puts）

函数调用的一般形式：puts(数组名)

功能：将字符数组中的字符串输出到终端（显示器）。

例如：

```
char s[]={"I am a boy!"};
puts(s);
```

输出结果如下。

```
I am a boy!
```

2．字符串输入函数（gets）

函数调用的一般形式：gets(数组名)

功能：从键盘上输入一个字符串到字符数组。

例如：

```
char s[10];
gets(s);
```

表示从键盘上输入一个字符串到字符数组s中，输入的字符串中可以包含空格。注意输入的字符串个数不能超过9个。

说明：

（1）字符串的输入和输出函数类似于前面学习的字符输入和输出函数，在使用的时候应加上头文件“stdio.h”。

（2）字符串的输入和输出函数每次只能输入或输出一个字符串。不能将两个或多个字符数组整体输入输出。

（3）字符串的输入函数gets与scanf函数不同，前者输入的字符串中可以包含空格，只以回车作为字符串结束标志，而scanf()函数将空格和回车都作为字符串结束标志。

例如：

```
#include <stdio.h>
void main()
{
    char s[20];
    gets(s);
    puts(s);
}
```

程序运行后，假设输入字符串：how are you!

则输出的结果为：how are you!

3. **字符串连接函数（strcat）**

函数调用的一般形式：strcat（字符数组 1，字符数组 2）

功能：将第二个字符数组中的字符串连接到前面字符数组的字符串后面。连接后的字符串放在第一个字符数组中，函数调用后返回第一个字符数组的首地址。

例如：

```
#include <string.h>
void main()
{
    char st1[30]="zhongguo",st2[]="daxue";      /*定义字符数组 str1、str2*/
    strcat(st1,st2);                   /*将 str2 中的字符串连接到 str1 中的字符串的后面*/
    puts(st1);                         /*输出字符数组 str1 中的字符串*/
}
```

运行的结果：

```
zhongguodaxue
```

说明：

（1）字符数组 1 必须足够大，以便能够容纳连接后新的字符串。如果将上述 st1[30]="zhongguo"改为 st1[]="zhongguo"，则会出现错误。

（2）字符数组的连接函数及后面介绍的字符串处理函数，在使用的时候应加上头文件“string.h”。

4. **字符串复制函数（strcpy）**

函数调用的一般形式：strcpy(字符数组 1，字符数组 2)

功能：将第二个字符数组中的字符串复制到第一个字符数组中去，将第一个字符数组中的相应字符覆盖。

例如：

```
char s1[12],s2[]="student";
strcpy(s1,s2);
```

执行上面的语句后，s1 存放的是从 s2 那里复制的字符串"student"和'\0'，剩下的空间自动赋值为结束符号'\0'。

说明：

（1）字符数组 1 的长度不能小于字符数组 2 中字符串的长度，以便能容纳字符串 2。

（2）字符数组 1 必须是字符数组名的形式，而字符数组 2 可以为字符数组名或字符串常量。例如下面也是合法的语句。

```
strcpy(s1,"student");
```

（3）不能将一个字符数组直接赋值给另一个字符数组，例如：s1=s2；是错误的，其中 s1 和 s2 分别为两个字符数组的数组名。

5. **字符串比较函数(strcmp)**

函数调用的一般的形式：strcmp(字符数组 1，字符数组 2）

功能：比较字符数组 1 和字符数组 2 中字符串的大小。实际上是对两个字符串自左至右逐个比较字符的 ASCII 码的大小，直到出现了不同的字符或者遇到结束符号'\0'为止。字符串的比较结果由函数返回，有以下 3 种结果。

（1）字符串 1=字符串 2，返回值=0。

（2）字符串 1>字符串 2，返回值>0。

（3）字符串 1<字符串 2，返回值<0。

例如：

```
char st1[30]="hongse",st2[30]="student";
strcmp(st1,st2) ;                    /*比较字符数组 st1、st2 中字符串大小，返回值为-1*/
strcmp(st1,"daxue") ;                /*比较数组 st1 中字符串与字符串常量大小，返回值为 1*/
```

说明：

字符数组 1、字符数组 2 可以是字符数组也可以是字符串常量。

6. 求字符串长度函数（strlen）

函数调用的一般形式：strlen（字符数组）

功能：求字符串的实际长度（不含字符结束符号'\0'），并作为函数返回值。

例如：

```
char str[10]="student";
printf("%d\n",strlen(str));          /*输出字符数组 str 中字符串的长度*/
```

输出结果：7

上面的语句还可以直接写成：printf("%d\n",strlen("student"));

7. 大写字母转换为小写字母函数（strlwr）

函数调用的一般形式：strlwr(字符数组)

功能：将指定的字符串所有大写字母均转换成小写字母。

例如：

```
char st1[30]="HongSe" ;
strlwr(st1);                     /*将字符串中所有大写字母转换为小写字母，其他字符不变*/
printf("%s\n",st1);
```

输出结果为：hongse

8. 小写字母改为大写字母函数（strupr）

函数调用的一般形式：strupr(字符数组)

功能：将指定的字符串所有小写字母均转换成大写字母。

例如：

```
char st1[30]="HongSe" ;
strupr(st1);                     /*将字符串中所有小写字母转换为大写字母，其他字符不变*/
printf("%s\n",st1);
```

输出结果为：HONGSE

以上介绍了常用的 8 种字符串处理函数，在使用的时候注意要包含对应的头文件。

【例 3-11】从键盘上输入一个字符串，然后将其逆序输出。

知识点说明：

（1）字符数组的输入和输出，可以使用 scanf、printf 函数实现字符数组的输入和输出。

（2）字符数组元素的引用，可以通过下标逐个引用字符数组中的元素。

程序代码：

```
/* e3_11.c */
#include <stdio.h>
#include <string.h>
void main()
{
    char str[50];                          /*定义字符数组 str*/
    int i,j;
    printf("请输入字符串:");
    scanf("%s",str);                       /*输入一个字符串存放到字符数组 str 中*/
    j=strlen(str);                         /*求字符串的长度*/
    for(i=j-1;i>=0;i--)                    /*从最后一个字符开始逆序逐个输出数组中的字符*/
        printf("%c",str[i]);
}
```

程序运行结果：

请输入字符串:abcdefg

gfedcba

程序说明：

（1）程序中使用求字符串长度函数 strlen 求得字符串的实际长度，然后利用循环语句，将字符串数组中的每个字符从最后一个开始逆序输出。字符数组元素引用时，下标的范围为 0 到字符串实际长度减 1。

（2）思考：如果不使用求字符串长度函数 strlen 计算字符串的实际长度，如何得到字符串的实际长度？

【例 3-12】从键盘上输入两个字符串，按照由小到大的顺序将其连接在一起。

知识点说明：

字符串处理函数的使用，使用字符串比较函数 strcmp 比较两个字符串的大小，然后按从小到大的顺序将两个字符串连接在一起。

程序代码：

```
/* e3_12.c */
#include <stdio.h>
#include <string.h>
void main()
{
   char str1[30],str2[30],str3[60];     /*定义字符数组*/
   printf("请输入两个字符串:\n");
   gets(str1);                          /*输入字符串存放到字符数组 str1 中*/
   gets(str2);                          /*输入字符串存放到字符数组 str2 中*/
   if(strcmp(str1,str2)<0)              /*当 str1 中的字符串小于 str2 中的字符串时*/
   {
        strcpy(str3,str1);              /*将 str1 中的字符串复制到字符数组 str3 中*/
        strcat(str3,str2);              /*将 str2 中的字符串连接到字符数组 str3 中*/
   }
   else
   {
        strcpy(str3,str2);              /*将 str2 中的字符串复制到字符数组 str3 中*/
        strcat(str3,str1);              /*将 str1 中的字符串连接到字符数组 str3 中*/
   }
   puts(str3);                          /*输出 str3 字符串*/
}
```

程序运行结果：

请输入两个字符串：

```
China
Beijing
BeijingChina
```

程序说明：

（1）程序中使用 gets 函数接收字符串时，只以回车作为字符串结束标志。

（2）当字符数组 str1、str2 的长度足够大，可以存放两个字符串的连接结果时，还可以采用如下语句实现字符串从小到大的连接。

```
if(strcmp(str1,str2)<0)          /*当 str1 中的字符串小于 st2 中的字符串时*/
{
    strcat(str1,str2);           /*将 str2 中的字符串连接到 str1 中字符串的后面*/
    puts(str1);                  /*输出连接后的结果字符串*/
}
else
{
    strcat(str2,str1);           /*将 str1 中的字符串连接到 str2 中字符串的后面*/
    puts(str2);                  /*输出 str2 字符串*/
}
```

（3）思考：如果不使用字符串比较函数 strcmp，如何比较两个字符串的大小？

【例 3-13】从键盘输入一个字符串，判断是否为“回文”（即顺读和倒读都一样，比如 ABCBA，字符串首部和尾部的空格不参与比较）。

知识点说明：

（1）字符数组的输入和输出，可以使用 gets、puts 函数实现字符数组的输入和输出。

（2）字符数组元素的引用，可以通过下标逐个引用字符数组中的元素。

程序代码：

```
/* e3_13.c */
#include <stdio.h>
#include <string.h>
void main()
{
    char str[60];                          /*定义字符数组 str*/
    int i,j;
    printf("请输入字符串:");
    gets(str);                             /*输入字符串存放到字符数组 str1 中*/
    i=0;
    j=strlen(str)-1;
    while(str[i]==' ') i++;                /*寻找前面第一个不是空格的字符*/
    while(str[j]==' ') j--;                /*寻找后面第一个不是空格的字符*/
    while(i<j && str[i]==str[j])           /*前后对应逐个地比较*/
    { i++;j--;}
    if(i<j)
        printf("非回文!\n");
    else
       printf("是回文!\n");
}
```

程序运行结果：

请输入字符串:studeduts

是回文!

程序说明:

程序中使用求字符串长度函数 strlen 求得字符串的实际长度。然后利用循环语句从字符串的首尾开始进行逐个比较，比较到中间的位置即可。同时还要注意首尾的空格不参与比较。

【例 3-14】字符串排序，输入 5 个字符串，将字符串按从小到大排序并输出。

知识点说明:

(1)字符数组的定义，如果需要存储多个字符串，可以使用字符型的二维数组来实现。

(2)字符串处理函数的使用，字符串比较等字符串的处理需要使用字符串处理函数来实现。

程序代码:

```
/* e3_14.c */
#include <stdio.h>
#include <string.h>
void main()
{
    int i,j;
    char c[5][50],b[50];
    printf("请输入 5 个字符串:\n");
    for(i=0;i<5;i++)                              /*输入 5 个要排序的字符串*/
        scanf("%s",c[i]);
    for(i=0;i<4;i++)                              /*控制排序的趟数，共进行 4 趟排序*/
        for(j=0;j<4-i;j++)                        /*控制每趟排序字符串比较的次数*/
            if(strcmp(c[j],c[j+1])>0)             /*比较相邻的两个字符串*/
            {                                     /*交换相邻的两个字符串*/
                strcpy(b,c[j]); strcpy(c[j],c[j+1]);strcpy(c[j+1],b);
            }
    printf("排序后的字符串顺序为:\n");
    for(i=0;i<5;i++)                              /*输出从小到大排序后的 5 个字符串*/
        printf("%s\n",c[i]);
}
```

程序运行结果:

请输入 5 个字符串:

```
China
America
Italy
Russian
Germany
```

排序后的字符串顺序为:

```
America
China
Germany
Italy
Russian
```

程序说明:

(1)本例输入 5 个字符串，可以定义 c[5][50]来存储，每行最多输入字符的长度需小于 50 个。

(2)程序中使用 scanf("%s",c[i]);语句接收字符串时，使用回车作为字符串的结束标志，也可以以空格作为字符串的结束标志。

（3）字符型的二维数组可以看作一个特殊的一维数组。如本例 c 数组，就是一个特殊的一维数组，它共有 5 个元素，分别是 c[0]、c[1]、c[2]、c[3]、c[4]。而每个元素又是一个字符型的一维数组，可以使用%s 格式符实现字符串的输入和输出。

（4）本例使用冒泡法实现字符串的排序。思考：使用选择法实现字符串的排序时，代码如何实现？

本章小结

数组是程序设计中常用的一种构造数据类型，是具有相同类型的有限个数据按序排列组成的集合。数组按照数组元素的类型分为数值型数组、字符数组、指针数组等；按维数分为一维、二维和多维数组。本章重点讲述了一维、二维和字符数组，包括数组的定义、数组初始化、数组元素的引用、字符串处理函数及编程中一些基本的算法。学习本章，要注重以下几点。

（1）数组的定义。定义语句中包括三部分内容：数组类型、数组名和数组的长度。数组类型可以为任意类型。数组名要符合标识符的命名规则。数组的长度必须为常量表达式，一维数组有一个常量表达式，二维数组有两个常量表达式。

（2）数组元素初始化。数组元素可以通过赋值语句逐个赋值。或通过输入函数 scanf 动态赋值，还可以对数组进行初始化。

一维数组初始化，是将所有元素的值放在一个花括号中，系统会自动将每个值逐个赋给数组元素。二维数组可以像一维数组一样，将所有值放在一个花括号中，也可以采用按行赋值的方法。在初始化时，如果数组元素个数和赋值个数相等，一维数组可以省略数组长度，而二维数组只能省略行长度，列长度不能省。

字符数组在初始化时候，可以用字符常量或字符串实现。

（3）数组元素的引用。数组元素在使用时只能逐个地引用，而不能引用整体数组，通常与循环语句结合使用，一维数组一般用一个循环语句即可，而二维数组需要用双重循环语句，外循环用来控制行数，内循环控制每行的列数。每个数组元素引用时均需要使用到下标，下标可以是整型常量、变量或表达式，不可以是小数，下标范围从 0 至数组长度减 1。

（4）字符数组。字符数组在进行输入和输出操作时，有个特殊之处，可以使用格式符号“%s”。使用该格式时，不需要使用循环语句，将字符串统一输入到对应的字符数组中即可。输入和输出时可以使用 scanf 或 gets、printf 或 puts 函数来实现。同时为了处理字符串方便，系统提供了一些字符串处理函数。它们都包含在对应的头文件中。在编写程序时候要加上对应的头文件。如字符串输入和输出函数在使用时要加上头文件“stdio.h”，而其他的几个函数要加上头文件“string.h”。

习 题 3

一、单项选择题

1. 在 C 语言中，引用数组元素时，其数组的下标是________。

A. 整型常量　　　　　　　　B. 表达式

C. 整型常量、变量或整型表达式　　D. 任何类型的表达式

2. 若有如下定义语句：

```
int a[10]={1,2,3,4,5,6,7,8,9,10};
```

则对数组正确的引用是________。

A. a[10]　　B. a[a[3]5]　　C. a[a[9]]　　D. a[a[4]+4]

3. 以下对一维整型数组 a 的正确定义是________。

A. `int a(10);`

B. `int n=10,a[n];`

C.
```
int n;
scanf("%d",&n);
int a[n];
```

D.
```
#define SIZE 10
int a[SIZE];
```

4. 设有数组定义: char array[]="China"; 则数组 array 所占的空间为________。

A. 4 字节　　B. 5 字节　　C. 6 字节　　D. 7 字节

5. 若有如下定义语句：

```
double a[5];
int i=0;
```

能正确给 a 数组元素输入数据的语句是________。

A. `scanf("%lf%lf%lf%lf",a);`

B. `for(i=0;i<=5;i++) scanf("%lf",a+i);`

C. `while(i<5) scanf("%lf",&a[i++]);`

D. `while(i<5) scanf("%lf", a+i);`

6. 以下定义语句正确的是________。

A. `int n=5,a[n][n];`

B. `int a[][3]={{1,2},{3,4},{5,6}};`

C. `int a[][3];`

D. `int a[][]={{1,2},{3,4},{5,6}}`

7. 给出以下定义：

```
char x[]="abcdefg";
char y[]={'a','b','c','d','e','f','g'};
```

则正确的叙述为________。

A. 数组 x 和数组 y 等价

B. 数组 x 和数组 y 的长度相同

C. 数组 x 的长度大于数组 y 的长度

D. 数组 x 的长度小于数组 y 的长度

8. 在 C 语言中，数组名代表了________。

A. 数组全部元素的值

B. 数组首地址

C. 数组第一个元素的值

D. 数组元素的个数

9. 定义了如下变量和数组，则下面语句的输出结果是________。

```
int i; int x[3][3]={1,2,3,4,5,6,7,8,9};
for(i=0;i<3;i++) printf("%d",x[i][2-i]);
```

A. 1 5 9　　B. 1 4 7　　C. 3 5 7　　D. 3 6 9

10. 下面的程序段执行后，s 的值是________。

```
char ch[]="600";
int a,s=0;
for(a=0;ch[a]>='0'&&ch[a]<='9';a++)
  s=10*s+ch[a]-'0';
```

A. 600　　B. 6　　C. 0　　D. 出错

11. 有两个字符数组 a、b,则以下正确的输入语句是________。

A. `gets(a,b);`

B. `scanf("%s%s",a,b);`

C. `scanf("%s%s",&a,&b);`

D. `gets("a"),gets("b");`

12. 下面程序段的运行结果是________。

```
char a[7]="abcdef";
char b[4]="ABC";
strcpy(a,b);
printf("%c",a[5]);
```

A. 空格　　B. \0　　C. e　　D. f

13. 若二维数组a有m列，则计算任一元素a[i][j]在数组中位置的公式为________。(假设a[0][0]位于数组的第一个位置上)

A. i*m+j　　B. j*m+i　　C. i*m+j−1　　D. i*m+j+1

14. 不能把字符串:Hello!赋给数组 b 的语句是________。

A. `char b[10]={'H','e','l','l','o','!'};`

B. `char b[10];b="Hello!";`

C. `char b[10];strcpy(b,"Hello!");`

D. `char b[10]="Hello!";`

15. 下面程序的运行结果是________。

```
#include <stdio.h>
void main()
{
    char ch[7]={"65ab21"};
    int i ,s=0;
    for(i=0;ch[i]>='0'&&ch[i]<='9';i+=2)
        s=10*s+ch[i]- '0';
    printf("%d\n", s);
}
```

A. 12ba56　　B. 6521　　C. −12266　　D. 62

16. 以下程序的输出结果是________。

```
#include <stdio.h>
#include <string.h>
void main()
{
    char ss[16]="tese\0\n";
    printf("%d,%d\n",strlen(ss),sizeof(ss));
}
```

A. 4,16　　B. 7,7　　C. 16,16　　D. 4,7

17. 当执行下面的程序时，如果输入 afg，则输出结果是（　　）。

```
#include <stdio.h>
#include <string.h>
void main()
{
    char ss[10]="1,2,3,4,5";
    gets(ss);
    strcat(ss, "6789");
    printf("%s\n",ss);
}
```

A. afg6789　　B. afg67　　C. 12345afg6　　D. afg456789

18. 以下程序的输出结果是________。

```
#include <stdio.h>
void main()
```

```
{
    int a[3][3]={{1,2},{3,4},{5,6}},i,j,s=0;
    for(i=1;i<3;i++)
        for(j=0;j<=i;j++)s+=a[i][j];
            printf("%d\n",s);
}
```

A. 18　　B. 19　　C. 20　　D. 21

19. 以下程序的输出结果是________。

```
#include <stdio.h>
void main()
{
    char w[ ][10]={"ABCD","EFGH","IJKL","MNOP"},k;
    for(k=1;k<3;k++)
        printf("%s\n",w[k]);
}
```

A. ABCD
FGH
KL

B. ABCD
EFG
IJ
M

C. EFG
JK

D. EFGH
IJKL

20. 以下程序运行后的输出结果是________。

```
#include <stdio.h>
void main()
{
    int p[8]={11,12,13,14,15,16,17,18};
    int i=0,j=0;
    while (i++<7)
        if (p[i]%2)
            j+= p[i];
    printf("%d\n",j);
}
```

A. 56　　B. 45　　C. 60　　D. 116

二、填空题

1. 若定义 char s[20];，表示此数组的元素有________个，下标的范围是________。

2. 若定义 double x[3][5];，则 x 数组中行下标的下限为________，列下标的上限为________，系统为其开辟________字节的空间。

3. 判断字符串 s1 是否大于字符串 s2，应当使用________函数。

4. 在使用字符串处理函数 strcmp 的时候，需要在程序的开头加上头文件________。

5. 下面程序以每行 4 个数据的形式输出 a 数组，请填空。

```
#include <stdio.h>
#define N 20
void main()
{
    int a[N],i;
    for(i=0;i<N;i++) scanf("%d",______);
    for(i=0;i<N;i++)
```

```
        {
            if(______) ______;
            printf("%3d",a[i]);
        }
        printf("\n");
    }
```

6. 下面程序可求出矩阵 a 的主对角线上的元素之和，请将程序填写完整。

```
#include <stdio.h>
void main()
{
    int a[4][4]={1,3,5,7,9,11,13,15,17,20,24,30,40,50,55,60},sum=0,i,j;
    for(i=0;i<4;i++)
        for(j=0;j<4;j++)
            if(______) sum=sum+______;
    printf("sum=%d\n",sum);
}
```

三、阅读程序，写出运行结果

1. 下面程序的运行结果是________。

```
#include <stdio.h>
void main()
    {
    char s[]="ABCCDA";
    int k;char c;
    for(k=1;(c=s[k])!='\0';k++)
    {
        switch(c)
        {
            case 'A':putchar('%');continue;
                case 'B':++k;break;
            case 'C':putchar('&');continue;
                default:putchar('*');
        }
        putchar('#');
    }
}
```

2. 当从键盘输入 18 并回车后，下面程序的运行结果是_______。

```
#include <stdio.h>
void main()
    {
    int x,y,i,a[8],j,u,v;
    scanf("%d",&x);
    y=x;i=0;
    do
    {
        u=y/2;
        a[i]=y%2;
            i++;y=u;
    }while(y>=1);
    for(j=i-1;j>=0;j--)
        printf("%d",a[j]);
}
```

3. 下面程序的运行结果是________。

```
#include <stdio.h>
void main()
{
    int s[][3]={9,7,5,3,1,2,4,6,8};
    int i,j,s1=0,s2=0;
    for(i=0;i<3;i++)
        for(j=0;j<3;j++)
        {
            if(i==j) s1=s[i][j];
            if(i+j==2)s2=s2+s[i][j];
        }
    printf("s1=%d\ns2=%d\n",s1,s2);
}
```

4. 下面程序的运行结果是________。

```
#include <stdio.h>
void main()
{
    int n[3],i,j,k;
    for(i=0;i<3;i++)
        n[i]=0;
    k=2;
    for(i=0;i<k;i++)
        for(j=0;j<k;j++)
            n[j]=n[i]+1;
    printf("%d\n",n[k]);
}
```

5. 当从键盘输入 1234567890987654321 并回车后，下面程序的运行结果是________。

```
#include <stdio.h>
void main()
{
    int i,ch,a[8];
    for(i=0;i<8;i++) a[i]=0;
        while((ch=getchar())!='\n')
            if(ch>='0'&&ch<='7') a[ch-'0']++;
    for(i=0;i<8;i+=2)
        printf("a[%d]=%d\n",i,a[i]);
}
```

四、编程题

1. 将一个数组中的值按逆序重新存放，然后输出。

2. 编程输入 10 个整数，请按照从后向前的顺序，依次找出并输出其中能被 7 整除的所有整数，以及这些整数的和。

3. 数组元素的插入：任意输入一个数字，插入到一个已有序的数组中，使其仍保持有序。

4. 编写程序，求 4*4 的矩阵中所有元素的最大值，以及该值所在的行标和列标。

5. 按如下图形打印杨辉三角形的前 10 行，其特点是两个边上的数都为 1，其他位置上的每一个数是它上一行的同一列和前一列的两个整数之和。

```
1
1   1
1   2   1
1   3   3   1
```

```
1   4   6   4   1
……
```

6. 打印魔方阵。

所谓魔方阵是指这样的的方阵：它的每一行、每一列和对角线之和均相等。

输入 n，要求打印由自然数 1 到 n^2 的自然数构成的魔方阵（n 为奇数）。

例如，当 n=3 时，魔方阵如下。

```
8 1 6
3 5 7
4 9 2
```

魔方阵中各数排列规律如下。

（1）将“1”放在第一行的中间一列。

（2）从“2”开始直到 n×n 为止的各数依次按下列规则存放：每一个数存放的行比前一个数的行数减 1，列数同样加 1。

（3）如果上一个数的行数为 1，则下一个数的行数为 n（最下一行），如在 3×3 方阵中，1 在第 1 行，则 2 应放在第 3 行第 3 列。

（4）当上一个数的列数为 n 时，下一个数的列数应为 1，行数减 1。如 2 在第 3 行第 3 列，3 应在第 2 行第 1 列。

（5）如果按上面规则确定的位置上已有数，或上一个数是第 1 行第 n 列时，则把下一个数放在上一个数的下面。如按上面的规定，4 应放在第 1 行第 2 列，但该位置已被 1 占据，所以 4 就放在 3 的下面。由于 6 是第 1 行第 3 列（即最后一列），故 7 放在 6 下面。

7. 找出一个二维数组中的“鞍点”，即该位置上的元素在该行中最大，在该列中最小（也可能没有“鞍点”），打印出有关信息。

8. 编写程序实现对两个字符串的比较。不用使用 C 语言提供的标准函数 strcmp。输出比较的结果（相等时结果为 0，不等时结果为第一个不相等字符的 ASCII 差值）。

9. 输入一个字符串，统计其中字母、数字、其他字符的个数。

10. 任意输入两个字符串，第二个作为子串，检查第一个字符串中含有几个这样的子串。

第4章 函数

学习目标

（1）掌握函数的结构，以及函数的定义、调用、声明的方法。

（2）掌握函数调用时参数的传递方式。

（3）掌握嵌套调用和递归调用的方法。

（4）了解变量的作用域和存储方式。

人们对一些大型的、复杂的问题在进行求解时，常常会把它们分解为更简单和更容易处理的子问题。同样，一个大的程序实现时也被划分为若干个子程序，每一个子程序实现一部分功能，不同的子程序可以由不同的人来完成。函数就是C语言中完成某一独立功能的子程序，是C语言源程序的基本模块。

4.1 函 数

前面已经介绍过，C语言源程序可由一个主函数main()和若干个其他函数组成，或可仅由一个主函数main()组成。前面各章的程序中大都只有一个主函数main()，但实用程序往往由多个函数组成。C语言中提供了极为丰富的库函数，如printf函数，无需用户定义，只需在程序前包含有该函数原型的头文件即可在程序中直接调用。C语言还允许用户自定义函数，用于解决用户的专门需要。下面介绍用户自定义函数的方法。

1. 函数的定义

先举一个简单的函数调用的例子。

【例4-1】求两个整数的和。

程序代码：

```
/* 程序1 */
/* e4_1.c */
#include <stdio.h>
void main()
{
    int x,y,z;
    printf("请输入两个整数:");
    scanf("%d,%d",&x,&y);              /*从键盘输入两个整数，以逗号间隔*/
    z=x+y;                             /*计算两个整数的和*/
    printf("数据的和为:%d\n",z);       /*输出两个整数的和*/
```

```
}
/* 程序 2 */
#include <stdio.h>
int sum(int a,int b)                    /*被调用函数 sum 的定义*/
{
    int s;
    s=a+b;                              /*计算两个整数的和*/
    return s;                           /*返回两个整数的和*/
}
void main()
{
    int x,y,z;
    printf("请输入两个整数:");
    scanf("%d,%d",&x,&y);               /*从键盘输入两个整数，以逗号间隔*/
    z=sum(x,y);                         /*函数调用，得到两个整数的和*/
    printf("数据的和为:%d\n",z);        /*输出两个整数的和*/
}
```

程序运行结果：

请输入两个整数:1,2

数据的和为:3

程序说明：

（1）程序 1 中定义了一个函数——主函数 main，它调用了两个库函数 scanf 和 printf，并实现了求两个整数的和。

（2）程序 2 中定义了两个函数 main 和 sum，主函数 main 中没有具体的处理过程，它调用了 3 个函数 scanf、printf 和 sum，求和的过程由函数 sum 实现。

（3）程序 1 和程序 2 中均使用了系统提供的库函数 scanf 和 printf，该函数无需用户定义，只需在程序前包含有该函数原型的头文件即#include <stdio.h>，便可在程序中直接调用。文件包含方式有两种：#include <文件名>或 #include "文件名"。区别是第一种只在标准目录下查找指定的文件；第二种则首先在引用被包含文件的源文件所在的目录中寻找指定的文件，如没找到，再按系统指定的标准目录查找。为了提高搜索的效率，通常对用户自定义的非标准文件使用第二种格式，对使用系统库函数等的标准文件使用第一种格式。

程序 1 和程序 2 均实现了求两个整数的和，且在程序 2 中是由主函数 main 和自定义函数 sum 两个函数实现了求和的功能。虽然在程序 2 中多定义了一个函数，但就每个函数的复杂性来说，它比程序 1 要小。这是一种分解问题复杂性的程序设计方法，当问题较大时，效果更为明显。

通过上例，给出函数定义的一般形式：

```
类型标识符 函数名([数据类型 参数 1[,数据类型 参数 2…]])
{
    声明部分
    语句
}
```

说明：

（1）函数定义中的第一行称为函数首部，{}中的内容称为函数体。

（2）类型标识符指明了函数的类型即函数返回值的类型，和数据类型一样，可以是 int、long、float、double 等。若函数不需要返回值，类型标识符可以设置为 void（空类型）。如果函数定义时不指定类型标识符，则系统默认函数类型为 int。

（3）函数名是由用户定义的标识符，要遵循标识符的命名规则。

（4）函数定义时的参数，称为形式参数(简称为形参)。形式参数可以缺省。每个形式参数的定义均包含数据类型和参数名，各参数之间用逗号间隔。函数定义时，没有形式参数的函数称无参函数。有形式参数的函数称有参函数。

（5）函数体描述了函数实现既定功能的过程。函数体中的声明部分，是对函数体内部所用到的变量的类型说明或对使用的函数的声明。

2. 函数的调用

函数定义后，在程序中需要通过对函数的调用来执行该函数，完成函数的功能。

函数调用的一般形式：

```
函数名([参数 1[,参数 2…]])
```

说明：

（1）函数定义时有参数，称为形式参数。在函数调用时也必须给出参数，称为实际参数(简称为实参)。实际参数和形式参数在数量、类型和顺序上应严格一致，否则会发生类型不匹配的错误。

（2）无参函数调用，虽然没有实参，但函数名后的括号不可以省略。

（3）函数调用时通常把要调用其它函数的函数称为“主调函数”，而被调用的函数称为“被调函数”。在 C 语言中，非主函数的任何函数都可以是被调函数，也可以是主调函数。而主函数 main 只能是主调函数，不允许其他函数调用主函数。

【例 4-2】求两个数的最大值。

知识点说明：

（1）函数的定义，函数可以根据需要定义为有参函数或无参函数。

（2）函数的调用，若函数为有参函数，则调用时实际参数和形式参数在数量、类型和顺序上应严格一致。

（3）C 程序的执行总是从 main 函数开始，完成对其它函数的调用后再返回到 main 函数，最后由 main 函数结束整个程序。一个 C 源程序有且仅有一个 main 函数。

程序代码：

```
/* e4_2.c */
#include <stdio.h>
float  max(float a,float b)                     /*被调用函数 max 的定义*/
{
    float m;                                    /*声明部分*/
    if(a>b)                                     /*判断两个数的最大值*/
        m=a;
    else
        m=b;
    return (m);                                 /*返回两个数的最大值*/
}
void main()
{
    float x,y,z;
    printf("请输入两个数:");
    scanf("%f,%f",&x,&y);                       /*从键盘输入两个数，以逗号间隔*/
    z=max(x,y);                                 /*函数调用，求两个数的最大值*/
    printf("最大值为:%.2f\n",z);                /*输出两个数的最大值*/
}
```

程序运行结果：

请输入两个数:3.4,7.8

最大值为:7.80

程序说明：

（1）程序中定义了两个函数：主函数 main 和被调函数 max，求最大值是由函数 max 实现的，其中 a、b 为函数定义时的形式参数，x、y 为函数调用时的实际参数。函数调用时，会将实参 x、y 的值分别传递给形参 a 和 b。

（2）函数的返回值是指函数被调用之后所取得的并返回给主调函数的值，如调用 max 函数取得的两个数的最大值。

① 函数的返回值只能通过 return 语句返回主调函数。

return 语句的一般形式：

```
return 表达式;
```

或者为

```
return (表达式);
```

该语句的功能是计算表达式的值，并返回给主调函数。

② 在函数中允许有多个 return 语句，但每次调用只能有一个 return 语句被执行，因此函数只能返回一个函数值。

③ 函数返回值的类型和函数定义中函数的类型通常情况下保持一致。如果两者不一致，则以函数类型为准，系统自动进行类型转换。如 max 函数首部修改为 int max(float a,float b),输入 3.4,7.8 时，返回值则为 7。

④ 无返回值的函数，可以明确定义为“空类型”，类型说明符为“void”。一旦函数被定义为空类型后，就不能在主调函数中使用被调函数的返回值了。

【例 4-3】打印九九乘法表。

知识点说明：

函数调用时，根据函数有无返回值可以采用不同的方式进行调用。在 C 语言中，可以采用以下几种方式调用函数。

① 函数语句：函数调用的一般形式加上分号即构成函数语句。

② 函数表达式：函数作为表达式中的一项出现在表达式中，函数返回值参与表达式的运算。这种方式要求函数是有返回值的。例如：z=max(x,y)是一个赋值表达式，把 max 函数的返回值赋予变量 z。

③ 函数实际参数：函数作为另一个函数调用的实际参数出现。这种情况是把该函数的返回值作为实际参数进行传送，因此要求该函数必须是有返回值的。例如：printf("%d",max(x,y))；是把 max 函数调用的返回值作为 printf 函数的实际参数来使用的。

程序代码：

```
/* e4_3.c */
#include <stdio.h>
void printnnt()                                  /*被调用函数 printnnt 的定义*/
{
   int x,y;
   for(x=1;x<=9;x++)                             /*控制行数*/
   {
```

```
        for(y=1;y<=x;y++)                       /*控制列数*/
            printf("%d*%d=%2d ",x,y,x*y);       /*输出数据*/
        printf("\n");                           /*输出每行数据后换行*/
    }
}
void main()
{
    printnnt();                                 /*调用函数 printnnt*/
}
```

程序运行结果：

```
1*1= 1
2*1= 2 2*2= 4
3*1= 3 3*2= 6 3*3= 9
4*1= 4 4*2= 8 4*3=12 4*4=16
5*1= 5 5*2=10 5*3=15 5*4=20 5*5=25
6*1= 6 6*2=12 6*3=18 6*4=24 6*5=30 6*6=36
7*1= 7 7*2=14 7*3=21 7*4=28 7*5=35 7*6=42 7*7=49
8*1= 8 8*2=16 8*3=24 8*4=32 8*5=40 8*6=48 8*7=56 8*8=64
9*1= 9 9*2=18 9*3=27 9*4=36 9*5=45 9*6=54 9*7=63 9*8=72 9*9=81
```

程序说明：

函数 printnnt 为无参函数，且没有返回值。因此函数调用时无需实参，调用格式为 printnnt();，注意括号不可以省略。

3. 函数的声明

在程序中，函数的位置可以任意，如主函数 main 可以放置在程序的开头、程序的末尾或程序的中间。但是一般情况下，被调函数都放置在主调函数之前，如果被调函数位置在后，则需在主调函数中调用某函数之前对该被调函数进行声明，这与使用变量之前要先进行变量声明是一样的。在主调函数中对被调函数做声明的目的是使编译系统知道被调函数返回值的类型，以便在主调函数中按此种类型对返回值做相应的处理。

函数声明的一般形式：

（1）类型标识符 被调函数名(数据类型，数据类型…);

（2）类型标识符 被调函数名(数据类型 参数 1，数据类型 参数 2，…);

括号内给出了形式参数的类型和形式参数名，或只给出形式参数类型。第(1)种形式是基本形式，也允许同时给出参数名，形成第（2）种形式。编译系统不检查参数名，因此参数名是什么不重要。

例如例 4-2 的程序可以做如下修改。

```
#include <stdio.h>
void main()
{
    float x,y,z;
    float  max(float a,float b);            /*函数声明*/
    printf("请输入两个数:");
    scanf("%f,%f",&x,&y);
    z=max(x,y);                             /*函数调用，求两个数的最大值*/
    printf("最大值为:%.2f\n",z);
}
```

```
float  max(float a,float b)                    /*被调用函数 max 的定义*/
{
   float m;
   if(a>b)
     m=a;
   else
     m=b;
   return (m);
}
```

说明：

（1）函数声明还可以采用格式 float　max(float,float);，两种写法完全等效。

（2）被调用函数声明时应与函数定义时首部写法保持一致，即函数类型、参数名、参数个数、参数类型和参数顺序必须相同。

（3）C 语言中规定以下几种情况可以省去主调函数中对被调函数的函数声明。

① 如果被调函数的返回值是整型时，可以不对被调函数做声明而直接调用。这时系统将自动对被调函数返回值按整型处理。

② 如果被调用函数的定义出现在主调函数之前，则对被调用函数的声明可以省略。

③ 函数声明的位置可以在调用函数所在的函数中，也可以在函数之外。如果函数声明放在函数的外部且在所有函数定义之前，则在各个主调函数中不必对所调用的函数做出再次声明。

④ 对库函数的调用不需要再说明，但必须把该函数的头文件用 include 命令包含在源文件前部。

（4）思考：如果程序中省略函数声明语句 float　max(float a,float b);，程序能否正确执行？

【例 4-4】输入两个正整数 m 和 n，求这两个数的最大公约数。

知识点说明：

可以利用辗转相除法求两个数的最大公约数，具体算法是首先用 a 和 b 中的大数 a 除以 b，得余数 r。然后判断余数 r 是否为 0。若 r 等于 0，当前的除数值则为最大公约数，算法结束；若 r 不等于 0，用当前除数作被除数，用当前余数作除数，继续重新计算新的余数 r，继续判断 r 的值，直到 r 等于 0 求得最大公约数。

程序代码：

```
/* e4_4.c */
#include <stdio.h>
void main()
{
    int x,y,z;
    int  greatestcd(int a,int b);                  /*函数声明*/
    printf("请输入两个正整数:");
    scanf("%d%d",&x,&y);
    z=greatestcd(x,y);                             /*函数调用，求两个数的最大公约数*/
    printf("最大公约数为:%d\n",z);
}
int  greatestcd(int a,int b)                       /*被调用函数 greatestcd 的定义*/
{
    int t,r;
    if(a<b)                                        /*比较两个数大小，使 a 为较大数，b 为较小数*/
    {t=a;a=b;b=t;}
    r=a%b;                                         /*计算余数 r*/
    while(r!=0)                                    /*直到 r 为 0 时结束循环*/
```

```
    {
        a=b;                                    /*用当前除数 b 作被除数 a*/
        b=r;                                    /*用当前余数 r 作除数 b*/
        r=a%b;                                  /*重新计算余数 r*/
    }
    return b;                                   /*返回两数的最大公约数*/
}
```

程序运行结果：

请输入两个正整数:6 15

最大公约数为:3

程序说明：

（1）程序中定义了两个函数 main 和 greatestcd，greatestcd 函数定义时指定了两个形参 a、b，函数调用时的两个实参为 x、y。程序从 main 函数开始执行，遇到 greatestcd 函数调用时，转去执行 greatestcd 函数，求得两个整数的最大公约数，并作为返回值返回到 main 函数，继续执行后面的语句，直到 main 函数结束。

（2）函数声明 int greatestcd(int a,int b); 可以省略，因为如果被调函数的返回值是整型时，可以不对被调函数做声明而直接调用。

4.2 函 数 参 数

函数参数主要用于在主调函数和被调函数之间进行数据传递。函数定义时的形参说明了该函数被调用时，需要传递给该函数多少个数据及分别是什么类型的数据。形参在未调用前不会占用任何内存空间，当然也不会有任何值。当发生函数调用后，系统才会为形参提供合适的空间，并将实参的值传递给形参；实参可以是常量、变量、表达式甚至是一个函数，其类型必须与相对应的形参类型相容。C 语言规定，实际参数向形式参数的数据传递有“值传递方式”和“地址传递方式”。

4.2.1 值传递方式

【例 4-5】交换两个变量的值。

知识点说明：

值传递方式是实际参数向形式参数传递参数值的一种方式。当函数调用时，C 语言对值传递方式的形式参数的变量自动分配内存，然后将实际参数的值存入对应的内存，完成值传递，此时实际参数与形式参数分别占用不同的内存空间。从函数返回时，自动将分配的形式参数的内存单元进行回收，其值将丢失不会带到对应的实际参数中，实际参数将保持原值。下次调用时，形参再重新分配内存。因此，值传递方式的特点是“参数值的单向传递”。

程序代码：

```
/* e4_5.c */
#include <stdio.h>
void change(int a,int b)                        /*被调用函数 change 的定义*/
{
    int t;
    printf("a=%d b=%d\n",a,b);                  /*输出变量值*/
```

```
    t=a;                                    /*交换变量的值*/
    a=b;
    b=t;
    printf("a=%d b=%d\n",a,b);              /*输出变量值*/
}
void main()
{
    int x,y;
    printf("请输入两个数:");
    scanf("%d,%d",&x,&y);                   /*从键盘输入两个数，以逗号间隔*/
    printf("x=%d y=%d\n",x,y);              /*函数调用前，输出变量值*/
    change(x,y);                            /*函数调用*/
    printf("x=%d y=%d\n",x,y);              /*函数调用后，输出变量值*/
}
```

程序运行结果：

请输入两个数:20,15

```
x=20 y=15
a=20 b=15
a=15 b=20
x=20 y=15
```

程序说明：

（1）程序中定义了两个函数 main 和 change，change 函数定义时指定了两个形参 a、b,函数调用时的两个实参为 x、y。程序从 main 函数开始执行，遇到 change 函数调用时，转去执行 change 函数，完成函数的功能后再返回到 main 函数，继续执行后面的语句，直到 main 函数结束。

（2）从程序运行结果可以看出，实参 x、y 初值分别为 20、15，函数调用时，形参 a、b 得到的初值分别为 20、15，change 函数中交换两个变量的值后，形参 a、b 值修改为 15、20，而实参 x、y 的值仍然分别为 20、15，没有改变。因此，函数调用时，实参 x、y 将值分别传递给形参 a、b，而函数中对形参 a、b 的修改结果对实参 x、y 没有任何影响，此时采用的参数传递方式为值传递方式。

（3）值传递时形式参数一般为变量，实际参数可以是常量、变量及其表达式。

4.2.2 地址传递方式

值传递方式是单向的传递方式，对实参没有任何影响，被调用函数对主调函数的影响只能通过 return 语句来实现，即只返回一个值。但很多情况下，程序仅返回一个值是远远不够的，而是需要被调函数影响一批数据。显然通过 return 语句是无法实现的，必须通过地址作为函数参数。

【例 4-6】交换两个变量的值。

知识点说明：

地址传递方式是实际参数向形式参数传递内存地址的一种方式。调用函数时，将实际参数的地址赋予对应的形式参数作为其地址。由于形式参数和实际参数地址相同，即它们占用相同的内存空间。所以发生调用时，形式参数值的改变将会影响实际参数的值。

程序代码：

```
/* e4_6.c */
#include <stdio.h>
```

```
void exchange(int *a,int *b)                /*被调用函数 exchange 的定义*/
{
    int t;
    printf("a=%d b=%d\n",*a,*b);            /*输出变量值*/
    t=*a;                                   /*交换变量的值*/
    *a=*b;
    *b=t;
    printf("a=%d b=%d\n",*a,*b);            /*输出变量值*/
}
void main()
{
    int x,y;
    printf("请输入两个数:");
    scanf("%d,%d",&x,&y);                   /*从键盘输入两个数，以逗号间隔*/
    printf("x=%d y=%d\n",x,y);              /*函数调用前，输出变量值*/
    exchange(&x,&y);                        /*函数调用*/
    printf("x=%d y=%d\n",x,y);              /*函数调用后，输出变量值*/
}
```

程序运行结果：

请输入两个数:20,15

```
x=20 y=15
a=20 b=15
a=15 b=20
x=15 y=20
```

程序说明：

（1）函数调用时，采用的是地址传递方式。

此时函数的定义形式：

```
类型标识符 函数名([数据类型 *参数 1[,数据类型 *参数 2…]])
{
    函数体
}
```

函数定义中，形式参数为指针变量，用于接收实际参数传递的地址。关于指针变量，第 5 章将详细介绍。

函数的调用形式：

```
函数名([&参数 1[,&参数 2…]])
```

函数调用时，实际参数只能是变量的地址、数组名（数组首地址）或指针变量等。

（2）从程序运行结果可以看出，变量 x、y 初值分别为 20、15，函数调用时，将 x、y 的地址传递给形参 a、b，形参与实参占用相同的内存空间，即*a 等同于 x，因此函数中输出*a、*b（即 x、y）的值分别为 20、15，输出格式与上例相同。exchange 函数中交换两个变量的值后，*a、*b（即 x、y）的值分别修改为 15、20，main 函数中变量 x、y 的值也修改为 15、20。因此，采用地址传递时，被调函数可以带回多个数值到主调函数中。

4.2.3 数组作为函数参数

数组也可以作为函数的参数，进行数据的传递。数组作为函数参数有两种形式，一种是把数组元素作为实际参数使用；另一种是把数组名作为函数的形式参数和实际参数使用。

1. 数组元素作函数实际参数

【例 4-7】输出一个整数数组中各元素的绝对值。

知识点说明：

数组元素可以看成一个普通变量，因此它作为函数实际参数使用时与普通变量完全相同，在发生函数调用时，把作为实际参数的数组元素的值传送给形式参数，实现单向的值传送。

程序代码：

```
/* e4_7.c */
#include <stdio.h>
void fun(int n)                              /*被调用函数 fun 的定义，用于输出变量的绝对值*/
{
    if(n>=0)
      printf("%3d",n);
    else
      printf("%3d",-n);
}
void main()
{
    int a[10],i;
    printf("请输入 10 个整数:");
    for(i=0;i<10;i++)
    {
          scanf("%d",&a[i]);                 /*输入数组元素的值*/
          fun(a[i]);                         /*函数调用，以数组元素 a[i]为实参*/
    }
}
```

程序运行结果：

请输入 10 个整数:1 –78 5 12 –9 –23 40 –8 35 58

1 78　5 12　9 23 40　8 35 58

程序说明：

（1）程序中定义了两个函数 main 和 fun，函数 fun 无返回值，有一个形式参数为整型变量 n，实现当 n 大于等于 0 时输出原值 n，当 n 小于 0 时输出-n，即实现输出 n 的绝对值。

（2）在 main 函数中使用 for 语句输入数组各元素，并且每输入一个数组元素就以该元素作实际参数调用一次 fun 函数，即把数组元素 a[i]的值传送给形式参数 n，供 fun 函数使用。该函数调用时采用的参数传递方式为值传递。

（3）用数组元素作实际参数时，也应注意数组元素类型与函数形参的一致性。

2. 数组名作为函数参数

数组元素作函数实参时，对数组元素的处理是按普通变量对待的，采用值传递的参数传递方式。用数组名作函数参数与用数组元素作实际参数是不同的。

（1）用数组名作函数参数时，要求形式参数和相对应的实际参数都必须是类型相同的数组，都必须有明确的数组说明。当形式参数和实际参数二者不一致时，会发生编译错误。

（2）在用数组名作函数参数时，传递的不是值，因为数组名就是数组的首地址，因此在数组名作函数参数时传送的是地址，也就是说把实际参数数组的首地址赋予形式参数数组名。形式参数数组名取得该首地址之后，也就等于获得了实际的数组。

【例 4-8】数组 a 中存放 10 个实型数据，求其平均值。

知识点说明：

函数定义时，若函数的形式参数为数组，则函数调用时，函数的实际参数应为数组名，且形式参数和实际参数必须是相同类型的数组。

程序代码：

```
/* e4_8.c */
#include <stdio.h>
float aver(float b[10])                    /*被调用函数 aver 的定义*/
{
    int i;
    float av,s=0;
    for(i=0;i<10;i++)                      /*求数组中所有元素的和*/
      s=s+b[i];
    av=s/10;                               /*求所有元素的平均值*/
    return av;                             /*返回所有元素的平均值*/
}
void main()
{
    float a[10],avg;
    int i;
    printf("请输入 10 个数:");
    for(i=0;i<10;i++)                      /*输入各数组元素值*/
      scanf("%f",&a[i]);
    avg=aver(a);                           /*调用函数 aver，实际参数为数组名*/
    printf("平均值为%5.2f\n",avg);
}
```

程序运行结果：

请输入 10 个数:1 3 5 7 9 10 12 14 16 18

平均值为 9.50

程序说明：

（1）本程序首先定义了一个实型函数 aver，有一个形式参数为实型数组 a，长度为 10。在函数 aver 中，把各元素值相加求出平均值，返回给主函数。主函数 main 中首先完成数组 a 的输入，然后以 a 作为实际参数调用 aver 函数，函数返回值赋值给 avg，最后输出 avg 值。

（2）在函数形式参数表中，形参数组长度可以省略，也可以用一个变量来表示数组元素的个数。例如，函数 aver 还可以修改为以下两种实现形式。

实现形式一：

```
float aver(float b[])                      /*被调用函数 aver 的定义*/
{
    int i;
    float av,s=0;
    for(i=0;i<10;i++)                      /*求数组中所有元素的和*/
      s=s+b[i];
    av=s/10;                               /*求所有元素的平均值*/
    return av;                             /*返回所有元素的平均值*/
}
```

实现形式二：

```
float aver(float b[],int n)          /*被调用函数 aver 的定义*/
{
    int i;
    float av,s=0;
    for(i=0;i<n;i++)                 /*求数组中所有元素的和*/
      s=s+b[i];
    av=s/n;                          /*求所有元素的平均值*/
    return av;                       /*返回所有元素的平均值*/
}
```

其中形式参数数组 b 没有给出长度，实现形式一中只有一个形式参数，因此 main 函数中调用语句不变。而实现形式二中有两个形式参数，其中由 n 值动态地表示数组的长度。n 的值由主调函数的实际参数进行传送，函数调用语句需修改为 avg=aver(a,10);。

【例 4-9】 数组 a 中存放 10 个整数，用冒泡法对其按照从小到大的顺序排列，然后输出。

知识点说明：

冒泡法排序的思想，是对相邻的数据两两比较并调整，将其中小的调到前面，大的调到后面。

程序代码：

```
/* e4_9.c */
#include <stdio.h>
void sort(int a[],int n)
{
     int i,j,t;
     for(i=0;i<n-1;i++)                  /*控制数组元素排序的趟数*/
      for(j=0;j<n-1-i;j++)               /*控制每趟排序数组元素比较的次数*/
         if(a[j]>a[j+1])                 /*比较相邻的两个数组元素*/
         {
              t=a[j];                    /*交换相邻的两个数组元素值*/
              a[j]=a[j+1];
              a[j+1]=t;
         }
}
void main()
{
    int a[10];                           /*定义数组 a */
     int i;
     printf("请输入 10 个数:");
     for(i=0;i<10;i++)                   /*输入 10 个用于排序的数组元素值*/
         scanf("%d",&a[i]);
     sort(a,10);
     printf("排序后的结果为:\n");
     for(i=0;i<10;i++)                   /*输出从小到大排序后的 10 个数组元素*/
         printf("%3d",a[i]);
}
```

程序运行结果：

请输入 10 个数:1 9 5 3 17 20 8 4 30 6

排序后的结果为：

```
  1  3  4  5  6  8  9 17 20 30
```

程序说明：

（1）本程序首先定义了一个无返回值的函数 sort，两个形式参数一个为整型数组 a，另一个为变量 n，用于接收数组的长度。函数 sort 用于实现冒泡法对数据进行从小到大的排序。主函数 main 中首先完成数组 a 的输入，然后以 a 和 10 作为实际参数调用 sort 函数对数组元素排序，然后在 main 函数输出排序后的数组元素值。

（2）从程序的运行结果可以看出，以数组名作函数参数时，传递的是数组的首地址，由于形式参数和实际参数占用相同首地址的内存空间，因此当形式参数数组发生变化时，实际参数数组也随之变化。因此在函数 sort 中对形参数组 a 进行排序，实参数组也随之变化，main 函数中输出的为排序后的结果。

4.3 函数的嵌套调用与递归调用

C 语言中函数定义时，各函数之间是平行的，不存在上下级和隶属关系，因此不允许在一个函数定义的函数体内包含另外一个函数的定义，但允许在一个函数定义时出现对另一个函数的调用，这就是函数的嵌套调用。

4.3.1 函数的嵌套调用

【例 4-10】计算 $s=n^2!+m^2!$。

知识点说明：

函数的嵌套调用是在被调函数中又调用其他函数，即在调用一个函数的过程中，又调用了其它的函数。

程序代码：

```
/* e4_10.c */
#include <stdio.h>
long f1(int a)                    /*被调用函数 f1 的定义*/
{
    int k;
    long r;
    long f2(int);                 /*被调用函数 f2 的声明*/
    k=a*a;                        /*计算 a 的平方值*/
    r=f2(k);                      /*调用函数 f2，计算 a 的平方的阶乘*/
    return r;                     /*返回函数值*/
}
long f2(int b)                    /*被调用函数 f2 的定义*/
{
    long c=1;
    int i;
    for(i=1;i<=b;i++)             /*计算 b 的阶乘*/
      c=c*i;
    return c;                     /*返回函数值*/
}
void main()
{
    int n,m;
```

```
    long s;
    printf("请输入两个整数:");
    scanf("%d,%d",&n,&m);
    s=f1(n)+f1(m);
    printf("s=%ld\n",s);
}
```

程序运行结果：

请输入两个整数:1,2

```
s=25
```

程序说明：

（1）程序中定义了3个函数main、f1和f2，函数f1和f2均为长整型，都在主函数之前定义，故不必再在主函数中对f1和f2加以说明，而函数f2的位置在调用它的函数f1之后，因此需在函数f1中对函数f2进行声明。

（2）函数f2用于计算阶乘值，函数f1用于计算平方值，然后以该平方值为实际参数调用f2求解平方的阶乘。在主程序中，首先依次把n和m的值作为实际参数调用函数f1求n^2的值和m^2的值。然后在函数f1中又分别以n^2的值和m^2的值作为实际参数去调用函数f2，在函数f2中完成求n^2!和m^2!的值计算。函数f2执行完毕把c值返回给函数f1，再由函数f1返回主函数中实现累加。至此，由函数的嵌套调用实现了题目的要求。

（3）由于计算结果值可能较大，需要考虑溢出错误，可以将函数和部分变量的类型定义为长整型。

4.3.2 函数的递归调用

在调用一个函数的过程中直接或间接调用该函数本身，称为函数的递归调用。在递归调用中，主调函数又是被调函数。例如有函数f：

```
int f(int x)
{
   int y;
   y=f(x);
   return y;
}
```

在函数f的调用过程中，又调用函数f本身，这是一个递归函数。运行该函数时将无休止地调用其自身，程序将无法正常结束，这当然是不正确的。为了防止递归调用时无终止地进行，必须在函数内有终止递归调用的手段。常用的办法是加上条件判断语句，函数满足某种条件后就不再继续递归调用，转而逐层返回。下面举例说明递归调用的执行过程。

【例4-11】用递归法计算n!。

知识点说明：

计算n!可用下述公式表示。

```
n!=1            (n=0,1)
n!=n*(n-1)!     (n>1)
```

程序代码：

```
/* e4_11.c */
#include <stdio.h>
```

```
int fac(int n)                          /*函数 fac 的定义*/
{
    if((n==1)||(n==0))
        return 1;                       /*n 值为 0 或 1 时的返回值*/
    else
        return n*fac(n-1);              /*n 值大于 1 时的返回值*/
}
void main()
{
    int m,y;
    printf("请输入一个整数:");
    scanf("%d",&m);
    if(m<0)
        printf("输入错误!\n");
    else
        y=fac(m);                       /*调用函数 fac*/
    printf("%d!=%d \n",m,y);
}
```

程序运行结果：

请输入一个整数:4

4!=24

程序说明：

（1）函数 fac 是一个递归函数。主函数调用 fac 函数后，程序的流程跳转到被调函数 fac 中继续执行。n==0 或 1 时将结束函数的执行，否则就递归调用 fac 函数自身。由于每次递归调用的实际参数为 n–1，即把 n–1 的值赋予形式参数 n，最后当 n–1 的值为 1 时再进行递归调用，形式参数 n 的值变为 1，if 表达式值为真，执行 return 语句，从而递归终止，函数调用将逐层退回。

（2）程序运行时输入为 4，即求 4!。在主函数中的调用语句即为 y=fac(4)，fac 函数调用时，n=4,不等于 0 或 1,应返回 n*fac(n–1),即 fac(4)=4*fac(4–1)。该语句对 fac 函数进行递归调用即 fac(3)，即 fac(3)=3*fac(3–1)。继续递归调用 fac 函数，n=2 时，fac(2)=2*fac(2–1)，继续递归调用 fac 函数，当 fac 函数形式参数 n=1 时，将不再继续递归调用，递归终止后，函数调用逐层返回到主调函数。fac(1)的函数返回值为 1，fac(2)的返回值为 2*1=2，fac(3)的返回值为 3*2=6，最后 fac(4)的返回值为 4*6=24。

【例 4-12】用递归法计算 x 的 n(n>=0)次方。

知识点说明：

计算 x^n 可用下述公式表示。

$$x^n=1 \quad (n=0)$$
$$x^n=x*x^{n-1} \quad (n>0)$$

程序代码：

```
/* e4_12.c */
#include <stdio.h>
long power(int x,int n)                 /*函数 power 的定义*/
{
    if(n==0)
        return 1;                       /*n 值为 0 时返回值 1*/
    else
        return x*power(x,n-1);          /*n 值大于 0 时返回值 x*xn-1*/
}
void main()
```

```
{
    int x,n;
    long y;
    printf("请输入两个整数x、n(n>=0):");
    scanf("%d%d",&x,&n);
    y=power(x,n);                   /*调用函数power */
    printf("%d的%d次方=%ld\n",x,n,y);
}
```

程序运行结果：

请输入两个整数 x、n(n>=0):2 4

2 的 4 次方=16

程序说明：

（1）函数 power 是一个递归函数。主函数中调用 power 函数求 power(2,4)，n==0 时将结束函数的执行返回 1，否则就递归调用 power 函数自身，即继续调用 power(2,3)。递归调用 power 函数直到形参 n=0 时终止递归调用，然后逐层退回，即 power(2,0)=1，power(2,1)=2*1=2，power(2,2)=2*2=4，power(2,3)=2*4=8, power(2,4)=2*8=16。

（2）思考：当 n 的值小于 0 时，如何实现 x 的 n 次方的计算？

4.4 变量的存储类别与作用域

变量的存储类别是指变量占用内存空间的方式，也称为存储方式。变量的存储方式可分为“静态存储”和“动态存储”两种。例如形参变量采用的是动态存储，它只在函数被调用时才分配内存单元，函数调用结束后立即释放，这也表明了形参变量只在本函数内有效，离开该函数就无法继续使用，这种变量有效性的范围称为变量的作用域。不仅对于形参变量，C 语言中所有的量都有自己的作用域。变量说明的方式不同，其作用域随之不同。

4.4.1 变量的作用域：局部变量和全局变量

C 语言中的变量，按作用域范围可分为两种，即局部变量和全局变量。

1. 局部变量

局部变量也称为内部变量。局部变量是在函数内部定义说明的。其作用域仅限于函数内，离开该函数后再使用这种变量是非法的。

以例 4-12 为例，可以改为：函数 power 内定义了两个形参 x、n，main 函数中定义了 3 个变量 x、n、y，它们均为局部变量，虽然在函数 power 和函数 main 中均定义了 x 和 n，但它们属于不同的变量，函数 power 内定义的 x 和 n 只在该 power 函数内有效，或者说函数 power 内定义的 x 和 n 变量的作用域为函数 power 体内。main 函数中定义变量 x、n、y 的作用域为 main 函数内。

关于局部变量的作用域还要说明以下几点。

（1）允许在不同的函数中使用相同的变量名，它们代表不同的对象，分配不同的单元，互不干扰，也不会发生混淆。

（2）形参变量属于被调函数的局部变量，实参变量是属于主调函数的局部变量。形参和实参是不同函数中的变量，分别在不同函数中有效。

（3）在复合语句中也可定义变量，其作用域只在复合语句范围内。

例如：

```
void main()
{
    float s,a;
    ……
    {
        int b;
        s=a+b;
        ……
    }                                        /*b 作用域结束*/
    ……
}                                            /*s,a 作用域结束*/
```

【例 4-13】局部变量示例。

知识点说明：

局部变量是在函数内部定义的，其作用域仅限于定义它的函数内。

程序代码：

```
/* e4_13.c */
#include <stdio.h>
void main()
{
    int i,j,k;                               /*定义局部变量 i、j、k*/
    i=6;j=5;
    k=i+j;                                   /*计算 k 值，结果为 11*/
    {
        int k=20;                            /*复合语句中定义局部变量 k*/
        printf("%d\n",k);
    }
    printf("%d,%d,%d\n",i,j,k);
}
```

程序运行结果：

```
20
6,5,11
```

程序说明：

（1）在 main 中定义了 3 个变量 i、j 和 k，又在复合语句内定义了一个同名的变量 k，注意这两个 k 不是同一个变量，它们的作用范围是不同的。在复合语句内定义的变量 k 只在复合语句内有效，而在复合语句外使用变量 k，则为 mian 中定义的变量 k。

（2）程序中，复合语句中的 printf("%d\n",k);语句输出 k 的值时，是由复合语句内的 k 决定的，输出值为 20。而复合语句外的输出语句 printf("%d,%d,%d\n",i,j,k);，k 的值是由 main 中定义的 k 决定的，输出值为 11。

2. 全局变量

在函数内部定义的变量是局部变量，而在函数外部定义的变量是外部变量，又称全局变量。它的有效范围是从定义变量的位置开始至文件结束，全局变量可以被该有效范围内的所有函数使用。

【例 4-14】输入长方体的长宽高 l、w、h。求体积及 3 个面 x*y、x*z、y*z 的面积。

知识点说明：

全局变量是在函数外部定义的变量，其作用域是从定义变量的位置开始至文件结束。

程序代码：

```
/* e4_14.c */
#include <stdio.h>
int s1,s2,s3;                         /*定义全局变量 s1、s2、s3*/
int vs( int a,int b,int c)
{
    int v;                            /*定义局部变量 v*/
    v=a*b*c;
    s1=a*b;
    s2=b*c;
    s3=a*c;
    return v;
}
void main()
{
    int v,l,w,h;                      /*定义局部变量 v、l、w、h */
    printf("请输入长方体的长宽高:");
    scanf("%d%d%d",&l,&w,&h);
    v=vs(l,w,h);
    printf("v=%d s1=%d s2=%d s3=%d\n",v,s1,s2,s3);
}
```

程序运行结果：

请输入长方体的长宽高:6 4 5

```
v=120 s1=24 s2=20 s3=30
```

程序说明：

（1）程序中需要求解 4 个值：体积和 3 个面的面积，而函数的调用结果只能返回一个值，因此本例使用了 3 个全局变量 s1、s2、s3 用来存放 3 个面积，其作用域为整个程序，它起到了在函数间传递数据的作用。本例在函数 vs 中计算 s1、s2、s3 的值，然后在 main 中输出 s1、s2、s3 的值。

（2）在函数 vs 和函数 main 中均定义了局部变量 v，但两者的有效范围是不同的，C 程序中允许在不同的函数中使用相同的变量名。

【例 4-15】全局变量示例。

知识点说明：

全局变量定义时，若未初始化，系统默认值为 0。

程序代码：

```
/* e4_15.c */
#include <stdio.h>
int a,b;                              /*定义全局变量 a、b*/
int f1()
{
     a=a+10;
     b=b+15;
     return a+b;
}
int f2()
{
```

```
    int a=1;                    /*定义局部变量 a*/
    a=a+5;
    b=b+8;
    return a+b;
}
main()
{
    int x,y;                    /*定义局部变量 x、y*/
    x=f1();
    printf("x=%d a=%d b=%d\n",x,a,b);
    y=f2();
    printf("y=%d a=%d b=%d\n",y,a,b);
}
```

程序运行结果：

```
x=25 a=10 b=15
y=29 a=10 b=23
```

程序说明：

（1）在同一源文件中，允许全局变量和局部变量同名。在局部变量的作用域内，全局变量不起作用。程序中定义了全局变量 a、b，在整个程序中都有效，而在函数 f2 中定义的同名局部变量 a，仅在 f2 的函数内部有效。

（2）程序执行时，全局变量 a、b 的初值为 0，调用函数 f1，将全局变量 a、b 的值分别修改为 10、15，返回值为 25，输出 x 的值为 25，a 值为 10，b 值为 15。调用函数 f2，函数内定义了同名的局部变量 a 初值为 1，函数 f2 中全局变量 a 不起作用，局部变量 a 的值 1+5=6，全局变量 b 的值为 15+8=23，返回值为 6+23=29，输出 y 的值为 29，此时全局变量 a 值不变仍为 10，b 的值为 23。

（3）全局变量可加强函数之间的数据联系，但是函数的执行要依赖这些变量，因而使函数的独立性降低。从模块化程序设计的观点来看是不利的，因此尽可能减少使用或者不使用全局变量。

4.4.2 变量的存储类别

存储类别是指变量占用内存空间的方式，也称为存储方式。从变量值存在的作用时间（即生存期）来分，可以分为静态存储方式和动态存储方式。

静态存储方式是指在程序运行期间分配固定存储空间的方式。如全局变量采用的存储方式就是静态存储方式。在程序开始执行时给全局变量分配存储空间，程序执行完毕后才能释放，在程序执行过程中它们始终占据固定的存储单元。

动态存储方式是指在程序运行期间根据需要进行动态分配存储空间的方式。如函数形式参数、自动变量（未加 static 声明的局部变量）采用的存储方式就是动态存储方式，在函数开始调用时分配动态存储空间，函数结束时释放这些空间。

在 C 语言中，每个变量和函数有两个属性：数据类型和数据的存储类别。一个变量究竟属于哪一种存储方式，并不能仅从其作用域来判断，还应有明确的存储类型说明。

在 C 语言中，变量的存储类型说明有 4 种：auto（自动变量）、static（静态变量）、register（寄存器变量）和 extern（外部变量）。

自动变量和寄存器变量属于动态存储方式，静态变量和外部变量属于静态存储方式。变量说明的完整形式如下。

存储类别说明符 数据类型说明符 变量名，变量名…；

例如：

```
static int a,b;                    /*定义 a,b 为静态整型变量*/
auto char c1,c2;                   /*定义 c1,c2 为自动字符变量*/
static int a[5]={1,2,3,4,5};       /*定义 a 为静态整型数组*/
```

1. 自动变量

在前面各章的程序中所定义的变量凡未加存储类型说明符的都是自动变量。

【例 4-16】自动变量应用示例。

知识点说明：

C 语言规定，函数内凡未加存储类型说明符的局部变量均视为自动变量，也就是说自动变量可省去说明符 auto。

程序代码：

```
/* e4_16.c */
#include <stdio.h>
void main()
{
    auto int a,s,p;                     /*定义 a、s、p 为自动整型变量*/
    s=10;p=10;
    printf("请输入一个整数:");
    scanf("%d",&a);
    if(a>0)
    {
        int s,p;                        /*在复合语句内定义 s、p 为自动整型变量*/
        s=a*a;
        p=a+a;
        printf("s=%d p=%d\n",s,p);      /*输出变量值*/
    }
    printf("s=%d p=%d\n",s,p);          /*输出变量值*/
}
```

程序运行结果：

请输入一个整数:8

```
s=64 p=16
s=10 p=10
```

程序说明：

（1）自动变量定义时说明符 auto 可省略，因此变量定义语句 auto int a,s,p;等价于 int a,s,p;。

（2）本程序在 main 函数中和复合语句内两次定义了变量 s,p 为自动变量。按照 C 语言的规定，在复合语句内，应由复合语句中定义的 s,p 起作用，故 s 的值应为 a*a=64，p 的值为 a+a=16。复合语句内的输出语句输出结果为 s=64 p=16。复合语句外使用的 s,p 应为 main 所定义的 s,p，其值在初始化时为 10，main 函数中的输出语句输出结果为 s=10 p=10。可以看出，自动变量的作用域仅限于定义该变量的函数内。在函数中定义的自动变量，只在该函数内有效。在复合语句中定义的自动变量只在该复合语句中有效。

（3）自动变量属于动态存储方式，只有在使用它，即定义该变量的函数被调用时系统才对它进行存储单位的分配，该变量的生存期开始。函数调用结束，释放存储单元，生存期结束。因此函数调用结束之后，自动变量的值不再保留。

2. 静态变量

自动变量属于动态存储方式，函数调用结束之后，其值不能保留，如果需要保存变量的值，则应定义为静态变量。静态变量的存储类别说明符是 static。静态变量属于静态存储方式，但是属于静态存储方式的量不一定就是静态变量，例如全局变量虽属于静态存储方式，但不一定是静态变量，必须由 static 加以定义后才能成为静态全局变量。而在函数内使用 static 定义的变量称静态局部变量，其存储方式为静态存储方式。因此，一个变量可由 static 进行再说明，并改变其原有的存储方式。

（1）静态局部变量。在局部变量的说明前再加上 static 说明符就构成静态局部变量。

```
static int a,b;
```

说明：

① 静态局部变量属于静态存储方式，在函数内定义，但不像自动变量那样，调用时产生，退出函数时立刻消失。静态局部变量始终存在，也就是说它的生存期为源程序的运行期。

② 静态局部变量的生存期虽然为整个源程序，但是其作用域仍与自动变量相同，即只能在定义该变量的函数内使用该变量。退出该函数后，尽管该变量仍然继续存在，但无法继续使用。

③ 对基本类型的局部静态变量若在定义时未赋以初值，则系统自动赋予 0 值。而对自动变量不赋初值的情况下，则其值是不定的（系统为之分配内存中原有的残留值）。

【例 4-17】静态局部变量应用示例。

知识点说明：

函数调用时，静态局部变量只在第一次定义时赋值初值，下次调用该函数时，静态局部变量使用的是上一次调用后的结果。

程序代码：

```
/* e4_17.c */
#include <stdio.h>
void f()                                    /*函数定义*/
{
    static int j=0;                         /*定义静态局部变量 j*/
    int i=0;                                /*定义自动变量 i*/
    i=i+1;
    j=j+1;
    printf("%d %d\n",i,j);
}
void main()
{
    int i;                                  /*定义自动变量 i*/
    for(i=1;i<=4;i++)
      f();                                  /*函数调用*/
}
```

程序运行结果：

```
1 1
1 2
1 3
1 4
```

程序说明：

程序中定义了函数 f，其中定义了静态局部变量 j 和自动变量 i，自动变量 i 在每次函数调用时均重新分配存储空间，因此当 main 中多次调用函数 f 时，i 均赋初值为 0，故每次输出 i 值均为 1。而 j 为静态局部变量，它的生存期为整个源程序。虽然离开定义它的函数后不能使用，但是再次调用定义它的函数时，j 又可以继续使用，j 中保存的是上一次调用后的计算结果，所以多次调用函数 f 输出值 j 的值为 1、2、3、4。

（2）静态全局变量。全局变量(外部变量)的说明之前再冠以 static 就构成了静态的全局变量。全局变量本身就是静态存储方式，静态全局变量当然还是静态存储方式。这两者在存储方式上并无不同。两者的区别在于非静态的全局变量的作用域是整个源程序，当一个源程序由多个源文件组成时，非静态的全局变量在各个源文件中都是有效的。而静态全局变量则限制了其作用域，即只在定义该变量的源文件内有效，在同一源程序的其他源文件中则无法使用。由于静态全局变量的作用域局限于一个源文件内，只能为该源文件内的函数公用，因此可以避免在其他源文件中随意引用的情况发生。从以上分析可以看出，把局部变量改变为静态变量后是改变了它的存储方式即改变了它的生存期。把全局变量改变为静态变量后是改变了它的作用域，限制了它的使用范围。因此 static 这个说明符在不同的地方所起的作用是不同的，应予以注意。

3. 寄存器变量

上述各类变量都存放在存储器内，因此当对一个变量频繁读写时，必须要反复访问内存储器，从而花费大量的存取时间。为此，C 语言提供了另一种变量，即寄存器变量。这种变量存放在 CPU 的寄存器中，使用时不需要访问内存，而直接从寄存器中读写，这样可提高效率。寄存器变量的说明符是 register。对于循环次数较多的循环控制变量及循环体内反复使用的变量均可定义为寄存器变量。

【例 4-18】分析下面的程序。

知识点说明：

只有局部自动变量和形式参数才可以定义为寄存器变量。因为寄存器变量属于动态存储方式，凡需要采用静态存储方式的量不能定义为寄存器变量。

程序代码：

```
/* e4_18.c */
#include <stdio.h>
void main()
{
    register int i,s=0;
    for(i=1;i<=200;i++)
        s=s+i;
    printf("s=%d\n",s);
}
```

程序运行结果：

```
s=20100
```

程序说明：

（1）本程序循环 200 次，i 和 s 都将频繁使用，因此可定义为寄存器变量。

（2）即使能真正使用寄存器变量的机器，由于 CPU 中寄存器的个数是有限的，因此使用寄存器变量的个数也是有限的。

（3）现在的优化编译系统能够自动识别使用频繁的变量，将其存放在寄存器中，因此在实际应用中可以不必使用 register 声明变量。

4. 外部变量

定义外部变量 (全局变量)时加 static 关键字说明该变量为静态外部变量(或称静态全局变量)，该变量只在定义它的源文件内有效，若一个源程序由多个源文件组成时，则在同一源程序的其他源文件中不能使用。如果需要在同一源程序的多个文件中使用全局变量，则可以在一个源文件中定义全局变量，其他的源程序文件中使用 extern 关键字声明对全局变量的作用域进行扩展。同时 extern 关键字也可以用于在同一个文件中扩展全局变量的作用域。

使用 extern 关键字声明变量的一般形式：

```
extern 类型说明符 变量名，变量名…;
```

举例：

```
extern int a,b;
```

【例 4-19】外部变量应用示例。

知识点说明：

外部变量定义必须在所有的函数之外，且只能定义一次。而外部变量的声明可以出现多次。外部变量声明的作用是扩展外部变量的作用域，使其可以在外部变量定义点之前的函数中引用该外部变量，或在一个文件中引用另一个文件已定义的外部变量。

程序代码：

```
/* e4_19.c */
#include <stdio.h>
int fun(int x,int y)
{
    extern int h;                          /*外部变量 h 的声明*/
    int v;                                 /*定义局部变量 v */
    v=x*y*h;
    return v;
}
int x=3,y=4,h=5;                           /*定义外部变量 x、y、h*/
void main()
{
    int x=5;                               /*定义局部变量 x*/
    printf("v=%d",fun(x,y));
}
```

程序运行结果：

```
v=100
```

程序说明：

（1）本例程序中定义了两个函数 main 和 fun，定义了 3 个外部变量，外部变量的作用域为从定义处开始到程序结束，即作用域为 main 函数。若在前面函数 fun 中要使用外部变量，必须使用 extern 关键字对要用到的外部变量进行声明。在函数 fun 中，对外部变量 h 进行了声明，则外部变量 h 在 main 和 fun 函数中均有效。

（2）在同一源文件中，允许外部变量（全局变量）和局部变量同名。在局部变量的作用域内，外部变量不起作用。在 main 函数中定义了同名的局部变量，在函数内使用局部变量 x，调用函数 fun 时，传递的实参 x、y 的值分别为 5、4，函数返回值为 5*4*5=100，因此程序的输出结果为 v=100。

（3）外部变量在定义时就已分配了内存单元，外部变量定义可作初始赋值，外部变量声明时不能再赋初始值，只是表明在函数或文件内要使用该外部变量，如 extern int h;。

（4）外部变量可加强函数之间的数据联系，但是函数的执行要依赖这些变量，从而使函数的独立性降低，因此在不必要时尽量少用或不用外部变量。

本章小结

函数是C语言中完成某一独立功能的子程序，是C源程序的基本模块。一个C语言程序可由一个主函数和若干个其他函数构成，其中主函数是不可缺省的。每个C程序由主函数调用其他函数，其他函数也可以相互调用。在程序设计中，可以将一些常用的功能模块编写成函数，放在函数库中供用户选用。

（1）函数定义。从函数定义的角度看，函数可分为库函数和用户自定义函数。从主调函数和被调函数之间有无数据传送的角度看，可分为无参函数和有参函数。函数的定义由函数首部和函数体两部分组成，注意不同类型函数的定义格式不同。

（2）函数调用。函数的调用是用来执行该函数，完成函数的功能。函数调用的格式为函数名([参数 1[,参数 2…]])，无参函数调用时不需要指定参数。有参函数调用时，实际参数和形式参数在数量上、类型上、顺序上应严格一致。

（3）函数声明。在主调函数中对被调函数做声明的目的是使编译系统提前知道被调函数返回值的类型，以便在主调函数中按此种类型对返回值做相应的处理。被调用函数声明时与函数首部写法上需保持一致，即函数类型、参数名、参数个数、参数类型和参数顺序必须相同。

（4）函数参数。函数定义时的参数，称为形式参数。在函数调用时给出的参数，称为实际参数(简称为实参)。函数调用时，需要在实际参数和形式参数间进行数据传递，C语言规定，实际参数向形式参数的数据传递分为“值传递方式”和“地址传递方式”两种。注意两种参数传递的差异性。

（5）函数嵌套和递归调用。在C语言中，所有的函数定义，包括主函数main在内，都是平行的。也就是说，在一个函数的函数体内，不能再定义另一个函数，即不能嵌套定义。但是函数之间允许相互调用，即允许嵌套调用。函数还可以自己调用自己，称为递归调用。

（6）变量的存储类别与作用域。变量的存储方式可分为“静态存储”和“动态存储”两种。每个变量和函数有两个属性：数据类型和数据的存储类别。变量的存储类型说明有4种：auto（自动变量）、static（静态变量）、register（寄存器变量）、extern（外部变量）。变量有效性的范围称为变量的作用域。按作用域范围可分为两种，即局部变量和全局变量。

习 题 4

一、单项选择题

1. 下列叙述中正确的是________。
   A. 在C程序中所有函数之间都可以相互调用
   B. 在C程序中main函数的位置是固定的
   C. 在C程序的函数中不能定义另一个函数
   D. 每个C程序的执行均是从第一个函数开始
2. 允许缺省的函数类型是________。
   A. int　　B. char　　C. float　　D. double

3. 以下正确的函数头定义形式是________。

A. `float ff(int x,int y)` B. `float ff(int x;int y)`

C. `float ff(int x,int y);` D. `float ff(int x,y);`

4. 函数调用不允许出现在________。

A. 实参中 B. 表达式中 C. 独立语句中 D. 形参中

5. 下列说法正确的是________。

A. 程序从主函数开始执行并结束于主函数

B. 程序从主函数开始执行并结束于最后调用的函数

C. 程序从当前函数开始执行并结束于主函数

D. 程序从当前函数开始执行并结束于最后调用的函数

6. 声明静态局部变量用关键字________。

A. register B. static C. auto D. extern

7. 在调用函数时，如果实参是简单的变量，它与对应形参之间的数据传递方式是________。

A. 单向值传递 B. 地址传递

C. 由实参传形参，再由形参传实参 D. 传递方式由用户指定

8. 函数调用 abc（(x,y,z）,a,（b,c)）的实参个数是________。

A. 1 个 B. 5 个 C. 3 个 D. 6 个

9. 以下关于函数叙述中，错误的是________。

A. 函数未被调用时，系统将不为形参分配内存单元

B. 实参与形参的个数应相等，且实参与形参的类型必须对应一致

C. 当形参是变量时，实参可以是常量、变量或表达式

D. 形参可以是常量、变量或表达式

10. 以下叙述中错误的是________。

A. 局部变量具有内部连接性

B. 程序中对外部变量的定义只能有一次

C. 程序中对外部变量的声明可以有多次

D. 内部函数不允许被其他源文件中的函数调用

11. 以下叙述正确的是________。

A. 函数既可以嵌套调用也可以嵌套定义

B. 函数可以嵌套调用但不可以嵌套定义

C. 函数可以嵌套定义但不能嵌套调用

D. 函数既不可以嵌套定义也不可以嵌套调用

12. 以下叙述中错误的是________。

A. 用关键字 extern 定义外部变量 B. 用关键字 int 定义整型变量

C. 用关键字 extern 声明外部变量 D. 作用域是标识符可被识别的区域

13. 如果在一个复合语句中定义了一个变量，则有关该变量正确的说法是________。

A. 只在该复合语句中有效 B. 只在该函数中有效

C. 在本程序范围内均有效 D. 为非法变量

14. 有以下程序，该程序的输出结果是________。

```
#include <stdio.h>
int ss()
{
   static int i=0;
   int s=1;
   s=s+i;
   i=i+2;
   return s;
}
void main()
{
   int i,a=0;
   for(i=1;i<4;i++)
     a+=ss();
   printf("%d\n",a);
}
```

A. 3　　B. 4　　C. 9　　D. 16

15. 有以下程序，该程序的输出结果是________。

```
#include <stdio.h>
int f(int n)
{
    int  t=0,a=4;
    if(n/2)
    {
        int a=6;
        t+=a++;
    }
    else
        t+=a++;
    return  t+a;
}
void main()
{
    int  s=0,i;
    for(i=0;i<=2;i++)
        s=s+f(i);
    printf("%d\n",s);
}
```

A. 24　　B. 28　　C. 32　　D. 36

16. 有以下程序，该程序的输出结果是________。

```
#include <stdio.h>
long fib(int n)
{
    long x;
    if(n>2)
        x=fib(n-1)+fib(n-2);
    else
    x=2;
    return x;
}
void main()
{
    printf("%d\n",fib(4));
}
```

A. 2　　B. 3　　C. 6　　D. 8

二、填空题

1. 定义函数时的参数称________参数；调用函数时的参数称________参数。

2. 函数________嵌套定义；函数________嵌套调用。

3. 默认的存储类别的关键字是________。

4. 函数调用时，参数的两种传递方式是________和________。

5. 下面程序是选出能被 4 整除且至少有一位是 6 的两位数，打印出所有的这样的数及其个数。请填空。

```
int sub(int k,int n)
{
    int a1,a2;
    a2=_______;
    a1=_______;
    if((k%4==0&&a2==6)||(k%4==0&&a1==6))
    {
        printf("%4d",k);
        n++;
        return n;
    }
    else
        return -1;
}
void main()
{
    int n=0,k,m;
    for(k=10;k<100;k++)
    {
        m=_______;
        if(m!=-1) n=m;
    }
    printf("\nn=%d\n",n);
}
```

6. 以下程序的功能是用递归方法计算学生的年龄，已知第一位学生年龄最小为 10 岁，其余学生一个比一个大 3 岁，求第 4 位学生的年龄。请填空。

递归公式如下。

```
    10                    n=1
    age(n)=age(n-1)+3     n>1
#include<stdio.h>
int age(int n)
{
    int c;
    if(n==1)
        c=10;
    else
        c=_______;
    return c;
}
void main()
{
    int n=4;
    printf("age:%d\n",______);
}
```

三、阅读程序，写出运行结果

1. 输入 50 后下列程序执行的结果是________。

```
#include <stdio.h>
int func(int n)
{
    int i;
    for(i=n-1;i>0;--i) n+=i;
    return n;
}
void main()
{
    int a;
    printf("请输入一个整数:");
    scanf("%d",&a);
    printf("func(%d)=%d\n",a,func(a));
}
```

2. 下列程序执行的结果是________。

```
#include <stdio.h>
int f(int m)
{
    static int k=0;
    int s=0;
    for(; k<=m; k++) s++;
    return s;
}
void main()
{
    int s1, s2;
    s1=f(5);
    s2=f(3);
    printf("%d %d\n", s1, s2);
}
```

3. 下列程序执行的结果是________。

```
int runc(int a,int b)
{ return(a+b);}
void main()
{
    int x=2,y=5,z=8,r;
    r=func(func(x,y),z);
    printf("%\d\n",r);
}
```

4. 下列程序执行的结果是________。

```
int fun(int n)
{
    int f=1;
    f=f*n*2;
    return(f);
}
void main()
{
    int i,j;
    for(i=1; i<=5; i++)
   printf("%d\t",fun(i));
}
```

5. 下列程序执行的结果是________。

```
int x1=30, x2=40;
main()
{
    int x3=10,x4=20;
    sub(x3,x4);
    sub(x2,x1);
    printf("x1=%d,x2=%d,x3=%d,x4=%d",x1,x2,x3,x4);
}
sub(int x,int y)
{
    int x1=x;
    x=y;
    y=x1;
}
```

6. 输入 10 后下列程序执行的结果是________。

```
#include <stdio.h>
int ff(int  n)
{
   if(n==1)
      return 1;
   else
      return(n+ff(n-1));
}
void main()
{
   int  x;
   scanf("%d",&x);
   x=ff(x);
   printf("%d\n",x);
}
```

7. 输入字符串 abc aef k e3 f 后，下列程序执行的结果是________。

```
#include <stdio.h>
int fun(char s[])
{
    int i,j=0;
    for(i=0;s[i]!='\0';i++)
        if(s[i]!=' ')
        s[j++]=s[i];
        s[j]='\0';
}
void main()
{
    char str[81];
    int n;
    printf("请输入一个字符串:");
    gets(str);
    fun(str);
    printf("%s\n",str);
}
```

四、编程题

1. 编写函数，判断数字是否为“水仙花数”，在主函数中调用此函数。

2. 编写函数，用选择法对数组中 10 个整数按由小到大排序，在主函数中调用此函数。

3. 编写一个函数,求 1+2!+3!+...+6!的和，在主函数中调用此函数。

4. 编写一函数，输入一个十六进制数，输出相应的十进制数，并在主函数中调用此函数。

5. 有两个整型数组 a 和 b，各有 10 个元素，将它们对应地逐个相比。如果 a 数组中的元素大于 b 数组中的相应元素的数目，多于 b 数组中元素大于 a 数组中相应元素的数目，则认为 a 数组大于 b 数组，并分别统计出两个数组相应元素大于、等于和小于的次数。用一个函数来进行数组元素的比较，比较结果用该函数的返回值表示。

6. 编写函数，求数组中所有数组元素的最大值，在主函数中调用此函数。

7. 编写函数打印 n 行以下图形，将图形中的行数作为函数的形参。如在 main()函数中输入行数 n=4，调用该函数打印行数为 4 的图形如下。

```
*
***
*****
*******
```

8. 用递归的函数实现，将一个十进制转换为十六进制，并在主函数中调用此函数。

第5章 指针

学习目标

（1）理解指针、指针类型和指针指向类型的区别。

（2）理解指针数组的概念，熟练掌握指针数组的定义。

（3）理解指针与函数参数之间的关系，掌握指针作为函数参数传递的用法。

（4）掌握字符串指针变量的定义及引用。

（5）理解指向函数的指针变量和指针函数的概念及基本用法。

（6）理解主函数参数的概念和基本用法。

指针类型是一种构造类型，指针变量是一种保存变量地址的变量。在C语言中，指针的使用非常广泛。作为C语言区别于其他程序设计语言的主要特性之一，指针可以有效地表示和访问复杂的数据结构；可以动态分配内存，直接对内存地址进行操作；可以提高某些程序的执行效率。由于指针的使用比较复杂，较难掌握，而且指针的误用还会导致严重后果，甚至系统崩溃。因此，学习时要注意领会指针的本质和特点，只有谨慎使用指针，才可以利用它写出简单、清晰、高效的程序。

5.1 地址、指针、指针变量

5.1.1 地址

计算机内存最小单元为1字节（Byte）的存储空间。在程序中定义一个变量，编译时系统根据变量类型自动分配一定长度的存储空间。Visual C++6.0为整型变量分配4字节，为单精度浮点型分配4字节，为字符型变量分配1字节。内存中每一字节均有一个32位编码（在32位机器中），这个编码就是内存单元的地址，计算机通过这种地址编码的方式对内存数据进行管理。如有语句“int num=374;”，编译系统发现类型为int型，则为num分配4字节的连续内存单元；同时将374以二进制形式，由低字节向高字节依次写入，如图5.1所示。尽管374占用的4字节都有各自的地址编码，但是系统访问该数据时，只需访问这4字节的首地址0012FF7C（十六进制）。

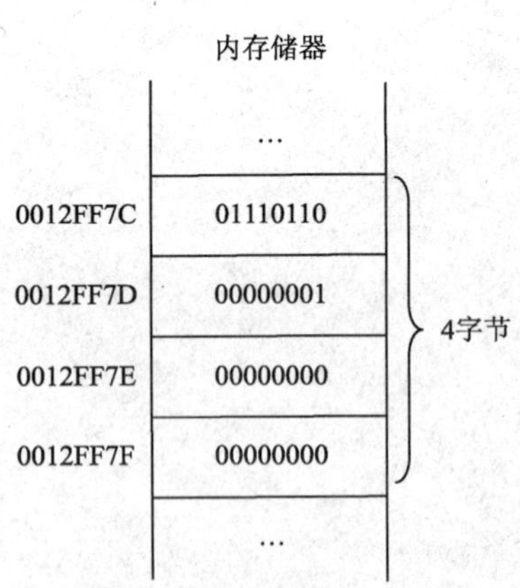

图5.1 内存地址编码示意图

5.1.2 指针

在程序中可以用变量名直接操作内存空间，变量定义好之后，变量名和内存空间的对应关系在编译时就严格确定下来。在变量运行的生命周期中，这种对应关系是无法改变的，因此用变量名的方式去操作其他内存空间无法实现。为了实现在程序中随机访问其他内存空间，又能够像变量名一样方便使用，C 语言中引入了指针的概念。

凡是存放在内存中的程序和数据都有一个地址，这个地址表示了程序和数据所在的内存单元，一般用它们所占用的存储单元中的第一个存储单元的地址表示。既然根据这个存储单元的地址就可以找到相应程序和数据所在的内存单元，那么可以认为地址是指向了对应内存单元的，所以通常也把地址称为指针。

一个变量的地址称为该变量的指针。例如，整型变量 num 的地址是 0012FF7C，因此 0012FF7C 就是 num 的指针。如果有一个变量是专门用来存储另一个变量的地址，则称为指针变量。严格地说，一个指针是一个地址，是一个常量。而一个指针变量却可以被赋予不同的指针值，是变量。但常把指针变量简称为指针。为了避免混淆，约定："指针"是指地址，是常量，"指针变量"是指取值为地址的变量。

5.1.3 指针变量

C 语言规定所有变量在使用之前必须定义，即指定该变量的类型。在编译时按变量类型分配存储空间。在使用指针变量之前，也必须先将其定义为指针类型。定义指针变量的一般形式：

```
类型说明符  *指针变量名;
```

其中，*表示定义的是一个指针变量，类型说明符可以是任何类型，表示的是该指针变量所指向的变量的数据类型。

例如：

```
int *p1;                    /* p1 是指向整型变量的指针变量 */
float *p2;                  /* p2 是指向单精度变量的指针变量 */
char *p3;                   /* p3 是指向字符变量的指针变量 */
```

指针可以指向各种类型，包括基本类型、数组、函数等，甚至还可以指向指针。应该注意的是，一个指针变量只能指向同类型的变量，如 p2 只能指向单精度变量，不能指向其他类型的变量。虽然指针变量的类型和值与普通变量有所不同，但指针变量作为一种变量，也具有变量的 3 个要素。

1. 指针变量的类型

指针变量的类型是指针所指向的变量的数据类型，而不是指针自身的数据类型。

2. 指针变量的变量名

指针变量的变量名是指针变量的名称，与一般变量相同，都要遵循标识符的命名规则。

3. 指针变量的值

指针变量的值是指针所指向的变量在内存中所处的地址。

【例 5-1】使用交换指针的方式，将两个整数按由大到小的顺序输出。

知识点说明：

（1）&：取地址运算符。取地址运算符&是单目运算符，其结合性为自右至左，用来表示变量的地址。

其一般形式为:

```
&变量名;
```

&a 表示变量 a 的地址，&b 表示变量 b 的地址。例如:

```
int a;
int *p=&a;
```

或

```
int a;
int *p;
p=&a;
```

（2）*：取内容运算符。取内容运算符*是单目运算符，其结合性为自右至左，用来表示指针变量所指向的变量的值（内容）。在取内容运算符*之后的变量必须是指针变量。

例如:

```
int a=3;
int *p;
p=&a;                                  /* 指针变量 p 指向变量 a */
printf("%d,%d",a,*p);                  /* 输出: 3, 3 */
*p=5;                                  /* 将指针变量 p 指向的存储单元内容赋值为 5 */
```

定义了一个整型变量 a(初值为 3)和一个指针变量 p, p=&a 使指针变量 p 指向了变量 a, *p=5;使 p 指向的存储单元的值被赋值为 5，也就是说，变量 a 的值最终是 5。

程序代码:

```
/* e5_1.c */
#include <stdio.h>
void main()
{
    int *p1,*p2,*p,a,b;                 /* 定义p1,p2,p 3 个指针变量; a,b 两个整型变量 */
    scanf("%d,%d",&a,&b);               /* 从键盘获取两个整型数值，赋予 a 和 b */
    p1=&a;p2=&b;                        /* 强制 p1 指向 a, p2 指向 b */
    if(a<b)                             /* 如果 a 小于 b */
    {
        p=p1;p1=p2;p2=p;                /* 通过临时指针变量 p，交换 p1 和 p2 的指向 */
    }
    printf("a=%d,b=%d\n",a,b);          /* 输出 a 和 b 的值 */
    printf("max=%d,min=%d\n",*p1,*p2);  /* 输出*p1 和*p2 的值 */
}
```

程序运行结果:

```
5, 9
a=5,b=9
max=9,min=5
```

当输入 a=5，b=9 时，由于 a<b，将 p1 和 p2 交换。交换前的情况如图 5.2 (a)所示，交换后如图 5.2(b)所示。

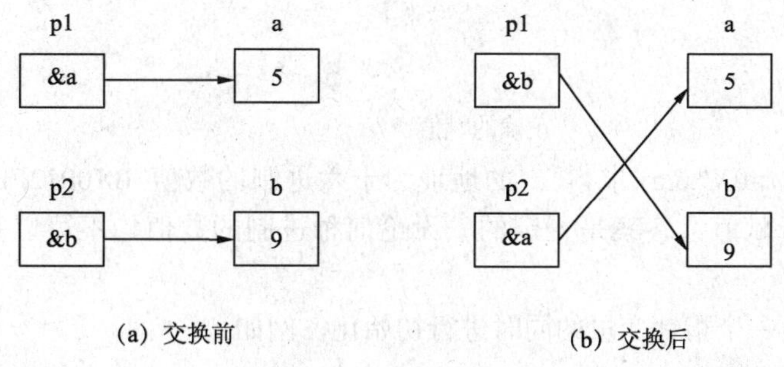

图 5.2 交换前后的情况

程序说明：

（1）a 和 b 并未交换，它们的值保持不变，但是 p1 和 p2 的值改变了。p1 原来指向的是变量 a，后来指向的是变量 b；p2 原来指向的是变量 b，后来指向的是变量 a。所以，在输出*p1 和*p2 时，实际上是输出变量 b 和 a 的值，所以先输出 9，然后输出 5。

（2）int *p1,*p2,*p;表示定义了 3 个指针变量。p1、p2 和 p 的值是某个整型变量的地址。至于究竟指向哪一个整型变量，应由向其赋予的地址来决定。代码 p1=&a;p2=&b;表明取出 a 的地址（&a）赋予 p1，取出 b 的地址（&b）赋予 p2；或者说 p1 指向 a，p2 指向 b。至于&a 和&b 的具体地址值，如有需要，可以使用语句 printf("%#0X,%#0X",&a,&b);在屏幕上输出。

（3）程序中第四行 int *p1,*p2,*p,a,b;，此处*表示定义的是指针变量，程序倒数第二行 printf("max=%d,min=%d\n",*p1,*p2);，此处*p1 和*p2 中的*表示取出指针 p1 和 p2 所指向的内存空间里的值。

（4）思考：如果将程序中代码 scanf("%d,%d",&a,&b);改为 scanf("%d,%d",p1,p2);，程序是否正确？如何修改程序代码能够使之得到正确结果？

（5）思考*的用途:①作为乘法二元运算符；②作为定义指针变量的标志；③作为取指针所指向存储单元内容的运算符。

请思考下列程序与上例的不同。

```
#include <stdio.h>
void main()
{
    int *p1,*p2,t,a,b;                /* 定义 p1,p2 两个指针变量；t, a, b 3 个整型变量 */
    scanf("%d,%d",&a,&b);             /* 从键盘获取两个整型数值，赋予 a 和 b */
    p1=&a;p2=&b;                      /* 强制 p1 指向 a，p2 指向 b */
    if(a<b)
   {t=*p1;*p1=*p2;*p2=t;}             /* 通过临时整型变量 t，交换*p1 和*p2 的值 */
    printf("a=%d,b=%d\n",a,b);        /* 输出 a 和 b 的值 */
    printf("max=%d,min=%d\n",*p1,*p2); /* 输出*p1 和*p2 的值 */
}
```

程序说明：

（1）修改前的程序，交换的是指针 p1 和 p2 的指向（即 a 和 b 的地址），修改后的程序交换的 p1 和 p2 指针指向的存储空间里的值（即 a 和 b）。

（2）C 语言不允许直接把一个数值赋予指针变量，下面的赋值是错误的。

```
int *p;
p=2000;                               /* 将一个十进制数赋予指针变量 p，错误的赋值 */
```

例如：

```
int *p,a=25;
p=&a;                              /* 正确的赋值 */
```

若使用 printf("%#0X",&a);求得 a 的地址为十六进制的数值 0X0012FF7C，是否可以使用 p=0X0012FF7C 进行赋值？答案是否定的，无论何种进制的数值均不可以直　　接赋予一个指针变量。

（3）可以在定义一个指针变量的同时进行初始化。例如：

```
int a=25;
int *p=&a;                         /* 正确，&a 是给指针变量 p 进行赋值 */
```

写成下列语句则错误。

```
int a=25,*p;
*p=&a;                             /* 赋值过程中类型不匹配，应改为 p=&a; */
```

（4）未经赋值的指针变量不能使用，否则将造成未知的错误，给系统正常运行带来隐患。例如下面的使用是错误的。

```
int *p;
*p=5;
```

由于指针变量 p 在定义后指向的位置不确定，因此直接对其赋值是危险的。

5.2　指针的运算

除前面的赋值操作外，指针的运算还可以是算术运算和关系运算。

5.2.1　指针的算术运算

指针变量的算术运算只有加法和减法两种，主要包括如下运算。

（1）自增、自减运算。

（2）加减整型数据。

（3）指向同一个数组的不同数组元素的指针之间的减法。

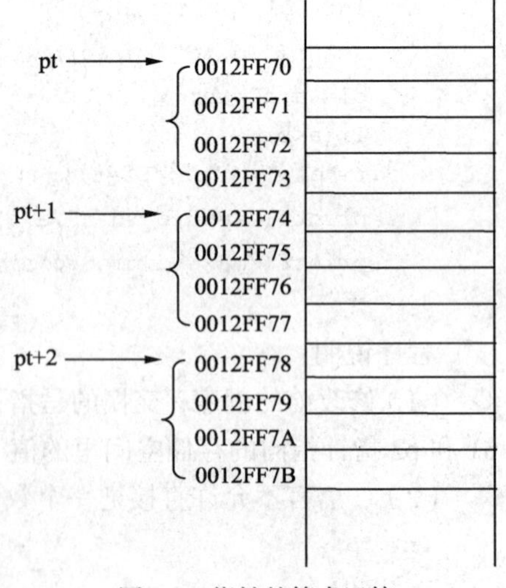

图 5.3　指针的算术运算

指针算术运算的功能是完成指针的移动，以实现对不同数据单元的访问操作。当一个指针加减一个整数值 n 时，实际上是将指针的指向向上（减）或向下（加）移动 n 个位置，因此指针加上或减去一个整数值 n 后，其结果仍是一个指针。由于指针的数据类型决定了指针所指向的内存空间的大小，因此相邻两个指向的间距是“sizeof(指针数据类型)”个内存单元。一个指针加、减一个常量 n 后的新位置，是在原有指向基础上加上或减去“sizeof(指针数据类型)*n”。例如，有 int *pt;，当指针初始化后，假设指向的地址值为 0012FF70H，则当指针 pt+2 后，指针指向的新位置为 0012FF70H+sizeof(int)*2,即为 0012FF78H，如图 5.3

所示。双精度指针则是将其指向的地址所代表的字节及其后 7 字节（共 8 字节）作为一个双精度数据的存储单元进行操作的。对于一个双精度指针 pt2 而言，pt2++或 pt2+1 意味着指针指向当前地址值加 8 字节的新位置。

对指针变量进行下列算术运算无意义。

（1）指针间相乘或相除。

（2）两个指针相加。

（3）指针与实数的加减等。

5.2.2 指针的关系运算

指针可以进行比较运算，但要注意这种运算对程序设计是否有意义。一般来说，指针的比较常用于两个或两个以上指针变量在内存中相互位置关系的判定，常见于指向同一数组的两个指针位置的比较。但类型不同的指针之间的比较通常没有意义。

【例 5-2】利用指针将数组中的内容全部置为 0。

知识点说明：

（1）如果两个指针指向的不是同一个数组，则无法进行比较（关系运算）。

（2）指针可以指向数组的首地址，数组名代表数组首地址，等价于&数组名[0]。

程序代码：

```
/* e5_2.c */
#include <stdio.h>
void main()
{
    int value[5]={1,2,3,4,5},*first,*last;
    int i;
    for(i=0;i<5;i++)                          /* 输出原始数组元素内容 */
        printf("%3d",value[i]);
    printf("\n");
    for(first=value,last=value+5;first<last;first++)
        *first=0;                             /* 利用 first 指针将数组元素置为 0 */
    for(i=0;i<5;i++)
        printf("%3d",value[i]);               /* 输出置为 0 后的数组元素 */
}
```

程序运行结果：

```
  1  2  3  4  5
  0  0  0  0  0
```

程序说明：

（1）first 指针指向的是数组名，也就是指向首个元素；last 指针指向的是数组的末尾元素。

（2）first 与 last 指针类型相同，因此可以做<比较运算。

（3）代码

```
for(first=value,last=value+5;first<last;first++)
    *first=0;
```

可以改写为

```
first=value,last=value+5;
for(;first<last;)
    *first++=0;
```

（4）思考：first=value 改成 first=&value[0]的形式是否正确？last=value+5 改成 last=first+5 的形式是否正确？

5.2.3 多级指针

如果在一个指针变量中存放一个目标变量的地址，称为“单级间址”，指向指针的指针称为“二级间址”。理论上说，间址方法可以延伸到更多的级，但实际上在程序中很少有超过二级间址的情况。级数越多，越难理解，程序产生混乱和错误的机会也会增多。

指向指针的指针即指向指针变量的指针变量。例如，指针变量 q 指向变量 p，而 p 本身又是指针变量，它指向另一个变量 i，则变量 q 就是指向指针的指针，如图 5.4 所示。

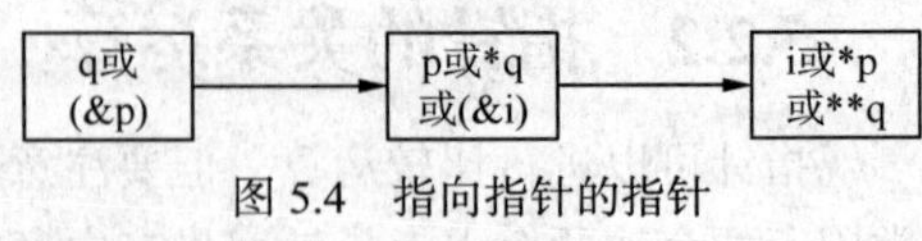

图 5.4 指向指针的指针

【例 5-3】多级指针的应用。

知识点说明：

（1）定义指向指针变量的指针变量的一般形式：

```
类型说明符 **变量名
```

例如：

```
int **q;
```

定义了指针变量 q，它指向另一个指针变量，而它指向的指针变量又指向一个整型变量。

（2）使用多级指针的形式为**q。q 的前面有两个“*”号，由于“*”是按自右至左顺序结合的，因此**q 相当于*(*q)。如图 5.4 所示，q 指向 p，*q 访问的是 p，而 p 又指向 i，*p 访问的是 i，因此使用**q 访问的是 i。

程序代码：

```
/* e5_3.c */
#include <stdio.h>
void main()
{
    int **p1,*p2,n;
    n=3;
    p1=&p2;
    p2=&n;
    printf("%d,%d,%d\n",n,*p2,**p1);
    *p2=5;
    printf("%d,%d,%d\n",n,*p2,**p1);
    **p1=7;
    printf("%d,%d,%d\n",n,*p2,**p1);
}
```

程序运行结果：

```
3,3,3
5,5,5
7,7,7
```

程序说明：

（1）本题中，p2 是指向变量 n 的指针，p1 是指向指针的指针，通过 p1=&p2 使 p1 指向了指针变量 p2，因此*p2 表示 p1，而**p1 即*(*p1)就表示 n 的值，故输出结果为 3。

（2）程序执行*p2=5;之后，输出结果均为 5。*p2 访问的是 n，对*p2 进行赋值，就是改写 n 的值。

（3）执行**p1=7;，输出结果均为 7。**p1 访问的是*p2，*p2 访问的是 n，对**p1 进行赋值，仍是改写 n 的值。

5.2.4 指向 void 类型的指针

ANSI 新标准增加了一种 void 指针类型，即可以定义一个指针变量，但不指定它是指向哪一种类型数据。void 的字面意思是“无类型”，void *则为“无类型指针”，void *可以指向任何类型的数据。

假设有指针变量 p1 和 p2，如果指针 p1 和 p2 的类型相同，那么我们可以直接在 p1 和 p2 间互相赋值；如果 p1 和 p2 指向不同的数据类型，则必须使用强制类型转换运算符把赋值运算符右边的指针类型转换为左边指针的类型。例如：

```
float *p1;
int *p2;
p1=p2;
```

其中 p1=p2 语句会编译出错，必须改为 p1 = (float *)p2;。

而 void *则不同，任何类型的指针都可以直接赋值给它，无需进行强制类型转换。

```
void *p1;
int *p2;
p1=p2;
```

但这并不意味着 void *也可以无需强制类型转换地赋给其他类型的指针。因为“无类型”可以包容“有类型”，而“有类型”则不能包容“无类型”。下面的语句编译错误。

```
void *p1;
int *p2;
p2=p1;
```

必须改为 p2=(int *)p1;。

5.3 指针变量作为函数参数

函数的参数可以是整型、实型、字符型等基本数据类型，还可以是指针类型。使用指针作为函数的参数，实际上向函数传递的是变量的地址。

【例 5-4】将两个整数按由大到小的顺序输出。现用函数处理，指针类型的数据作函数参数，思考下列程序能否实现要求。

知识点说明：

（1）C 语言中实参变量和形参变量之间的数据传递是单向的“值传递”方式，用指针变量作为函数参数时同样要遵循这一规则。

（2）不可能通过执行调用函数来改变实参指针变量的值，但是可以改变实参指针变量所指变量的值。

程序代码：

```
/* e5_4.c */
#include <stdio.h>
void swap(int *p1,int *p2)              /* 用户自定义函数 swap */
{
    int *p;                             /* 在函数中定义一个局部指针变量 p */
    p=p1;                               /* 通过指针 p 将传递过来的形参 p1 和 p2 进行交换 */
    p1=p2;
    p2=p;
}
void main()
{
    int a,b;
    int *pointer1,*pointer2;
    printf("input a,b: ");
    scanf("%d,%d",&a,&b);
    pointer1=&a;pointer2=&b;            /* 指针 pointer1 指向变量 a, pointer2 指向变量 b */
    if(a<b)
        swap(pointer1,pointer2);        /* 如果 a<b 成立，则调用函数 swap */
    printf("%d,%d\n",a,b);
}
```

程序运行结果：

```
input a,b:5, 9
5, 9
```

程序说明：

（1）swap 是用户定义的函数，它的本意是交换两个变量（a 和 b）的值。swap 函数的形参 p1、p2 是指针变量。程序运行时，先执行 main 函数，输入 a 和 b 的值。然后将 a 和 b 的地址分别赋给指针变量 pointer1 和 pointer2，使 pointer1 指向 a，pointer2 指向 b，如图 5.5 所示。

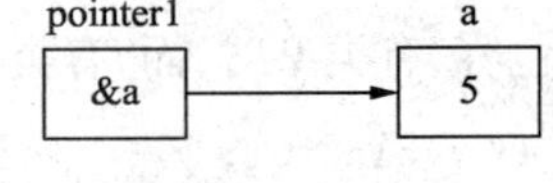

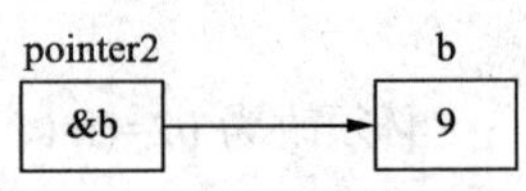

图 5.5 调用函数前的情况

（2）接着执行 if 语句，由于 a<b，因此调用 swap 函数。此时将 pointer1 的值传递给 p1，pointer2 的值传递给 p2，这时 p1 和 pointer1 都指向变量 a，p2 和 pointer2 都指向变量 b，如图 5.6 所示。

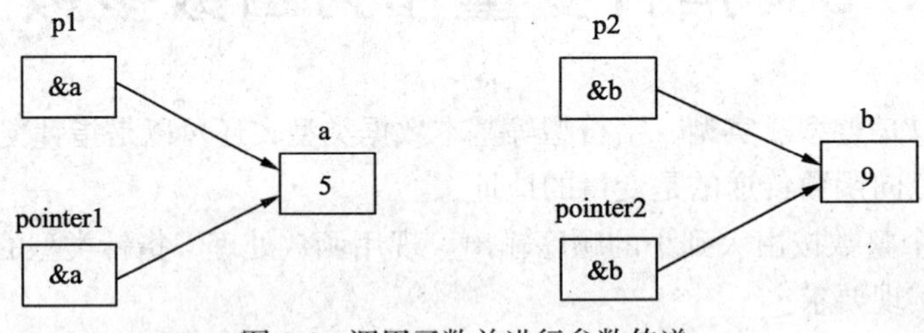

图 5.6 调用函数并进行参数传递

（3）执行 swap 函数的函数体使 p1 和 p2 的值互换，即使 p2 指向了变量 a，p1 指向了变量 b，如图 5.7 所示。

（4）函数调用结束后，p1 和 p2 不复存在（已释放）。显然，本程序仅修改了函数 swap 的参数 p1 和 p2 的值，而 pointer1 和 pointer2 的值及其内容始终都没有改变，因此，最后输出的结果仍然是 a=5,b=9，而不是期望的 a=9,b=5。

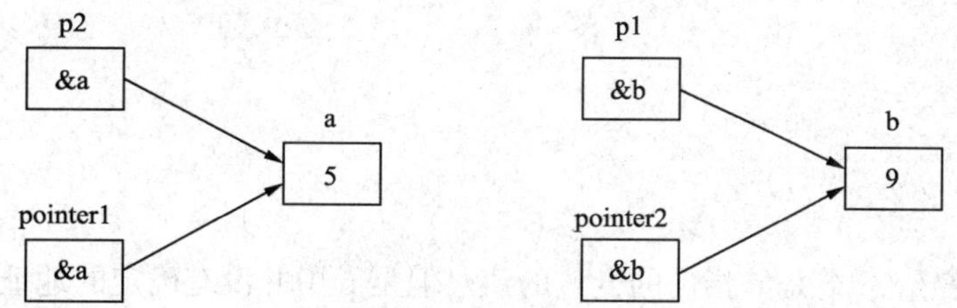

图 5.7 执行函数体语句后的指针变化情况

那么，如何使被调函数能够改变主调函数的值呢？可以用下面的代码实现。

```
#include <stdio.h>
void swap(int *p1,int *p2)
{
    int p;
    p=*p1;
    *p1=*p2;
    *p2=p;
}
void main()
{
    int a,b;
    int *pointer1,*pointer2;
    printf("input a,b: ");
    scanf("%d,%d",&a,&b);
    pointer1=&a;pointer2=&b;
    if(a<b)
        swap(pointer1,pointer2);
    printf("%d,%d\n",a,b);
}
```

程序说明：

（1）主函数调用 swap 函数时，将 pointer1 的值传递给 p1，pointer2 的值传递给 p2，这时 p1 和 pointer1 都指向变量 a，p2 和 pointer2 都指向变量 b。接着执行 swap 函数的函数体使*p1 和*p2 的值互换，与 p1 与 p2 互换不同，*p1 和*p2 互换意味着 p1 和 p2 指向的存储单元的值进行了互换，如图 5.8 所示。

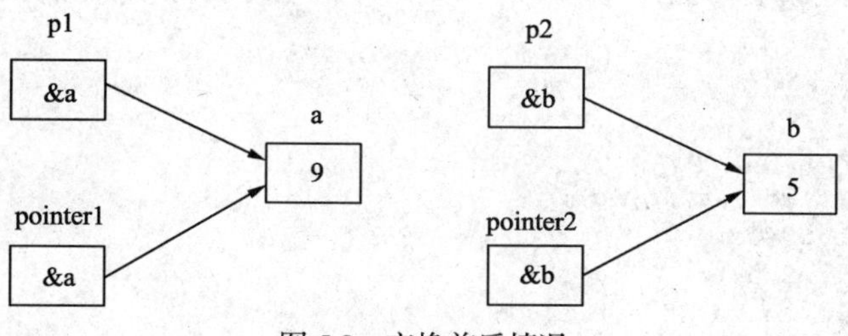

图 5.8 交换前后情况

（2）此时 p1 指向的变量 a 的值与 p2 指向的变量 b 的值进行了互换，因此最后在 main 函数中输出的 a 和 b 的值是已经交换了的值，即 a=9,b=5。

请注意上述程序中交换*p1 和*p2 的实现方法。如果写成以下形式是错误的。

```
void swap(int *p1,int *p2)
{
    int *p;
```

```
    *p=*p1;                                     /* 问题在这里 */
    *p1=*p2;
    *p2=*p;
}
```

程序说明：

（1）p 是指针变量，*p 是 p 指向的变量的值。但是 p 中并没有确定的地址值，即它的值是不可预见的，这样*p 所指向的单元也是不可预见的。因此，对*p 赋值可能会破坏系统的正常运行状态，造成未知的后果。

（2）通常用整型变量而非指针变量作为*p1 和*p2 进行交换的辅助变量。

【例 5-5】下面程序将输入的 3 个整数按由大到小的顺序输出。

知识点说明：

（1）函数可以嵌套调用。

（2）如果想通过函数调用得到 n 个要改变的值，可以在主调函数中设 n 个变量，用 n 个指针变量指向它们；设计一个函数，有 n 个指针形参。在这个函数中改变这 n 个形参的值。在主调函数中调用这个函数，在调用时将这 n 个指针变量作为实参，将它们的地址传给该函数的形参。在执行该函数的过程中，通过形参指针变量，改变它们所指向的 n 个变量的值。

程序代码：

```
/* e5_5.c */
#include <stdio.h>
void swap(int *pt1,int *pt2)                    /* 定义交换 2 个变量值的函数 */
{
    int temp;
    temp=*pt1;                                  /* 交换*pt1 和*pt2 的值 */
    *pt1=*pt2;
    *pt2=temp;
}
void exchange(int *q1,int *q2,int *q3)          /* 定义交换 3 个变量值的函数 */
{
    if(*q1<*q2)swap(q1,q2);                     /* 如果 a<b，交换 a 和 b 的值 */
    if(*q1<*q3)swap(q1,q3);                     /* 如果 a<c，交换 a 和 c 的值 */
    if(*q2<*q3)swap(q2,q3);                     /* 如果 b<c，交换 b 和 c 的值 */
}
void main()
{
    int a,b,c,*p1,*p2,*p3;
    scanf("%d,%d,%d",&a,&b,&c);
    p1=&a;p2=&b;p3=&c;
    exchange(p1,p2,p3);
    printf("\n%d,%d,%d\n",a,b,c);
}
```

程序运行结果（从键盘输入：3,8,6）：

```
8,6,3
```

程序说明：

（1）exchange 函数的作用是对 3 个数按大小排序。

（2）在执行 exchange 函数的过程中，要嵌套调用 swap 函数，swap 函数的作用是对两个数按大小排序。

（3）思考：main 函数中的 3 个指针变量的值是否发生了改变？

【例 5-6】一个自然数是素数，且它的数字位置经过任意对换后仍为素数，则称为绝对素数，如 13 和 31 都是素数，所以 13 和 31 就是绝对素数。试求所有两位绝对素数。

知识点说明：

（1）考虑到求两位绝对素数要两次使用到判断整数是否为素数的程序段，故将其定义成函数。

（2）使用一个指针变量作函数形参，以便带回判断的结果。

程序代码：

```
/* e5_6.c */
#include <stdio.h>
void main()
{
     int m,m1,flag1,flag2;
     void prime(int n,int *f);                 /* 函数的声明 */
     for(m=10;m<100;m++)
     {
          m1=(m%10)*10+m/10;                   /* m1 为将 m 数字位置对换后的数 */
          prime(m,&flag1);                     /* 调用函数，判断 m 是否为素数 */
          prime(m1,&flag2);                    /* 调用函数，判断 m1 是否为素数 */
          if(flag1&&flag2)                     /* 只有 m 和 m1 同时为素数才输出 */
               printf("%5d",m);
     }
}
void prime(int n,int *f)                       /* 函数定义 */
{
      int k;
      *f=1;                                    /* 将*f 预先初始化为 1 */
      for(k=2;k<=n/2;k++)
         if(!(n%k)) *f=0;                      /* 如果传递过来的参数不是素数，则将*f 置为 0 */
}
```

程序运行结果：

```
11   13   17   31   37   71   73   79   97
```

程序说明：

（1）函数 prime 用于判断 n 是否为素数，若*f 最后取值为 1 则表示 n 是素数，*f 最后取值为 0 表示 n 不是素数。

（2）指针变量 f 间接访问它所指的对象 flag1 和 flag2，从而在主函数中 flag1 和 flag2 会获得具体的值。

5.4 指针与数组

在 C 语言中，指针与数组的关系十分密切，实际上数组名本身就是一个常量指针（常量指针是指指针所指的位置保持不变）。当定义数组时，其首地址就已确定不再改变。例如，对于数组 arr[10]，其数组名 arr 就等效于地址&arr[0]。因此，可以将数组名 arr 看作一个指针，它永远指向 arr[0]。

由于数组中的元素在内存中是连续排列存放的，因此任何能由数组下标完成的操作都可以由指针来实现。通过使用指针变量来指向数组中的不同元素，可使程序效率更高，执行速度更快。

5.4.1 指向一维数组的指针变量

假设定义一个一维数组，该数组在内存中会由系统分配一段存储空间，其数组的名字就是数组在内存中的首地址。若再定义一个指针变量，并将数组的首地址传给该指针变量，则该指针就指向了这个一维数组。数组名是数组的首地址，不可以移动，而定义的指针变量可以根据程序的需要，进行自加、自减或者与某个整数做加减法的算术运算。

定义一个指向一维数组的指针变量的方法，与前面介绍的指向变量的指针变量相同。例如：

```
int a[10],*pt;
```

现做赋值操作。

```
pt=a;或 pt=&a[0];
```

则 pt 就得到了数组的首地址。其中，a 是数组的首地址，&a[0]是数组元素 a[0]的地址，由于 a[0]的地址就是数组的首地址，所以，两条赋值操作的效果完全相同。

在定义指针变量时可以赋给初值（假设数组 a 已被定义）。

```
int *pt=&a[0];
```

该语句等效于

```
int *pt;
pt=&a[0];
```

当然定义时也可以写成

```
int *pt=a;
```

可以看出，pt,a,&a[0]的值是相同的，都是数组 a 的首地址，也是 0 号元素 a[0]的首地址。应该说明的是 pt 是变量，而 a,&a[0]都是常量，在编程时应予以注意。

假设 pt 指向一维数组 a，C 语言规定指针对数组的表示方法有以下几种。

（1）pt+n 与 a+n 表示数组元素 a[n]的地址，即&a[n]。原因是根据指针算术运算的方法，若指针变量 pt 已指向数组中的一个元素，则 pt+1 指向同一数组中的下一元素（而不是将 pt 的值简单地加 1）。

（2）*(pt+n)和*(a+n)表示 pt+n 或 a+n 指向的数组元素值，即等效于 a[n]。例如，*(pt+3)和*(a+3)都等效于 a[3]。事实上，在编译时，对数组元素 a[i]就是处理成*(a+i)，即按数组首地址加上相对位置量得到要找到的元素的地址，然后再找出该单元的内容（值）。例如，若整型数组 a 的首地址为 2000，则 a[3]的地址就是 2000+3*4=2012，然后从内存中地址为 2012 的存储单元中取出内容即 a[3]的值（使用 Visual C++时，int 为 4 字节；使用 Turbo C 2.0 时，int 为 2 字节）。

（3）指向数组的指针变量也可用数组的下标形式表示为 pt[n]，其效果相当于*(pt+n)。这样，若引用一个数组元素，既可以用传统的数组元素的下标法，也可使用指针的表示方法。

① 下标法：即 a[i]的形式。

② 地址法：*(a+i)。其中 a 是数组名。

③ 指针法：即*(pt+i)或 pt[i]。其中 pt 是指向数组 a 的指针变量。

【例 5-7】为数组 a 赋值后，输出数组 a 中所有元素值。

知识点说明：

（1）指针变量可以实现自身的改变，这一点与数组名不同。如 p++是合法的；而 a++是错误的。因为 a 是数组名，它是数组的首地址，首地址为常量不可以自加自减。

（2）指针变量可以指到数组以后的内存单元，系统并不认为非法，因此使用指针变量指向数组元素时，要特别注意指针变量所指向的位置。

程序代码：

```
/* e5_7.c */
#include <stdio.h>
void main()
{
    int *p,i,a[10];
    p=a;
    for(i=0;i<10;i++)
        *p++=i;
    for(i=0;i<10;i++)
        printf("%6d ",*p++);
}
```

程序运行结果：

```
0    1244996  1245064  4199033     1 4132856 4132992     0     0 2147323904
```

程序说明：

（1）这是因为经过第一个 for 循环的执行，p 已经指向了最后一个数组元素之后，故输出时并没有从数组 a 的第一个元素开始输出元素值。

（2）解决问题的方法很简单，只需要在执行输出之前使 p 的值重新指向&a[0]，即 a 的首地址即可。

下面是改正后的程序。

```
void main()
{
    int *p,i,a[10];
    p=a;
    for(i=0;i<10;i++)
        *p++=i;
    p=a;                              /* 在输出前使 p 重新指向数组 a 的首地址 */
    for(i=0;i<10;i++)
        printf("%6d",*p++);
}
```

程序运行结果：

```
0     1     2     3    4     5     6     7     8     9
```

程序说明：

（1）*p++，由于++和*同优先级，结合方向自右至左，等价于*(p++)。若 p 当前指向 a 数组中的第 i 个元素，则*(++p)相当于 a[++i]，*(p--)相当于 a[i--]；*(--p)相当于 a[--i]。

（2）*(p++)与*(++p)作用不同。若 p 的初值为 a，则*(p++)等价 a[0]，*(++p)等价 a[1]。

（3）(*p)++表示 p 所指向的元素值加 1。

（4）过去对数组的处理均采用下标法引用数组元素。

```
int a[10],i;
for(i=0;i<10;i++)
```

```
    a[i]=i;
```

现在也可以改写为如下形式。

```
int a[10],i;
for(i=0;i<10;i++)
    *(a+i)=i;
```

或者用指针变量引用元素。

```
int a[10],i,*p;
p=a;
for(i=0;i<10;i++)
    *(p+i)=i;
```

5.4.2 数组指针作函数参数

学习数组时我们知道，数组名可以作为函数的参数。在熟悉了指针变量之后就更容易理解这个问题了。数组名就是数组的首地址，实参向形参传送数组名实际上就是传送数组的地址，形参得到该地址后也指向同一数组。同样，指针变量的值也是地址，当然也可以作为函数的参数进行传递。

【例 5-8】求一维数组中的最大值，求最大值的功能要求通过函数实现。

知识点说明：

（1）实参数组名代表一个固定的地址，或者说是指针常量，但形参数组名并不是一个固定的地址，而是按指针变量处理。

（2）定义函数 int sub_max(int b[],int n)；程序编译时是将数组 b 按指针变量进行处理的，相当于将函数定义为 int sub_max(int *b,int n)。

程序代码：

```
/* e5_8.c */
#include <stdio.h>
void main()
{
    int i,a[10],*pt=a,max;                    /* 定义 pt 指针，指向数组 a 的首地址 */
    int sub_max(int b[],int n);               /* 函数声明 */
    printf("please input array a:\n");
    for(i=0;i<10;i++)
        scanf("%d",&a[i]);
    max=sub_max(pt,10);                       /* 函数调用 */
    printf("max=%d\n",max);
}
int sub_max(int b[],int n)                    /* 函数定义 */
{
    int temp,i;
    temp=b[0];
    for(i=1;i<n;i++)
        if(temp<b[i]) temp=b[i];
    return temp;                              /* 将计算结果返回到主调函数中 */
}
```

程序运行结果：

```
please input array a:
2 5 1 7 6 8 4 3 9 0
max=9
```

程序说明：

（1）程序的 main 函数部分，定义数组 a 有 10 个元素，由于将其首地址传递给了指针变量 pt，则 pt 就指向了数组 a。调用函数 sub_max 时，又将该地址传递给了函数的形参 b，这样数组 b 在内存中与数组 a 就具有相同的地址。在函数中对数组 b 的操作，等价于对数组 a 的操作，即找出数组 b 的最大值也就是找出了数组 a 的最大值。

（2）上述程序也可采用指针变量作 sub_max 函数的形式参数。请思考如何改写程序。

（3）上述程序的 sub_max 函数中，数组元素还可以用指针表示。

```
#include <stdio.h>
void main()
{
     int i,a[10],*pt=a,max;
     int sub_max(int *b,int n);
     printf("please input array a:\n");
     for(i=0;i<10;i++)
          scanf("%d",&a[i]);
     max=sub_max(pt,10);
     printf("max=%d\n",max);
}
int sub_max(int *b,int n)
{
     int temp,i;
     temp=*b++;
     for(i=1;i<n;i++)
          {if(temp<*b) temp=*b;b++;}
     return temp;
}
```

程序说明：

在程序中，赋值语句 temp=*b++;可以分解为 temp=*b;b++;两句，先执行 temp=*b;后执行 b++;，程序的运行结果与例 5-8 完全相同。

【例 5-9】用指向数组的指针变量实现一维数组由小到大的冒泡排序。编写 3 个函数用于输入数据、数据排序、数据输出。

知识点说明：

（1）如果用指针变量作为函数的实参，必须先使指针变量有确定值，指向一个已定义的对象。

（2）在实际的应用中，如果需要利用函数对数组进行处理，函数的调用使用指向数组（一维或多维）的指针作参数，无论是实参还是形参共有表 5.1 列出的 4 种情况。

表 5.1 实参与形参对应情况

实际参数	形式参数
数组名	数组名
数组名	指针变量
指针变量	数组名
指针变量	指针变量

程序代码：

```
/* e5_9.c */
#include <stdio.h>
```

```
#define N 10
void main()
{
    void input(int arr[],int n);                 /* 函数声明 */
    void sort(int *pt,int n);
    void output(int arr[],int n);
    int a[N],*p;
    input(a,N);                                  /* 调用数据输入函数 */
    p=a;
    sort(p,N);                                   /* 调用排序函数 */
    output(p,N);                                 /* 调用输出函数 */
}
void input(int arr[],int n)
{
    int i;
    printf("input data:\n");
    for(i=0;i<n;i++)
        scanf("%d",&arr[i]);
}
void sort(int *pt,int n)                         /* 冒泡排序，形参 pt 是指针变量 */
{
    int i,j,t;
    for(i=0;i<n-1;i++)
        for(j=0;j<n-1-i;j++)
            if(*(pt+j)>*(pt+j+1))                /* 相临两个元素进行比较 */
            {
                t=*(pt+j);                       /* 两个元素进行交换 */
                *(pt+j)=*(pt+j+1);
                *(pt+j+1)=t;
            }
}
void output(int arr[],int n)                     /* 数据输出 */
{
    int *ptr=arr;                                /* 利用指针指向数组的首地址 */
    printf("output data:\n");
    for(;ptr-arr<n;ptr++)                        /* 输出数组的 n 个元素 */
        printf("%4d",*ptr);
    printf("\n");
}
```

程序运行结果：

```
input data:
2 5 1 7 6 8 4 3 9 0
output data:
0 1 2 3 4 5 6 7 8 9
```

程序说明：

（1）本程序将输入、排序和输出 3 部分功能分别通过 3 个函数 input、sort、和 output 予以实现。其中 sort 函数用指针 pt 作为形式参数，指向传递过来的数组，因此对数组元素进行交换时也是用指针 pt 来表示其中需要交换的数组元素。

（2）由于 C 程序的函数调用是采用传值调用，即实际参数与形式参数进行传递时，实参将值传给形式参数，所以当我们利用函数来处理数组时，如果需要对数组在函数中修改，只能传递数组的地址，进行传地址的调用，在内存相同的地址区间进行数据的修改。

（3）在定义 input 和 output 函数时，可以不指定形参数组 arr 的大小，因为形参数组名实际上是一个指针变量，并不是真正地开辟一个数组空间。

【例 5-10】删除一个字符串中指定的字符。

知识点说明：

（1）用数组名作为函数参数时，由于数组名代表的是数组首元素地址，因此传递的是地址，所以要求形参为数组名或者为指针变量。

（2）实参数组名代表一个固定的地址，但是形参数组名并不是一个固定的地址，而是按指针变量进行处理。因此，形参数组名可以++、--或者加减一个整数。

程序代码：

```
/* e5_10.c */
#include <stdio.h>
void main()
{
    void del_char(char *,char);
    char str[80],ch;
    printf("Input a string:\n");
    gets(str);
    printf("Input the char deleted:\n");
    ch=getchar();
    del_char(str,ch);
    printf("The new string is:\n%s\n",str);
}
void del_char(char * p,char ch)
{
    char *q;
    for(q=p;*p!='\0';p++)
        if(*p!=ch) *q++=*p;
    *q='\0';
}
```

程序运行结果：

```
Input a string:
This is a chess
Input the char deleted:s
The new string is:Thi i a che
```

程序说明：

（1）程序由主函数和 del_char 函数组成。在主函数中定义字符数组 str。字符串和被删除的字符都由键盘输入。在 del_char 函数中实现字符删除，形参指针变量 p 和被删字符 ch 由主函数中实参数组名 str 和字符变量 ch 传递过去。

（2）函数开始执行时，指针变量 p 和 q 都指向 str 数组中的第一个字符。当*p 不等于 ch 时，把*p 赋给*q，然后 p 和 q 都加 1，即同步移动。当*p 等于 ch 时，不执行*q++=*p；语句，所以 q 不加 1，而在 for 语句中 p 继续加 1，p 和 q 不再指向同一元素。

（3）void del_ch(char * p,char ch)可以改写为 void del_ch(char p[],char ch)。

5.4.3 指向二维数组的指针变量

1. 二维数组地址的表示

定义如下二维数组。

```
int a[3][4];
```

该二维数组有 3 行 4 列共 12 个元素，在内存中按行存放，存放形式如图 5.9 所示。

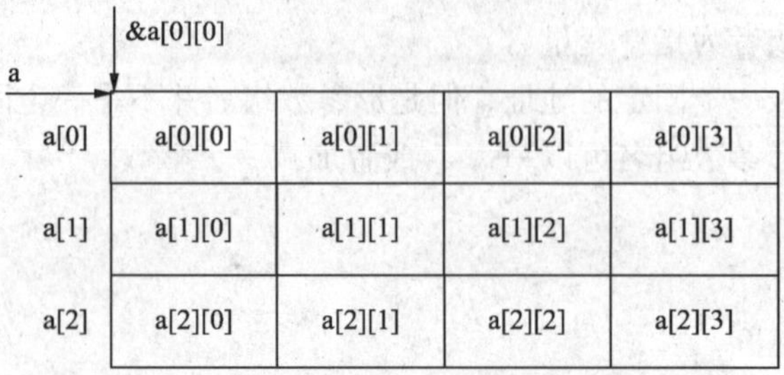

a[0]	a[0][0]	a[0][1]	a[0][2]	a[0][3]
a[1]	a[1][0]	a[1][1]	a[1][2]	a[1][3]
a[2]	a[2][0]	a[2][1]	a[2][2]	a[2][3]

图 5.9 数组 a 的存放形式

其中，数组名 a 是二维数组 a 的首地址，&a[0][0]是数组 0 行 0 列元素的首地址，所代表的位置与 a 相同。前面介绍过，C 语言允许把一个二维数组分解为多个一维数组来处理。因此数组 a 可分解为 3 个一维数组，即 a[0]，a[1]，a[2]，每一个一维数组又含有 4 个元素。a[0]是第 0 行的首地址（可以看作数组名为 a[0]的 4 个元素组成的一维数组的数组名），其地址与二维数组 a 的首地址重合，如表 5.2 所示。把 a 作为一个有 3 个元素的一维数组看，*(a+0)=a[0] 或*a=a[0]，因此*a 所代表的位置应该与 a[0]相同。所以，从所代表的位置相同的角度看：a，a[0]，*a ，&a[0][0]是等同的。

同理，a+1 是二维数组第 1 行的首地址。a[1]是第 1 行的一维数组的数组名，其概念是首地址的意思，其所代表的地址与 a+1 重合。&a[1][0]是二维数组 a 的 1 行 0 列元素地址，所代表的位置与 a+1 相同。因此从所代表的位置相同的角度看：a+1,a[1],*(a+1),&a[1][0]是等同的。

表 5.2 数组 a 各元素的地址表示

a a[0]	元素	a[0][0]	a[0][1]	a[0][2]	a[0][3]
	地址	&a[0][0] a[0]+0 1000	&a[0][1] a[0]+1 1004	&a[0][2] a[0]+2 1008	&a[0][3] a[0]+3 1012
a+1 a[1]	元素	a[1][0]	a[1][1]	a[1][2]	a[1][3]
	地址	&a[1][0] a[1]+0 1016	&a[1][1] a[1]+1 1020	&a[1][2] a[1]+2 1024	&a[1][3] a[1]+3 1028
a+2 a[2]	元素	a[2][0]	a[2][1]	a[2][2]	a[2][3]
	地址	&a[2][0] a[2]+0 1032	&a[2][1] a[2]+1 1036	&a[2][2] a[2]+2 1040	&a[2][3] a[2]+3 1044

从所代表位置相同的角度看，a+i,a[i],*(a+i),&a[i][0]都代表了同一位置。那么它们之间又有什么不同呢？a 是行地址，a 或 a+0 代表了第 0 行的起始位置，a+1 代表的是第 1 行的起始位置，a+1

还是行地址，(a+1) +1 即 a+2 代表的是第 2 行的起始位置，所以 a、a+1、a+2 都是行地址的概念。a[0]是列地址，a[0]+0 代表了第 0 行第 0 列元素的起始位置，a[0]+1 代表了第 0 行第 1 列元素的起始位置，……，即在列上变化。由此可以看出，虽然 a 和*a（或 a[0]）所代表的位置是相同的，但是含义是不同的，表现在它们的变化上，a 一旦变化是在行上变化（即一变化就变化一行），*a（或 a[0]）是在列上变化（即一变化只变化一个元素），同理，*（a+1）(或 a[1])、*（a+2）(或 a[2])也是列地址。因此在二维数组中，使用时要注意区分行地址和列地址。

用地址法表示二维数组中的某个元素（如 a[i][j]），首先要得到该元素所在的行地址 a+i；然后将此行地址转化成列地址*（a+i）；再在列上变化 j，即*（a+i）+j，得到 a[i][j]元素的地址；再取值，即*(*(a+i)+j)，则得到 a[i][j]。二维数组地址的相关描述具体如表 5.3 所示。

表 5.3 二维数组地址的相关描述

表示方式	含 义
a	二维数组名，指向一维数组 a[0]，即 0 行首地址
a+i，&a[i]	第 i 行的首地址（行地址）
a[i]，*(a+i)	第 i 行第 0 列元素的地址（列地址）
a[i]+j，*(a+i)+j，&a[i][j]	第 i 行第 j 列元素的地址（即 a[i][j]的地址）
(a[i]+j)，(*(a+i)+j)，a[i][j]	a[i][j]值

【例 5-11】输出二维数组的有关数据。

知识点说明：

（1）对于 int a[3][4]来说，a 代表二维数组首元素的地址，现在的首元素不是一个简单的整型元素，而是由 4 个整型元素所组成的一维数组，因此 a 代表的是首行（序号为 0 的行）的首地址。

（2）a+1 代表序号为 1 的行的首地址。如果二维数组首行的首地址是 1000，一个整型数据占 4 字节，则 a+1 的值为 1000+4*4=1016。a+1 指向 a[1]，或者说 a+1 的值是 a[1]的首地址。

（3）*(a+1)并不是 a+1 单元的值，因为 a+1 并不是一个变量的存储单元。a+1 指向第 1 行，应理解为指向行的指针。在指向行的指针前面加上“*”，就转换为指向列的指针，因此*(a+1)应理解为指向列的指针。

（4）行列指针(地址)的相互转换。*(行指针)--->列指针；&(列指针)--->行指针。

（5）取出二维数组的某个元素的值。*(列指针)或者*(*(行指针))，例如在二维数组 a[3][4]中取出 a[1][2]的值，可以使用*(*a+6)或*(*(a+1)+2)的表示形式。*a 是列指针，*a+1*4+2（a[1][2]从 a[0][0]算起，需要向后数到第六个位置）即为*a+6，*a+6 仍然是列指针，所以在列指针前面加上*，变成*(*a+6)的形式，即为取值。a+1 为行指针，指向第 1 行，*(a+1)变成列指针，仍然指向第 1 行，但是指向的方向不同，在*(a+1)的基础上加 2，变成*(a+1)+2 即为指向 a[1][2]的列指针。所以，*(*(a+1)+2)同样可以取值。

（6）指向 a[0][0]元素的指针有哪些呢？其中列指针有*a、a[0]和&a[0][0]，行指针有 a、&a[0]和&*a；共有 6 个指针指向 a[0][0]。其中，&*a 的写法比较少见，因为对于 a 来说，*a 是行变列，而&*a 是列变行，因此&*a 等价于 a。

程序代码：

```
/* e5_11.c */
#include <stdio.h>
```

```
void main()
{
    int a[3][4]={0,1,2,3,4,5,6,7,8,9,10,11};
    printf("%#0X,%#0X,%#0X,%#0X,%#0X\n",a,*a,a[0],&a[0],&a[0][0]);
    printf("%#0X,%#0X,%#0X,%#0X,%#0X\n",a+1,*(a+1),a[1],&a[1],&a[1][0]);
    printf("%#0X,%#0X,%#0X,%#0X,%#0X\n",a+2,*(a+2),a[2],&a[2],&a[2][0]);
    printf("%#0X,%#0X \n",a[1]+1,*(a+1)+1);
    printf("%d,%d\n",*(a[1]+1),*(*(a+1)+1));
}
```

程序运行结果：

```
0X12FF18,0X12FF18,0X12FF18,0X12FF18,0X12FF18
0X12FF28,0X12FF28,0X12FF28,0X12FF28,0X12FF28
0X12FF38,0X12FF38,0X12FF38,0X12FF38,0X12FF38
0X12FF2C,0X12FF2C
5,5
```

程序说明：

（1）输出结果前四行均为地址，程序中用带前缀的十六进制形式输出。

（2）a 与*a 值相同，但是含义不同。a 指向的是一行，*a 指向的是一列。a+i 与*(a+i)以此类推。

（3）a[i]与&a[i]值相同，但是含义不同。a[i]等价于*(a+i)，指向的是一列，&a[i]等价于 a+i，指向的是一行。

2. 指向二维数组的指针变量

二维数组指针变量说明的一般形式：

```
类型说明符 (* 指针变量名)[长度]
```

其中，“类型说明符” 为所指数组的数据类型。“*”表示其后的变量是指针类型。“长度”表示二维数组分解为多个一维数组时，一维数组的长度，也就是二维数组的列数。应注意“(*指针变量名)”两边的括号不可少，如缺少括号则表示是指针数组(本章后面介绍)，意义就完全不同了。

【例 5-12】用行指针输出二维数组 a 的每个元素。

知识点说明：

（1）设 p 为指向二维数组 a[3][4]的指针变量。可定义为 int (*p)[4];。

（2）p 是一个指针变量，p 的类型不是 int *型，而是 int(*)[4]型。它指向包含 4 个元素的一维数组，是一个行指针。

（3）p 的基类型是一维数组，基类型（即一维数组）长度是 16 字节。基类型有多少种，对应的指针类型就有多少种。请注意，Visual C++为所有的指针类型都分配 4 字节的空间，因此 sizeof(p)的结果是 4，而不是 16。请读者注意，指针长度是固定的，与基类型无关。

（4）p+i 则指向一维数组 a[i]。从前面的分析可得出*(p+i)+j 是二维数组 i 行 j 列的元素的地址，而*(*(p+i)+j)则是 i 行 j 列元素的值。

程序代码：

```
/* e5_12.c */
#include <stdio.h>
void main()
{
    int a[3][4]={0,1,2,3,4,5,6,7,8,9,10,11};
    int(*p)[4];                         /* 定义指向二维数组的指针 p，p 为行指针 */
    int i,j;
```

```
    p=a;                                    /* 将二维数组名a赋予指针p,行指针赋给行指针 */
    for(i=0;i<3;i++)
    {
        for(j=0;j<4;j++)
            printf("%3d",*(*(p+i)+j));      /* 使用*(*(行指针))的方式取出值 */
        printf("\n");
    }
}
```

程序运行结果：

```
0  1  2  3
4  5  6  7
8  9 10 11
```

程序说明：

（1）程序使用指向二维数组的指针 p 来输出数组的每个元素，即用*(*(p+i)+j)代替 a[i][j]的方式来实现输出，得到的结果与使用 a[i][j]实现输出的结果相同。

（2）除了可以采用二维数组指针变量表示二维数组元素外，也可以用指向变量的指针变量表示二维数组元素，但是表示方法有所不同。由于数组元素在内存中连续存放，将指向变量的指针变量赋值为二维数组的首地址，则该指针指向二维数组。例如：

```
int *pt, a[3][4];
```

若执行赋值 pt=a;，则可以使用 pt+1 表示数组元素 a[0][1],pt+2 表示数组元素 a[0][2],pt+5 表示数组元素 a[1][1]，以此类推就能访问数组的各个元素。

（3）试问，将程序中第 7 行代码 p=a;改为 p=*a;后，编译程序会出现什么问题？显而易见，p=*a 会出现赋值类型不匹配的错误。因为，p 是行指针，*a 是列指针；系统会提示错误：cannot convert from 'int [4]' to 'int (*)[4]'。

【例 5-13】用列指针输出二维数组 a 的每个元素。

知识点说明：

（1）由于二维数组元素在内存中也是占用连续的存储单元顺序存放，因此使 p 指向数组的首地址后（通过 p=*a 实现），二维数组的第一个元素可以用*p 表示，第二个元素可以用*(p+1)表示，第三个元素可以用*(p+2)表示，以此类推。

（2）用指向变量的指针 p（列指针）输出二维数组元素是可行的。对于二维数组 a[3][4]而言，第 i 行第 j 列的元素可以用*(p+i*4+j)表示，其中 4 是每行的元素个数。

程序代码：

```
/* e5_13.c */
#include <stdio.h>
void main()
{
    int a[3][4]={0,1,2,3,4,5,6,7,8,9,10,11};
    int *p;
    int i,j;
    p=*a;                       /* 此处，不可以写成p=a，应注意赋值类型匹配 */
    for(i=0;i<3;i++)
    {
        for(j=0;j<4;j++)
```

```
            printf("%3d",*(p+i*4+j));
        printf("\n");
    }
}
```

程序运行结果：

```
0  1  2  3
4  5  6  7
8  9 10 11
```

程序说明：

（1）C 语言规定数组下标从 0 开始，只要知道 i 和 j 的值，就可以直接用公式 i*m+j 计算出 a[i][j]相对于数组首元素 a[0][0]的相对位置。

（2）程序第 7 行 p=*a;若改为 p=a;系统会提示错误：cannot convert from 'int [3][4]' to 'int *'。

5.4.4 内存的动态分配

在定义数组时我们强调，C 语言不允许在定义数组时用变量表示元素的个数。例如：

```
int n;
scanf("%d",&n);
int a[n];
```

这种用法是错误的。因此，C 语言无法对数组的大小做动态的说明。但在实际应用中，往往无法预先确定需要使用的内存空间大小，而要取决于实际处理的数据。对于这种问题，以往我们通常会定义一个足够大的数组来解决问题，但是这样会造成大量存储空间的浪费。事实上，C 语言提供了一些内存管理函数，通过它们就可以按照需求动态地分配内存空间，还可以将不再使用的空间进行回收，这就为高效地使用内存资源提供了手段。

ANSI 标准建议设置了动态分配内存的函数 malloc()、calloc()和 free()，并包含在 stdlib.h 中，但有些 C 编译却使用 alloc.h 包含。使用时请参照具体的 C 编译版本。

【例 5-14】内存的分配与释放。

知识点说明：

（1）分配内存空间函数 malloc。调用形式如下。

```
(类型说明符*)malloc(size)
```

功能：在内存的动态存储区中分配一块长度为“size”字节的连续区域。函数的返回值为该区域的首地址。

“类型说明符”表示把该区域用于何种数据类型。

(类型说明符*)表示把返回值强制转换为该类型指针。

“size”是一个无符号数。例如：

```
p=(int *)malloc(100);
```

表示分配 100 字节的内存空间，并强制转换为整型，函数的返回值为该内存空间的首地址，把该地址赋予指针变量 p。

（2）分配内存空间函数 calloc。调用形式如下。

```
(类型说明符*)calloc(n,size)
```

功能：在内存动态存储区中分配 n 块长度为“size”字节的连续区域。函数的返回值为该区域的首地址。

(类型说明符*)用于强制类型转换。

calloc 函数与 malloc 函数的区别仅在于一次可以分配 n 块区域。例如：

```
ps=(struct stu*)calloc(2,sizeof(struct stu));
```

其中，stu 是一种结构体数据类型（结构体类型将在下一章具体介绍），sizeof(struct stu)是求 stu 这种类型的长度。因此该语句的意思是：按 stu 的长度分配 2 块连续区域，强制转换为 stu 类型，并把其首地址赋予指针变量 ps。

（3）释放内存空间函数 free。调用形式如下。

```
free(void *ptr);
```

功能：释放 ptr 所指向的一块内存空间，ptr 是一个任意类型的指针变量，它指向被释放区域的首地址。被释放区应是由 malloc 或 calloc 函数所分配的区域。

程序代码：

```
/* e5_14.c */
#include <stdio.h>
#include <malloc.h>
void main()
{
    int *p;
    int i;
    p=(int *)malloc(5*sizeof(int));
    printf("input 5 numbers:\n");
    for(i=0;i<5;i++)
        scanf("%d",&p[i]);
    for(i=0;i<5;i++)
        printf("%d\t",p[i]);
    printf("\n");
    free(p);
}
```

程序运行结果：

```
input 5 numbers:
1 2 3 4 5
1    2    3    4    5
```

程序说明：

（1）程序通过函数 malloc()分配了可包含 5 个整型元素的内存空间，并将 p 指向该内存空间，这样 p 就可以看作指向了一个包含 5 个元素的一维数组。完成对该地址的输入输出操作后，通过函数 free()释放申请的内存空间。

（2）思考：用户使用 malloc 函数分配了 100 字节，int *指针指向该内存；那么使用 free 函数是释放 100 字节还是释放 4 字节？

（3）动态内存的申请与释放必须配对，这样可以有效防止内存泄漏，是一种良好的编程习惯。

5.5 指针与字符串

5.5.1 字符串的指针表示

前面我们学习了字符数组，即通过数组名来表示字符串，数组名就是数组的首地址，也是字符串的起始地址。下面的程序用于简单字符串的输入和输出。

```
#include <stdio.h>
void main()
{
    char str[20];
    gets(str);
    printf("%s\n",str);
}
```

现在，将字符数组名赋予一个指向字符类型的指针变量，让字符类型指针指向字符串在内存的首地址，对字符串的表示就可以用指针实现。其定义的方法如下。

```
char str[20],*p=str;
```

这样，字符串 str 就可以用指针变量 p 来表示了。上面的程序可以改写为如下形式。

```
#include <stdio.h>
void main()
{
    char str[20],*p=str;       /* p=str 表示将字符数组的首地址传递给指针变量 p */
    gets(str);
    printf("%s\n",p);
}
```

【例 5-15】输出字符串中 n 个字符后的所有字符。

知识点说明：

（1）在 C 语言中，可以用以下两种方法访问一个字符串。

① 用字符数组存放一个字符串。

② 用字符串指针变量指向一个字符串。

（2）字符串指针变量的定义说明与指向字符变量的指针变量说明是相同的，只能按对指针变量的赋值不同来区别它们，对指向字符变量的指针变量应赋予该字符变量的地址。例如：

```
char c,*p=&c;
```

表示 p 是一个指向字符变量 c 的指针变量。而

```
char *ps="Computer Department";
```

表示 ps 是一个指向字符串的指针变量。

上例中，首先定义 ps 是一个字符指针变量，然后把字符串的首地址赋予 ps(应写出整个字符串，以便编译系统把该串装入连续的一块内存单元)。程序中

```
char *ps="Computer Department";
```

等效于

```
char *ps;
```

```
ps="Computer Department";
```

程序代码：

```
/* e5_15.c */
#include <stdio.h>
void main()
{
    char *ps="this is a desk";
    int n=10;
    ps=ps+n;
    printf("%s\n",ps);
}
```

程序运行结果：

```
desk
```

程序说明：

（1）程序中没有定义字符数组，只定义了一个 char *型变量（字符指针变量）ps，用字符串常量"this is a desk"对它进行初始化。C 语言对字符常量是按字符数组处理的，在内存中开辟了一个字符数组用于存放该字符串常量，但是这个字符数组是没有名字的，因此不能通过数组名来引用，只能通过指针变量来引用。

（2）在程序中对 ps 初始化时，即把字符串首地址赋予 ps，当执行 ps= ps+10 之后，ps 指向字符 d，因此输出为 desk。

【例 5-16】编写函数 substr，利用指针提取从下标为 3 开始至 6 结束的子串。

知识点说明：

（1）'\0'为字符串结束的标志，当自定义函数对字符串处理完毕后，不要忘记在字符串后面手动加上'\0'。

（2）malloc 函数是程序员动态开辟的空间，使用完毕之后要记得利用 free 函数清空。下面的程序在自定义函数 substr 中使用了 malloc 函数，并没有使用 free 函数。原因在于：函数中的形参和变量（包括用户定义的指针变量）都是局部变量，随着函数调用的结束，这些局部变量的使命完成，会伴随函数一同消失（销毁），因此本例中无需也不能够使用 free 函数。假设在 return sp;之前使用了 free(sp);，反而会造成 return sp;无法返回新串的首地址。

程序代码：

```
/* e5_16.c */
#include <stdio.h>
#include <stdlib.h>
char *substr(const char *s,int n1,int n2)
/* 从 s 中提取下标为 n1～n2 的字符组成一个新串，并返回这个新串的首地址 */
{
    char *sp=(char *)malloc(sizeof(char)*(n2-n1+2)); /* 开辟 5 字节长度 */
    int i,j=0;
    for (i=n1;i<=n2;i++,j++)
            *(sp+j)=s[i];
    *(sp+j)= '\0';                  /* 字符串结束，末尾赋值为'\0'，开辟空间时，要多预留 1 字节 */
    return sp;
}
void main()
{
```

```
    char s[80],*sub;
    printf("input a string:");
    scanf("%s",s);                      /* 输入原字符串 s */
    sub=substr(s,3,6);                  /* 函数调用，使用指针 sub 指向返回的新串 */
    printf("substr:%s\n",sub);          /* 输出新串 sub */
}
```

程序运行结果：

```
input a string:abcdefgh
substr:defg
```

程序说明：

（1）尝试在 return sp;代码之前加上 free(sp);，观察运行结果，并分析原因。

（2）思考：在此基础上改动代码，从指定位置 n 开始，连续提取 m 个字符，如何编写程序？

（3）思考：将 substr 函数中的代码*(sp+j)='\0';改为*(sp+j)=0;是否可行？

（4）思考：若输入 abcde，原始字符串长度不够长，结果是否正确？为什么？

（5）思考：若输入 ab，结果是否正确？为什么？

5.5.2 字符串指针作函数参数

如果想把一个字符串从一个函数“传递”到另一个函数中，可以用地址传递的方式实现。我们可以使用数组名或者字符串指针作参数，在被调用的函数中可以改变字符串的内容，在主调函数中可以引用改变后的字符串。

【例 5-17】编写函数 cpystr 将一个字符串的内容复制到另一个字符串中。

知识点说明：

（1）字符串指针作函数的参数，与前面介绍的数组指针作函数参数没有本质的区别，函数间传递的都是地址值，仅是指针指向的类型不同而已。

（2）字符串指针作函数的参数时，字符串指针可以写成字符数组的形式。

程序代码：

```
/* e5_17.c */
#include <stdio.h>
void cpystr(char *pss,char *pds)
{
    while((*pds=*pss)!='\0')
    {
        pds++;
        pss++;
    }
}
void main()
{
    char *pa="CHINA",b[10],*pb;
    pb=b;
    cpystr(pa,pb);
    printf("string a=%s\nstring b=%s\n",pa,pb);
}
```

程序运行结果：

```
string a=CHINA
```

```
string b=CHINA
```

程序说明：

（1）在程序中，首先把 pss 指向的源字符串复制到 pds 所指向的目标字符串中，然后判断所复制的字符是否为'\0'，若是则表明源字符串结束，不再循环；否则，pds 和 pss 都加 1，指向下一字符。在主函数中，以指针变量 pa,pb 为实参，分别取得确定值后调用 cpystr 函数。由于采用的指针变量 pa 和 pss 以及 pb 和 pds 均指向同一字符串，因此在主函数和 cpystr 函数中均可使用这些字符串。也可以把指针的移动和赋值合并在一个语句中，则 cpystr 函数简化为以下形式。

```
cpystr(char *pss,char*pds)
{while((*pds++=*pss++)!='\0');}
```

（2）进一步分析还可发现'\0'的 ASCⅡ码为 0，对于 while 语句只看表达式的值为非 0 就循环，为 0 则结束循环，因此也可省去"!= '\0'"这一判断部分，从而写成以下形式。

```
cpystr(char *pss,char *pds)
{while(*pds++=*pss++);}
```

表达式的意义可解释为，源字符向目标字符赋值，移动指针，若所赋值为非 0 则循环，否则结束循环。这样使程序更加简洁。

（3）简化后的程序：

```
void cpystr(char *pss,char *pds)
{while(*pds++=*pss++);}
void main()
{
    char *pa="CHINA",b[10],*pb;
    pb=b;
    cpystr(pa,pb);
    printf("string a=%s\nstring b=%s\n",pa,pb);
}
```

5.5.3 字符串指针变量与字符数组的区别

用字符数组和字符串指针变量都可实现字符串的存储和运算。但是两者是有区别的。在使用时应注意以下几个问题。

（1）字符串指针变量本身是一个变量，用于存放字符串的首地址。而字符串本身是存放在以该首地址为首的一块连续的内存空间中并以'\0'作为串的结束。字符数组是由若干个数组元素组成的，它可用于存放整个字符串。

（2）对字符串指针方式

```
char *ps="Computer Department";
```

可以写为

```
char *ps;
ps="Computer Department";
```

而对数组方式

```
char str[]={"Computer Department"};
```

不能写为

```
char st[50];
str={"Computer Department"};
```

只能对字符数组的各元素逐个赋值。

从以上几点可以看出字符串指针变量与字符数组在使用时的区别，同时也可看出使用指针变量更加方便。

前面说过，当一个指针变量在未取得确定地址前使用是危险的，容易引起错误。但是对指针变量直接赋字符串值是可以的。因此，

```
char *ps="Computer Department";
```

或者

```
char *ps;
ps="Computer Department";
```

都是合法的。

5.6 指针数组

5.6.1 指针数组的概念

下面介绍一种特殊的数组，这类数组存放的是具有相同存储类型和指向相同数据类型的指针，分别用于指向某种变量，以替代这些变量在程序中的使用，增加灵活性，这种数组称为指针数组。

【例 5-18】指针数组中的每个元素被赋予二维数组每一行的首地址，因此也可理解为每个元素分别指向一个一维数组。

知识点说明：

（1）指针数组说明的一般形式：

```
类型说明符 *数组名[数组长度]
```

其中类型说明符为指针值所指向的变量的类型。例如：

```
int * pa[4];
```

表示 pa 是一个指针数组，由于[] 比*优先权高，所以首先是数组形式 pa[4]，然后才与“*”结合。这样一来指针数组包含 4 个指针 pa[0]、pa[1]、pa[2]、pa[3]，它们各自指向一个整型变量。

（2）通常可用一个指针数组来指向一个二维数组。

程序代码：

```
/* e5_18.c */
#include <stdio.h>
void main()
{
    int a[3][3]={1,2,3,4,5,6,7,8,9};
    int * pa[3];
    int * p=a[0];
    int i;
    pa[0]=a[0];pa[1]=a[1];pa[2]=a[2];
    for(i=0;i<3;i++)
        printf("%d,%d,%d\n",a[i][2-i],*a[i],*(*(a+i)+i));
    for(i=0;i<3;i++)
        printf("%d,%d,%d\n",*pa[i],p[i],*(p+i));
}
```

程序运行结果：

```
3, 1, 1
5, 4, 5
7, 7, 9
1, 1, 1
4, 2, 2
7, 3, 3
```

程序说明：

（1）本例程序中，pa 是一个指针数组，3 个元素分别指向二维数组 a 的 3 行。然后用循环语句输出指定的数组元素。其中*a[i]表示 i 行 0 列元素值；*(*(a+i)+i)表示 i 行 i 列的元素值；*pa[i]表示 i 行 0 列元素值；由于 p 与 a[0]相同，故 p[i]表示 0 行 i 列的值；*(p+i)表示 0 行 i 列的值。读者可仔细领会元素值的各种不同的表示方法。

（2）应该注意指针数组和二维数组指针变量的区别。这两者虽然都可用来表示二维数组，但是其表示方法和意义是不同的。

（3）二维数组指针变量是单个的变量，其一般形式中“(*指针变量名)”两边的括号不可少。而指针数组类型表示的是多个指针(一组有序指针)，在一般形式中“*指针数组名”两边不能有括号。例如：

```
int (*p)[3];
```

表示一个指向二维数组的指针变量。该二维数组的列数为 3 或分解为一维数组的长度为 3。

```
int *p[3];
```

表示 p 是一个指针数组，3 个下标变量 p[0]、p[1]、p[2]均为指针变量。

（4）指针数组也常用来表示一组字符串，这时指针数组的每个元素被赋予一个字符串的首地址。此外，指针数组也可以用作函数参数。

【例 5-19】输入 5 个国名并按字母顺序排序后输出。

知识点说明：

（1）可以使用二维字符数组存储多个字符串，但是指定列数时必须按最长的字符串进行定义。字符串长度一般是不相等的，这样的二维数组会浪费许多内存空间。

（2）考虑使用指针数组指向一组字符串，这时指针数组的每个元素被赋予一个字符串的首地址。

（3）对字符串进行排序，不必改变字符串的位置，只须改动指针数组中各元素的指向（即改变各元素的值，这些值是各字符串的首地址）。排序过程中，移动指针变量的值（地址）时系统的开销，要比移动整个字符串的开销少得多，从而效率更高。

程序代码：

```
/* e5_19.c */
#include <stdio.h>
#include "string.h"
void main()
{
    void sort(char *name[],int n);                    /* 函数声明 */
    void print(char *name[],int n);                   /* 函数声明 */
    char *name[]={"CHINA","AMERICA","AUSTRALIA","FRANCE","GERMAN"};
```

```
                                          /* 定义指针数组，数组元素分别指向 5 个字符串 */
    int n=5;
    sort(name,n);                         /* 函数调用，排序 */
    print(name,n);                        /* 函数调用，输入排序后的字符串 */
}
void sort(char *name[],int n)             /* 定义 sort 函数 */
{
    char *pt;
    int i,j,k;
    for(i=0;i<n-1;i++)                    /* 选择排序法进行排序*/
    {
        k=i;
        for(j=i+1;j<n;j++)
            if(strcmp(name[k],name[j])>0) k=j;
        if(k!=i)
        {
            pt=name[i];
            name[i]=name[k];
            name[k]=pt;
        }
    }
}
void print(char *name[],int n)            /* 定义 print 函数 */
{
    int i;
    for(i=0;i<n;i++)
        printf("%s\n",name[i]);
}
```

程序运行结果：

```
AMERICAN
AUSTRALIA
CHINA
FRANCE
GERMAN
```

程序说明：

（1）程序定义了两个函数，函数 sort 完成排序，其形参为指针数组 name，即为待排序的各字符串数组的指针，形参 n 为字符串的个数。函数 print，用于排序后字符串的输出，其形参与 sort() 的形参相同。主函数 main 中，定义了指针数组 name 并进行了初始化赋值。然后分别调用 sort 函数和 print 函数完成排序和输出。

（2）在 sort 函数中，对两个字符串比较，采用了 strcmp 函数，strcmp 函数允许参与比较的字符串以指针方式出现。name[k]和 name[j]均为指针，因此是合法的。

（3）sort 函数中的比较语句，不能写成 if(*name[k]>*name[j]) k=j;的形式，这种写法只比较 name[k]和 name[j]所指向的字符串中的第一个字符。字符串的比较应该使用 strcmp 函数。

（4）字符串比较后需要交换时，只交换指针数组元素的值，而不交换具体的字符串，这样将较大程度减少时间开销，提高了运行效率。

5.6.2　带参数的 main 函数

在前面所有程序中，main 函数始终作为主调函数处理，也就是说，允许 main 调用其他函数并传递参数。事实上，main 函数既可以是无参函数，也可以是有参函数。对于有参的形式来说，就需要向其传递参数。但是由于其他任何函数均不能调用 main 函数，当然也同样无法向 main 函数传递参数，因此 main 函数的参数只能由程序之外传递而来。

main 函数的带参的形式：

```
void main(int argc,char *argv[])
{
    ......
}
```

从函数参数的形式上看，包含一个整型变量和一个指针数组。当一个 C 源程序经过编译、链接后，会生成扩展名为.exe 的可执行文件，这是可以在操作系统下直接运行的文件，换句话说，就是由系统来启动运行的。对 main 函数既然不能由其他函数调用和传递参数，就只能由系统在启动运行时传递参数了。

在操作系统环境下，一条完整的运行命令应包括两部分：命令与相应的参数。其格式如下。

```
命令 参数1 参数2 … 参数n
```

此格式也称为命令行。命令行中的命令就是可执行文件的文件名，其后所跟参数需用空格分隔，作为对命令的进一步补充，也是传递给 main 函数的参数。

设命令行为

```
program str1 str2 str3 str4 str5
```

其中 program 为文件名，也就是一个由 program.c 经编译、链接后生成的可执行文件 program.exe，其后跟 5 个参数。对 main 函数来说，它的参数 argc 记录了命令行中命令与参数的个数 6，指针数组的大小由参数 argc 的值决定，即为 char * argv[6]，指针数组的取值情况如图 5.10 所示。

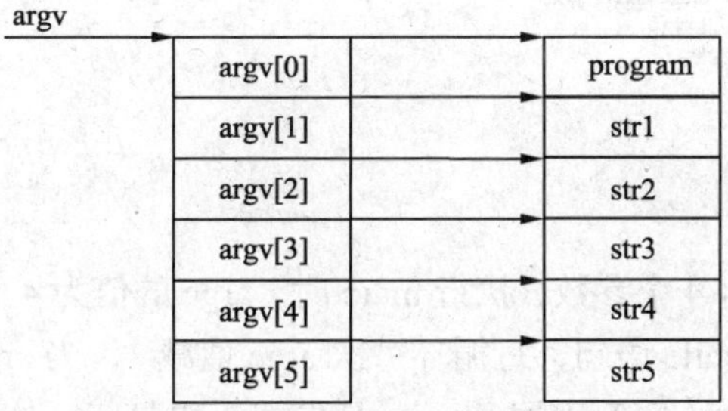

argv

argv[0]	program
argv[1]	str1
argv[2]	str2
argv[3]	str3
argv[4]	str4
argv[5]	str5

图 5.10　形参指针数组 argv 取值情况(1)

指针数组 argv 中各指针分别指向一个字符串，整型变量 argc 表示命令行中参数的个数(注意：文件名本身也算一个参数)，argc 的值是在输入命令行时由系统按实际参数的个数自动赋予的。

例如有如下命令行。

```
C:\>exefile  China Anhui Bengbu
```

argc 取得的值为 4，argv 是字符串指针数组，其各元素值为命令行中各字符串(参数均按字符串处理)的首地址，如图 5.11 所示。

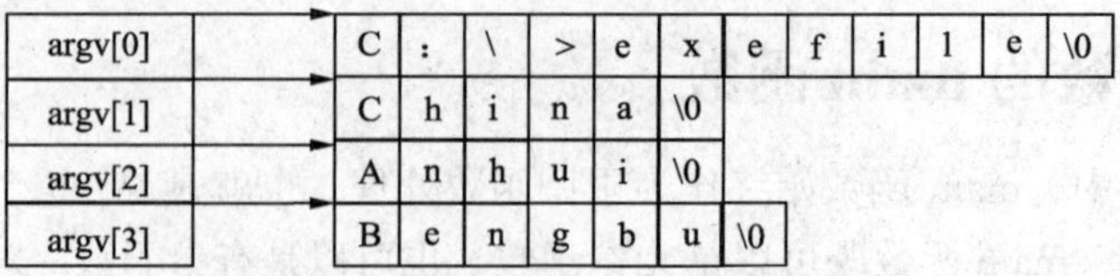

argv[0]	→	C	:	\	>	e	x	e	f	i	l	e	\0
argv[1]	→	C	h	i	n	a	\0						
argv[2]	→	A	n	h	u	i	\0						
argv[3]	→	B	e	n	g	b	u	\0					

图 5.11　形参指针数组 orgv 取值情况（2）

【例 5-20】显示命令行中输入的参数。

知识点说明：

（1）命令行参数应当都是字符串，这些字符串的首地址构成了指针数组 argv 中的各个元素。

（2）在 Visual C++环境下对程序进行编译和链接后，选择 Project\Settings...，在“Project Settings”对话框中选择 Debug，在“Program arguments:”文本框中输入参数值，观察运行结果。

（3）执行程序时，也可以事先生成可执行文件，启动 cmd 伪 DOS 模式，切换至当前目录，在命令行中输入命令名（可执行文件名）和参数。

（4）利用指针数组作 main 函数的形参，可以向程序传送命令行参数，这些参数（字符串）长度不定，而且命令行参数的数目也不固定。用指针数组能够较好地满足上述要求。

程序代码：

```
/* e5_20.c */
#include <stdio.h>
void main(int argc,char *argv[])
{
     while(argc-->1)
       printf("%s\n",*++argv);
}
```

程序说明：

（1）本例是显示命令行中输入的参数。如果上例的可执行文件名为 exefile.exe，存放在 C 驱动器内，则在 DOS 环境下输入

```
C:\>exefile China Anhui Bengbu
```

运行结果：

```
China
Anhui
Bengbu
```

DOS 环境下命令行共有 4 个参数，执行 main 时，argc 的值为 4。argv 的 4 个元素分别指向 4 个字符串的首地址。执行 while 语句，每循环一次 argc 值减 1，当 argc 等于 1 时停止循环，共循环 3 次。在 printf 函数中，由于打印项*++argv 是先加 1 再打印，故第一次打印的是 argv[1]所指的字符串 China，第二、三次循环分别打印后两个字符串。而参数 exefile 由 argv[0]指向，没有被输出。

（2）在 Visual C++环境下对程序进行编译和链接后，选择 Project\Settings...，在“Project Settings”对话框中选择 Debug，在“Program arguments:”文本框中输入参数值“China Anhui Bengbu”，然后观察运行结果。

5.7 指针与函数

5.7.1 指针型函数

学习函数时介绍过，所谓函数类型是指函数返回值的类型。在C语言中允许一个函数的返回值是一个指针(即地址)，这种返回指针值的函数称为指针型函数。

【例 5-21】通过指针函数，输入一个 1～7 之间的整数，输出对应的星期名。

知识点说明：

（1）定义指针型函数的一般形式：

```
类型说明符 *函数名(形参表)
{
    函数体
}
```

（2）其中函数名之前加了“*”号表明这是一个指针型函数，即返回值是一个指针。类型说明符表示返回的指针值指向的数据类型。

程序代码：

```
/* e5_21.c */
#include <stdio.h>
#include <stdlib.h>
void main()
{
    int i;
    char *day_name(int n);
    printf("input Day No:\n");
    scanf("%d",&i);
    if(i<0)
        exit(1);
    printf("Day No:%2d-->%s\n",i,day_name(i));
}
char *day_name(int n)
{
    char *name[]={ "Illegal day",
                   "Monday",
                   "Tuesday",
                   "Wednesday",
                   "Thursday",
                   "Friday",
                   "Saturday",
                   "Sunday"};
    return((n<1||n>7)?name[0]:name[n]);
}
```

程序运行结果：

```
input Day No:3
Day No:3-->Wednesday
```

程序说明：

（1）本例中定义了一个指针型函数 day_name，它的返回值指向一个字符串。该函数中定义了一个指针数组 name。name 数组初始化赋值为 8 个字符串，分别表示各个星期名及出错提示。形参 n 表示与星期名所对应的整数。

（2）在主函数中，把输入的整数 i 作为实参，在 printf 语句中调用 day_name 函数并把 i 值传送给形参 n。day_name 函数中的 return 语句包含一个条件表达式，n 值若大于 7 或小于 1 则把 name[0]指针返回主函数输出出错提示字符串"Illegal day"。否则返回主函数输出对应的星期名。

（3）主函数中的第 7 行是个条件语句，其语义是，如输入为负数(i<0)则中止程序运行退出程序。exit 是一个库函数，exit(1)表示发生错误后退出程序，exit(0)表示正常退出。

5.7.2 指向函数的指针变量

每个函数在内存中占有一片存储空间。与数组名类似，函数名代表这片存储空间的起始地址。这个地址被称为函数的入口地址。可以定义一种指针变量，用以接收函数的入口地址，只要把函数的入口地址赋值给这个指针，以后就可以通过该指针找到函数。把这种指向函数的指针变量称为函数指针变量，简称函数指针。

函数指针变量定义的一般形式：

```
类型说明符  (*指针变量名)();
```

其中，"类型说明符" 表示被指函数的返回值的类型。"(* 指针变量名)"表示"*"后面的变量是定义的指针变量。最后的空括号表示指针变量所指的是一个函数。例如：

```
int (*p)();
```

表示 p 是一个指向函数入口的指针变量，该函数的返回值(函数值)是整型。

这里应该特别注意的是 int(*p)()和 int *p()是两个完全不同的量。它们在写法和意义上的区别如下。

（1）int (*p)()是一个变量说明，说明 p 是一个指向函数入口地址的指针变量，该函数的返回值是整型量，(*p)两边的括号不能少。

（2）int *p()不是变量说明而是函数说明，说明 p 是一个指针型函数，其返回值是一个指向整型量的指针，*p 两边没有括号。作为函数说明，在括号内最好写入形式参数，这样便于与变量说明区别。

（3）对于指针型函数定义，int *p()只是函数头部分，一般还应该有函数体部分。

【例 5-22】用指针形式实现对函数的调用。

知识点说明：

（1）函数指针变量不能进行算术运算，这一点与数组指针不同。数组指针变量加减一个整数可使指针移动指向后面或前面的数组元素，而函数指针的移动毫无意义。

（2）函数指针变量调用中"(*指针变量名)"的两边的括号不可少，其中的*不应该理解为求值运算，在此处它只是一种表示符号。

（3）函数指针变量的定义，一定要严格地说明能够指向什么样的函数，包括返回值为什么类型，并逐个顺序指出参数类型。

程序代码：

```
/* e5_22.c */
#include <stdio.h>
int max(int a,int b)
```

```
{
    if(a>b) return a;
    else return b;
}
void main()
{
    int(*pmax)(int,int);
    int x,y,z;
    pmax=max;
    printf("input two numbers:\n");
    scanf("%d%d",&x,&y);
    z=(*pmax)(x,y);
    printf("maxmum=%d",z);
}
```

程序运行结果：

```
input two numbers:
5 9
maxnum=9
```

程序说明：

（1）本程序定义了指向函数的指针 pmax，用 pmax=max 使得 pmax 获得 max 函数的首地址，这样在程序中就可以使用 pmax 调用函数 max。程序中的(*pmax)(x,y)就是通过 pmax 调用函数，其作用与直接用函数名调用即 max(x,y)相同。

（2）从上述程序可以看出，函数指针变量形式调用函数的步骤如下。

① 定义函数指针变量，如程序中第 9 行 int (*pmax)(int,int);定义 pmax 为函数指针变量。

② 被调函数的入口地址(函数名)赋予该函数指针变量，如程序中第 11 行 pmax=max。

③ 函数指针变量形式调用函数，如程序第 14 行 z=(*pmax)(x,y)。

④ 调用函数的一般形式：

```
(*指针变量名)(实参表)
```

本章小结

本章中所涉及的指针是 C 语言最重要的内容之一，也是学习 C 语言的重点和难点。在 C 语言中，使用指针进行数据处理十分方便，而且在实际的编程过程中也大量使用指针。指针与变量、函数、数组、结构、文件等都有着密切的联系，因此，要学好指针必须从基本概念入手。

1. 不同类型指针的定义

```
int i;              /* 定义整型变量 i */
int *p              /* p 为指向整型数据的指针变量 */
int a[n];           /* 定义整型数组 a，它有 n 个元素 */
int *p[n];          /* 定义指针数组 p，它由 n 个指向整型数据的指针元素组成 */
int (*p)[n];        /* p 为指向含 n 个元素的一维数组的指针变量 */
int f();            /* f 为带回整型函数值的函数 */
int *p();           /* p 为带回一个指针的函数，该指针指向整型数据 */
int (*p)();         /* p 为指向函数的指针，该函数返回一个整型值，且该函数为无参函数 */
int **p;            /* p 是一个指针变量，它指向一个指向整型数据的指针变量 */
```

2. 指针运算小结

全部指针运算如下。

（1）指针变量加（减）一个整数。例如：p++、p--、p+i、p-i、p+=i、p-=i。

一个指针变量加（减）一个整数并不是简单地将原值加（减）一个整数，而是将该指针变量的原值（是一个地址）和它指向的变量所占用的内存单元字节数加（减）。

（2）指针变量赋值：将一个变量的地址赋给一个指针变量。

```
p=&a;                /* 将变量 a 的地址赋给 p */
p=array;             /* 将数组 array 的首地址赋给 p */
p=&array[i];         /* 将数组 array 第 i 个元素的地址赋给 p */
p=max;               /* max 为已定义的函数，将 max 的入口地址赋给 p */
p1=p2;               /* p1 和 p2 都是指针变量，将 p2 的值赋给 p1 */
```

注意

以下赋值是错误的。

p=1000;

（3）指针变量可以有空值，即该指针变量不指向任何变量，可以表示为如下形式。

```
p=NULL;
```

事实上，NULL 是整数 0，它使存储单元中所有二进制位均为 0，也就是 p 指向地址为 0 的单元。系统保证该单元不作它用（不存放有效数据），即有效数据的指针不会指向 0 单元。NULL 的定义在头文件 stdio.h 中，它是一个符号常量。

（4）两个指针变量可以相减：如果两个指针变量指向同一个数组的元素，则两个指针变量值之差是两个指针之间的元素个数。

（5）两个指针变量比较：如果两个指针变量指向同一个数组的元素，则两个指针变量可以进行比较。指向前面的元素的指针变量“小于”指向后面的元素的指针变量。

3. 数组和指针小结

（1）定义。定义数组时必须指定数组的类型和大小，定义指针时只需要指定类型。

（2）存储空间的分配。对于数组，系统会按照指定的大小为数组分配存储空间，这也是为什么数组必须指定大小的原因。例如：

```
char array[5];
```

系统会自动为其预留 sizeof(char)*5 字节的连续内存（注意是连续的）。所以可以对 array[0]～array[4]这 5 个变量随便访问（读和写）都不会有问题。对于指针，系统只会为所定义的指针变量分配空间，指针所指向的地点并未分配。例如：

```
char *p;
```

这里会为变量 p 分配空间，大小为 4 字节，但是*p 却是内存中随机的位置，这个位置系统也不为其分配空间。在这种情况下，访问和对 p 赋值都是允许的，但是访问*p 或者给*p 赋值都是错误的。要使用*p 必须先使其指向有效区域，这可以通过动态申请内存或者赋值（将知道的有效地点赋给它）来实现。

提醒一下：对于指针，在使用时，不仅所指向的区域能读写，指针变量本身也能读写；但是数组不同，数组名是不能写的（允许读）。为什么？因为指针变量 p 自身有存储空间，而数组名是没有的。

（3）对元素的访问。数组名是数组的首地址，在对元素的访问上所起的作用和指针一样，所以

```
int a[5];
int *b;
b=a;
```

那么：a[1],b[1],*(a+1),*(b+1)都是允许的。

要特别注意，虽然数组名和指向数组的指针变量在访问上作用相同，但是在参与运算时两者还是有差别的。如 b++是合法的，但是 a++却是非法的。这是因为数组名表示的地址是常量，而常量不能做自增、自减运算，指针变量 b 是变量，可以做自增、自减运算。

4. 指针函数和函数指针小结

（1）指针函数是指返回值为指针的函数，即本质是一个函数。函数都有返回类型，只不过指针函数返回类型是某一类型的指针。

返回类型可以是任何基本类型和复合类型。返回指针的函数的用途十分广泛。事实上，每一个函数，即使它不带有返回某种类型的指针，它本身有一个入口地址，该地址相当于一个指针。比如函数返回一个整型值，实际上相当于返回一个指针变量的值，不过这时的变量是函数本身而已，而整个函数相当于一个“变量”。

（2）函数指针是指向函数的指针变量，因而“函数指针”本身首先应是指针变量，只不过该指针变量只能指向某类函数。这正如用指针变量可指向整型变量、字符型、数组一样，这里是指向函数。如前所述，C 语言在编译时，每一个函数都有一个入口地址，该入口地址就是函数指针所指向的地址。有了指向函数的指针变量后，可用该指针变量调用函数，就如同用指针变量可引用其他类型变量一样，在概念上是一致的。函数指针有两个用途：调用函数和做函数的参数。

指针是 C 语言的重要概念，是 C 语言的精华。使用指针可以表示和访问复杂的数据结构；可以动态分配内存，直接对内存地址进行操作；可以提高程序的执行效率。因此指针使得 C 语言具有很多其他高级语言不具备的优点。对于熟悉指针的程序来说，可以利用指针编写出有特色、高质量的程序，甚至可以实现很多其他高级语言难以实现的功能。但是，由于指针使用起来十分灵活，容易导致程序编写错误，而且这样的错误往往极其隐蔽、难以发现和排除。因此，使用指针必须小心谨慎，多加练习，弄清细节并逐步积累经验。

习 题 5

一、单项选择题

1. 若有以下定义，则对 a 数组元素的正确引用是______。

```
int a[5],*p=a;
```

A. *&a[5]　　B. a+2　　C. *(p+5)　　D. *(a+2)

2. 若有定义：int a[2][3],则对 a 数组的第 i 行 j 列元素地址的正确引用为______。

A. *(a[i]+j)　　B. (a+i)　　C. *(a+j)　　D. a[i]+j

3. 若有定义：int x,*pb;，则以下正确的赋值表达式是______。

A. pb=&x　　B. pb=x　　C. *pb=&x　　D. *pb=*x

4. 若有以下定义，则 p+5 表示______。

```
int  a[10],*p=a;
```

A. 元素 a[5]的地址　　B. 元素 a[5]的值
C. 元素 a[6]的地址　　D. 元素 a[6]的值

5. 下面程序段的运行结果是______。

```
char *s="abcde";
s+=2;printf("%d",s);
```

A. cde　　B. 字符'c'　　C. 字符'c'的地址　　D. 无确定的输出结果

6. 以下程序的输出结果是______。

```
#include "stdio.h"
void main()
{
    printf("%d\n",NULL);
}
```

A. 因变量无定义输出不定值　　B. 0
C. –1　　D. 1

7. 以下程序的输出结果是______。

```
#include "stdio.h"
void sub(int x,int y,int *z)
{
    *z=y-x;
}
void main()
{
    int a,b,c;
    sub(10,5,&a);sub(7,a,&b);sub(a,b,&c);
    printf("%d,%d,%d\n",a,b,c);
}
```

A. 5，2，3　　B. –5，–12，–7　　C. –5，–12，–17　　D. 5，–2，–7

8. 以下程序的输出结果是______。

```
#include "stdio.h"
void main()
{
    int k=2,m=4,n=6;
    int *pk=&k,*pm=&m,*p;
    *(p=&n)=*pk*(*pm);
    printf("%d\n",n);
}
```

A. 4　　B. 6　　C. 8　　D. 10

9. 定义 int a[5]={10,20,30,40,50},*p=&a[1],，则表达式++*p 的值是______。

A. 20　　B. 30　　C. 21　　D. 31

10. 以下程序的输出结果是______。

```
#include "stdio.h"
void prtv(int * x)
{
    printf("%d\n",++*x);
}
void main()
{
```

```
    int a=25;
    prtv(&a);
}
```

A. 23　　B. 24　　C. 25　　D. 26

11. 以下程序的输出结果是______。

```
#include "stdio.h"
void main()
{
    int **k,*a,b=100;
    a=&b;
    k=&a;
    printf("%d\n",**k);
}
```

A. 运行出错　　B. 100　　C. a 的地址　　D. b 的地址

12. 以下程序的输出结果是______。

```
#include "stdio.h"
#include "conio.h"
void fun(float *a,float *b)
{
    float w;
    *a=*a+*a;
    w=*a;
    *a=*b;
    *b=w;
}
void main()
{
    float x=2.0,y=3.0;
    float *px=&x,*py=&y;
    fun(px,py);
    printf("%2.0f,%2.0f\n",x,y);
}
```

A. 4，3　　B. 2，3　　C. 3，4　　D. 3，2

13. 以下程序的输出结果是______。

```
#include "stdio.h"
void sub(float x,float *y,float *z)
{
    *y=*y-1.0;
    *z=*z+x;
}
void main()
{
    float a=2.5,b=9.0,*pa,*pb;
    pa=&a; pb=&b;
    sub(b-a,pa,pb);
    printf("%f\n",a);
}
```

A. 9.000000　　B. 1.500000　　C. 8.000000　　D. 10.500000

14. 若有说明语句

```
char a[]="It is mine";
char *p="It is mine";
```

则以下不正确的叙述是______。

A. a+1 表示的是字符 t 的地址

B. p 指向另外的字符串时，字符串的长度不受限制

C. p 变量中存放的地址值可以改变

D. a 中只能存放 10 个字符

15.有以下程序段，则______中的表达式都是对数组 a 元素的正确引用(0≤i<4,0≤j<3)。

```
void main()
{
    int a[4][3]={0},(*p)[3],i,j;
    p=a;
    …
}
```

A. `a[i][j],a[i]+j,*(*(a+i)+j)`

B. `*(p+i)[j],p[i]+j,*(*(p+i)+j)`

C. `*(p+i)[j],p(a+i)[j],*(p+i+j)`

D. `p[i][j],*(p[i]+j),*(a[i]+j)`

二、填空题

1. 指针变量是把内存中另一个数据的______作为其值的变量。

2. “*”称为______运算符，“&”称为______运算符。

3. 如果程序中已有定义：int k;

（1）定义一个指向变量 k 的指针变量 p 的语句是______。

（2）通过指针变量，将数值 6 赋值给 k 的语句是______。

（3）定义一个可以指向指针变量 p 的变量 pp 的语句是______。

（4）通过赋值语句将 pp 指向指针变量 p 的语句是______。

（5）通过指向指针的变量 pp，将 k 的值增加一倍的语句是______。

4. 当定义某函数时，有一个形参被说明成 int *类型，那么可以与之结合的实参类型可以是______、______等。

5. 若定义 int a[5]={10,20,30,40,50},*p=&a[1],*s;

（1）通过指针 p 给 s 赋值，使其指向最后一个存储单元 a[4]的语句是______。

（2）用以移动指针 s,使之指向中间的存储单元 a[2]的表达式是______。

（3）已知 k=2，指针 s 已指向存储单元 a[2],表达式*(s+k)的值是______。

（4）指针 s 已指向存储单元 a[2],不移动指针 s,通过 s 引用存储单元 a[3]的表达式是______。

（5）指针 s 已指向存储单元 a[2],p 指向存储单元 a[0],表达式 s–p 的值是______。

（6）若 p 指向存储单元 a[0],则以下语句的输出结果是______。

```
for(i=0;i<5;i++)
    printf("%d ",*(p+i));
```

6. 设有以下语句。

```
static int a[3][2]={1,2,3,4,5,6};
    int (*p)[2];
    p=a;
```

则**(p+1)+1 的值为______，*(p+2)的值是元素______的地址。

7. 若有定义:int a[]={2,4,6,8,10,12},*p=a;，则*(p+1)的值是______，*(a+5)的值是______。

8. 若有定义：int a[3][5],i,j;(且 0<=i<3,0<=j<5),则 a 数组中任一元素可用 5 种形式引用。它们是

（1）a[i][j]

（2）*(a[i]+j)

（3）*(*______);

（4）(*(a+i))[j]

（5）*(______ +5*i+j)

9. 下面程序段的运行结果是______。

```
char str[]="abc\0def\0ghi",*p=str;
printf("%s",p+5);
```

三、阅读程序，写出运行结果

1. 有下列程序，其变量 x 存放在内存的 31200 单元，则程序的运行结果是______。

```
void main()
{
    int x,*p,**pp;
    x=106;
    p=&x;
    pp=&p;
    printf("%d\n",**pp);
}
```

2. 下列程序的运行结果是______。

```
#include <stdio.h>
#include <string.h>
void main()
{
    char *s1="AbDeG";
    char *s2="AbdEg";
    s1+=2;s2+=2;
    printf("%d\n",strcmp(s1,s2));
}
```

3. 下列程序的运行结果是______。

```
#include <stdio.h>
#include <string.h>
fun(char *w,int n)
{
    char t,*s1,*s2;
    s1=w;s2=w+n-1;
    while(s1<s2){t=*s1++;*s1=*s2--;*s2=t;}
}
void main()
{
    char *p;
    p="1234567";
    fun(p,strlen(p));
    puts(p);
}
```

四、编程题

1. 请编写一个函数实现两个字符串的比较，即用户编写一个 strcmp 函数：strcmp(s1,s2)。具体要求如下。

（1）在主函数内输入两个字符串，并传给函数 strcmp(s1,s2)。

（2）如果 s1=s2，则 strcmp 返回 0，按字典顺序比较；如果 s1≠s2，返回它们二者第一个不同字符的 ASCII 码差值(如 BOY 与 BAD，第二个字母不同，O 与 A 之差为 76-65=14)；如果 s1>s2,

则输出正值；如果 s1<s2 则输出负值。

2. 数组 a 中有 10 个整数，判断整数 x 在数组 a 中是否存在。若存在，输出 x 在数组中的位置（即 x 是 a 中的第几个数），若不存在，输出“Not found!”。x 由键盘输入。

3. 输入 5 个字符串，从中找出最大的字符串并输出。要求用二维字符数组存放这 5 个字符串，用指针数组分别指向这 5 个字符串，用一个二级指针指向这个指针数组。

4. 某数理化三项竞赛训练组有 3 个人，找出其中至少有一项成绩不合格者。要求使用指针函数实现。

5. 编写程序，输入月份号，输出该月的英文名称。例如，若输入 3，输出 March。要求用指针数组处理。

第6章 结构体与共用体

学习目标

（1）掌握结构体、共用体和枚举类型的说明以及变量定义的方法。

（2）掌握上述3种类型的变量引用形式。

（3）理解结构体数组在内存中的分布情况，掌握结构体数组作为函数参数的两种方式。

（4）比较结构体指针变量和结构体变量作为函数参数，传递方式在时间和空间上的区别。

（5）了解链表的创建、遍历、插入和删除等基本方法。

（6）熟练掌握结构体与共用体的不同之处。

（7）理解枚举类型的使用。

（8）了解用typedef定义数据类型的方式。

在日常生活中，常会需要填写一些表格，如住宿表、成绩表、通信簿等。在这些表中，所要填写的数据是无法用同一种数据类型描述的。如在通信簿中通常会登记姓名、邮编、家庭地址、电话号码、E-mail等项目，该通信簿集合了各种数据，无法用前面学过的任一种数据类型完全描述。C语言允许用户自己指定一种能集中不同数据类型于一体的数据类型——结构体类型(structure)。

此外，本章还将介绍共用体类型、枚举类型和类型定义。共用体类型数据是指在一段存储空间中，在不同时间可以拥有不同类型和不同长度的对象；枚举类型为一组整数提供了便于记忆的标识符；类型定义是用typedef给已有的数据类型起一个新名。

6.1 结构体类型的定义与应用

结构体是将若干个类型相同或不同的数据组合成一个整体的有机集合。“结构体”是一种构造类型，它是由若干“成员”组成的。每一个成员可以是一个基本数据类型或者仍然是一个构造类型。结构体是一种“构造”而成的数据类型，并且C语言本身没有提供这种现成的数据类型，因此用户在使用之前必须先定义它。

6.1.1 结构体类型的定义

在使用结构体变量前，要先定义结构体类型，再定义结构体类型的变量，才能对结构体变量进行操作。结构体类型定义的一般形式：

```
struct 结构体名
{
    类型标识符 成员名 1;
    类型标识符 成员名 2;
    …
    类型标识符 成员名 n;
};
```

其中，struct 是关键字，结构体名由用户命名，应符合标识符的命名规则，它是类型的标识符而不是变量名。在花括号内的是结构体成员说明表，用来说明该结构体由哪些成员组成以及它们属于哪种数据类型。在内存中，结构体成员像数组元素一样，都是顺序依次存放的，但数组元素是按下标来访问的，而结构体成员是按成员名来访问的。结构体成员名的命名规则与变量名相同，并且允许与变量或其他结构体中的成员重名。花括号外的分号不可省略，它标志这个结构体类型说明的终止。例如，定义一个表示日期的结构体类型：

```
struct date
{
    int year;
    int month;
    int day;
};
```

再如，定义一个学生结构体类型用于描述学生的学号、姓名、性别、出生年月和成绩等基本信息。

```
struct student
{
    int num;
    char name[20];
    char sex;
    struct date birthday;     /* birthday 是 struct date 类型 */
    float score;
};
```

在这个结构体类型定义中，结构体名为 student，该结构体由 5 个成员组成，其中第 4 个成员项 birthday 是结构体类型 struct date，也就是说结构体类型的成员也可以是结构体类型，从而形成结构体类型的嵌套定义形式。如图 6.1 所示。

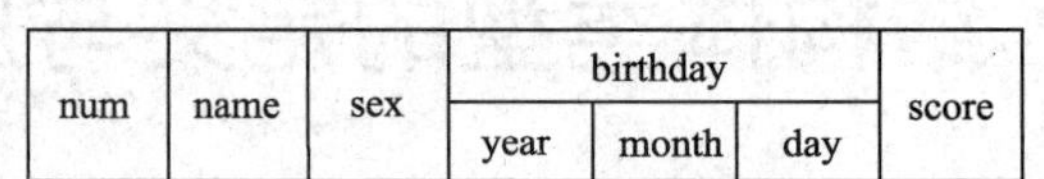

图 6.1 student 结构体类型

6.1.2 结构体变量的定义与引用

1. 结构体变量的定义

定义一个结构体类型只是说明这个类型的结构如何，即告诉系统该类型由哪些成员构成，成员的类型及各占多少字节，按什么形式存储等。类型定义只是对该类数据的描述，为了能在程序中使用结构体类型的数据，应当在定义一个结构体类型后，定义该结构体类型的变量，并在其中存放具体的数据。

定义结构体类型的变量有以下 3 种方法。

（1）先定义结构体类型，再定义该类型变量。例如：

```
struct student
{
    int num;
    char name[20];
    char sex;
    float score;
};
struct student stu1,stu2;
```

上例中定义了两个变量 stu1，stu2，它们都属于结构体类型 struct student。这种是声明类型和定义变量相互分离的方式，在声明类型后可以随时定义更多的变量，比较灵活。

（2）在定义结构体类型的同时定义结构体变量。例如：

```
struct student
{
    int num;
    char name[20];
    char sex;
    float score;
}stu1,stu2;
```

这种方式把声明类型和定义变量放在一起，编写短小程序代码时用此方式比较方便，但是编写代码较多时，往往要求对类型的声明和对变量的定义分别放在不同的地方，以使程序结构清晰，便于维护，所以把声明类型和定义变量放在一起的方式不太适用大型项目。

（3）直接定义结构体变量。例如：

```
struct
{
    int num;
    char name[20];
    char sex;
    float score;
}stu1,stu2;
```

这种定义方法只是直接定义了两个结构体变量，省略了结构体类型名，因此程序中无法再使用它来定义该结构体类型的其他变量。不推荐过多使用这种方式。

注意以下几点。

（1）结构体类型不同于结构体变量，不能直接对结构体类型进行赋值、存取等操作。

（2）结构体成员的类型可以是任意一种类型。

（3）结构体成员名可以与程序中的某一变量名相同，但二者并不代表同一存储单元。例如，程序中可以定义一个 score，它与 struct student 中的 score 是完全不同的两个存储单元，没有任何联系。

（4）结构体类型定义可以在函数的内部，也可以在函数的外部。在函数内部定义的结构体，其作用域仅限于该函数内部，而在函数外部定义的结构体，其作用域是从定义处开始到程序源文件结束。

（5）结构体变量在定义后，系统按照结构体类型定义时的内存模式为结构体变量分配相应的存储单元。可以利用 sizeof 运算符求出一个结构体类型数据的长度。例如：printf("struct student=%d\n",sizeof(struct student stu1));的运行结果是 struct student=29。

【例 6-1】把一个学生的信息（包括学号、姓名、性别和年龄）存放在一个结构体变量中，然后输出这个学生的信息。

知识点说明：

（1）同其他数据类型一样，结构体类型变量在定义时也可以直接对其进行初始化。对于结构体类型变量的 3 种定义形式，均可在定义时初始化。

初始化的一般形式：

```
struct 结构体名
{
    结构体成员表列;
}结构体变量={初始数据表};
```

（2）用户在初始化的过程中，要注意并不是所有成员都必须赋初值，可以只初始化结构体变量的部分成员。初始化数据之间要用“,”隔开，不进行初始化的成员项也要用“,”跳过。

（3）注意每个初始数据必须与其对应成员的数据类型相一致。

程序代码：

```
/* e6_1.c */
#include <stdio.h>
void main()
{
    struct student
    {
        int num;
        char name[20];
        char sex;
        int age;
    }stu={8001,"zhang ping",'m',18};        /* 定义结构体变量 stu 并初始化 */
    printf("Number=%d\nName=%s\n",stu.num,stu.name);
    printf("Sex=%c\nAge=%d\n",stu.sex,stu.age);
}
```

程序运行结果：

```
Number=8001
Name=zhang ping
Sex=m
Age=18
```

程序说明：

程序中定义了一个结构体类型 struct student，并定义该类型的变量 stu，在变量定义的同时进行初始化，然后输出变量 stu 的各个成员值。

2. 结构体变量的引用

结构体变量是一个整体，在程序中不能把它作为一个整体参加数据处理；对结构体变量的使用，通常用结构体变量成员来实现。

表示结构体成员的一般形式：

```
结构体变量名.成员名
```

其中“.”称为成员运算符，它的运算级别最高,和圆括号运算符“( )”、下标运算符“[]”是相同级别的，结合方向为自左向右。例如，stu1.score+13,相当于（stu1.score）+13。

如果一个结构体类型中又嵌套一个结构体类型，则访问一个成员时，应采用逐级访问的方法，直到找到最低级别的成员为止。例如，表示学生的“出生年份”，可以使用 stu1.birthday.year 而不能只写成 year 或者 birthday.year 或者 stu1.year。对于结构体变量成员可以参与的相关运算，与相同类型的简单变量无异。例如，stud1.num++相当于(stud1.num)++；，&student.num 则得到了 student.num 的地址。

【例 6-2】定义学生结构体变量，对其进行赋值并打印在屏幕上。

知识点说明：

（1）两个相同类型的结构体变量之间可以直接相互赋值。

（2）可以将一个结构体变量中的内嵌结构体类型成员赋给另一个结构体变量的相应部分。例如，stu2.birthday.year=stu1.birthday.year。

（3）C 语言不允许用赋值语句将一组常量直接赋值给一个结构体变量。如赋值语句 stu2={8002,"wang ping",'m',1998,10,16};是不合法的。

（4）用一条语句试图整体读入结构体变量：scanf("%d,%s,%c,%d,%d,%d",&stu1);，这条语句是错误的，原因在于&stu1 是整个结构体变量的地址，而不是每个成员的地址。

程序代码：

```
/* e6_2.c */
#include "stdio.h"
struct date
{
    int year;
    int month;
    int day;
};
struct student
{
    int num;
    char name[20];
    char sex;
    struct date birthday;
};
void main()
{
    struct student stu1,stu2;
    printf("input num:");
    scanf("%d",&stu1.num);
    printf("input name:");
    scanf("%s",stu1.name);
    getchar();
    printf("input sex:");
    scanf("%c",&stu1.sex);
    printf("input birthday(year,month,day):");
    scanf("%d,%d,%d",&stu1.birthday.year,
                    &stu1.birthday.month,
                    &stu1.birthday.day);
    stu2=stu1;
    printf("stu2_num:%d\nstu2_name:%s\n",stu2.num,stu2.name);
    printf("stu2_sex:%c\nstu2_birthday:%d/%d/%d\n",stu2.sex,
        stu2.birthday.year,stu2.birthday.month,stu2.birthday.day);
}
```

程序运行结果：

```
input num:8001
input name:Tom
input sex:m
input birthday(year,month,day):1998,10,16
stu2_num:8001
stu2_name:Tom
stu2_sex:m
stu2_birthday:1998/10/16
```

程序说明：

（1）程序中定义了一个结构体类型 struct student，并定义该类型的两个变量 stu1、stu2，通过键盘输入 stu1 各个成员的值，然后将 stu1 赋给 stu2，并输出变量 stu2 的各成员值。

（2）思考：在 scanf("%s",stu1.name);语句中，为什么 stu1.name 前面没有&符号？是否需要添加&符号？

（3）思考：若将程序中学生姓名的存储方式由 char name[20]改成 char* name 形式，则主函数能否正确执行？

6.2　结构体数组的定义与应用

一个结构体变量只能存放一个对象(如一个学生、一个教师)的相关资料。如果要处理某个班级 50 名学生的全体数据，显然定义 50 个结构体变量是很不方便的。在第 4 章我们学习了数组类型，当数组中的元素是结构体类型时，就构成了结构体数组。结构体数组的每一个元素都是具有相同结构体类型、不同下标的结构体变量；结构体数组与数值型数组的区别在于每个数组元素都是一个结构体类型的数据，分别包括各个成员项。

6.2.1　对结构体数组元素的操作

1. 结构体数组的定义与初始化

结构体数组的定义，可以采用以下 3 种方式之一。

（1）先定义结构体类型，再定义结构体数组。例如：

```
struct student
{
    int num;
    char name[20];
    char sex;
    float score;
};
struct student stu[30];
```

（2）在定义结构体类型的同时定义结构体数组。例如：

```
struct student
{
    int num;
    char name[20];
    char sex;
    float score;
}stu[30];
```

（3）直接定义结构体数组。例如：

```
struct
{
    int num;
    char name[20];
    char sex;
    float score;
}stu[30];
```

结构体数组的初始化可以在以上 3 种定义方式中同时进行，在对结构体数组元素初始化时，要将每一个元素的数据分别用花括号括起来，例如：

```
struct student
{
    int num;
    char name[20];
    char sex;
    float score;
}stu[3]={{2008001,"zhanglei",'m',94},
        {2008002,"liling",'f',66},
        {2008003,"wangping",'m',72}
        };
```

2. 对结构体数组元素的操作

【例 6-3】统计所有学生的平均成绩，并将低于平均成绩的学生的信息打印出来。

知识点说明：

（1）一个结构体数组的元素相当于一个结构体变量，因此前面介绍的关于引用结构体变量的规则也同样适用于结构体数组元素。

（2）定义数组 stu 时，如果对全部元素进行初始化，则数组长度可以不指定，即写成这种形式：stu[]={{…},{…},{…}};。

程序代码：

```
/* e6_3.c */
#include <stdio.h>
struct student
{
    int num;
    char name[20];
    char sex;
    float score;
}stu[3]={{2008001,"zhanglei",'m',94},
        {2008002,"liling",'f',66},
        {2008003,"wangping",'m',72}
        };
void main()
{
    float avescore,sum=0; int i;
    /* avescore 存放平均成绩,sum 用来统计成绩总和 */
    for(i=0;i<3;i++)
        sum+=stu[i].score;
    avescore=sum/3;
    printf("avescore=%.2f\n",avescore);
    for(i=0;i<3;i++)
```

```
        if(stu[i].score<avescore)
            printf("%d,%s,%c,%.2f\n",stu[i].num,stu[i].name,
                                    stu[i].sex,stu[i].score);
}
```

程序运行结果：

```
avescore=77.33
2008002,liling,f,66.00
2008003,wangping,m,72.00
```

程序说明：

（1）程序中定义了一个全局的结构体数组 stu，它有 3 个元素，每个元素都包含有成员 score。在主函数中利用 for 循环求出 3 个学生的成绩总和，然后再求出平均成绩，最后在 for 循环中，将 3 个学生的成绩逐个与平均成绩进行比较，把小于平均成绩的学生信息输出。

（2）思考：如何采用选择排序法对学生成绩按照由大到小的顺序进行排序，并输出排序后的学生信息，请读者自行完成。

6.2.2 结构体数组作为函数参数

结构体数组作为函数参数，可以分为两种情况：结构体数组名作为函数参数和结构体数组元素作为函数参数。

【例 6-4】有 5 个学生，每个学生包含学号、姓名和 3 门课程的成绩，从键盘输入学生的信息，要求打印出每个学生 3 门课程的平均成绩，以及最高分学生的信息。

知识点说明：

（1）例题综合运用了结构体数组、函数声明与定义、全局变量以及宏定义等知识点。

（2）用结构体数组名作函数实参时，函数形参可以有以下 3 种方式。

① struct student stu[]

② struct student stu[5]

③ struct student *stu

程序代码：

```
/* e6_4.c */
#include <stdio.h>
#define N 5
struct student
{
    int  num;
    char name[20];
    int score[3];
    float ave;
};
int imax;                    /* imax: 全局变量，当前最高成绩对应的数组下标序号 */
void main()
{
    int  max=0;                                     /* max:当前最高成绩 */
    struct student stu[N];                          /* 定义结构体数组 */
    void enter(struct student stu[]);               /* 函数声明 */
    int calculate(struct student stu[],int max);    /* 函数声明 */
    void print(struct student stu[],int max);       /* 函数声明 */
```

```
    enter(stu);                          /* 调用输入函数 */
    max=calculate(stu,max);              /* 调用计算函数 */
    print(stu,max);                      /* 调用打印函数 */
}
/*输入函数，形参为结构体数组，函数值返回类型为整型表示记录长度*/
void enter(struct student stu[])
{
    int i,j;
    for(i=0;i<N;i++)                     /* 循环 5 次，分别得到 5 个学生的信息 */
    {
        printf("\nInput scores of student%d:\n",i+1);
        printf("num:");
        scanf("%d",&stu[i].num);
        printf("name:");
        scanf("%s",stu[i].name);
        for(j=0;j<3;j++)                 /* 循环 3 次，分别得到每个学生的 3 门成绩 */
        {
            printf("score %d:",j+1);
            scanf("%d",&stu[i].score[j]);
        }
    }
}
/* 计算函数，函数返回值为整形，将最高成绩的总和返回主调函数中 */
int calculate(struct student stu[],int max)
{
    int i,j,sum;
    for(i=0;i<N;i++)                     /* 循环 5 次，分别求出每个学生的平均分数 */
    {
        sum=0;                           /* sum 变量记录 3 门课程的总分 */
        for(j=0;j<3;j++)
            sum+=stu[i].score[j];        /* 求出 3 门课程的总分 */
        stu[i].ave=sum/3.0;              /* 将平均分放入成员 ave 中保存 */
        if(sum>max)                      /* 同时和 max 比较，找出最高成绩 */
        {
            max=sum;                     /* 记录最高成绩 */
            imax=i;                      /* 记录最高成绩学生的数组下标 */
        }
    }
    return(max);                         /* 返回最高成绩 */
}
/* 打印函数，返回值为空，形参为结构体数组和 int 变量 */
void print(struct student stu[],int max)
{
    int i,j;
    printf("num       name  score1 score2 score3  average\n");
    for(i=0;i<N;i++)                     /* 循环 5 次，分别打印每个学生的具体信息 */
    {
        printf("%d%7s",stu[i].num,stu[i].name);
        for(j=0;j<3;j++)
            printf("%7d",stu[i].score[j]);     /* 分别打印每个学生的 3 门分数 */
        printf("%8.2f",stu[i].ave);            /* 分别打印每个学生的平均分数 */
```

```
        printf("\n");                    /* 打印一行完毕后，回车换行 */
    }
    printf("The highest score is:%d,%s,total score:%d.",
           stu[imax].num,stu[imax].name,max); /* 最后打印最高分数学生信息 */

}
```

程序运行结果：

```
Input scores of student1:
num:2008001
name:mary
score1:88
score2:89
score3:82
Input scores of student2:
num:2008002
name:jack
score1:86
score2:67
score3:75
Input scores of student3:
num:2008003
name:tomy
score1:78
score2:77
score3:72
Input scores of student4:
num:2008004
name:mike
score1:69
score2:85
score3:81
Input scores of student5:
num:2008005
name:rose
score1:87
score2:62
score3:66
num       name   score1   score2   score3  average
2008001   mary      88       89       82   86.33
2008002   jack      86       67       75   76.00
2008003   tomy      78       77       72   75.67
2008004   mike      69       85       81   78.33
2008005   rose      87       62       66   71.67
The highest score is:2008001,mary,total score:259.
```

程序说明：

（1）程序中使用到全局变量 imax，用来记录学生最高成绩对应的结构体数组下标序号，因为在调用 calculate 函数时，函数只能返回一个值（最高成绩），无法同时返回最高成绩以及该学生对应的数组下标。可以看出，全局变量是函数间数据联系的渠道，在一个函数中改变了全局变量的值，能够影响到其他函数。

（2）思考：不使用全局变量，如何得到最高分学生的信息？

【例 6-5】用结构体数组元素作为函数参数，由用户选择需要输出的学生信息，然后调用自定义函数将该生信息打印出来。

知识点说明：

（1）由于结构体变量允许被作为一个整体进行赋值，因此可以使用结构体数组元素作函数参数，采用的仍是“值传递”的方式，传递数据时，会将某个数组元素值的所有数据全部传给形参，所以要求形参也必须是同类型的结构体变量。

（2）在函数调用期间，形参也要占用内存单元，这种“值传递”方式在空间和时间上开销较大。

（3）由于采用值传递方式，如果形参的值发生了变化，该值不能返回主调函数，这往往造成使用不便，因此一般很少用这种方法。

程序代码：

```
/* e6_5.c */
#include <stdio.h>
struct student
{
    int  num;
    char name[20];
    int age;
    char sex;
    int score;
};
void print(struct student stu)
{
    printf("%d,%s,%d,%c,%d\n",stu.num,stu.name,
                              stu.age,stu.sex,stu.score);
}
void main()
{
    int n;
    struct student stu[3]={   {2008001,"zhanglei",24,'m',78},
                              {2008002,"liling",26,'f',92},
                              {2008003,"wangping",26,'m',86}
                          };
    printf("please  intput student's num:");
    scanf("%d",&n);
    switch(n)
    {
        case 2008001:  print(stu[0]);break;
        case 2008002:  print(stu[1]);break;
        case 2008003:  print(stu[2]);break;
        default: printf("error!\n");
    }
}
```

程序运行结果：

```
please  intput student's num:2008001
2008001,zhanglei,24,m,78
please  intput student's num:2008004
error!
```

程序说明：

本例中定义了一个名为 stu 的结构体数组，包含 3 个学生信息。用户执行程序时，输入相应的学生学号，case 语句找到匹配学号后，会调用用户自定义函数 print，并将对应的数组元素作为实参传递过去，在 print 函数中使用“结构体变量名.成员名”的方式打印出该生具体信息。

6.3 指向结构体的指针

指针可以指向任何数据类型，当然可以定义一个指针指向一个结构体变量，称之为结构体指针变量，通过结构体指针变量可以访问该结构体变量。一个结构体变量的指针就是系统为该变量分配的内存段的起始地址。

6.3.1 指向结构体变量的指针

可以用下面的形式定义一个指向结构体变量的指针。

```
struct 结构体名 *结构体指针变量名
```

例 6-3 已经定义了一个 struct student 类型的结构体类型，如果要说明一个指向 student 的指针变量 p,可以写成如下形式。

```
struct student *p;
```

利用结构体指针变量访问所指向结构体成员的一般形式为：

```
(* 结构体指针变量).成员名
```

或

```
结构体指针变量->成员名
```

【例 6-6】结构体指针变量的应用。

知识点说明：

定义一个结构体变量 stu1,同时定义一个结构体指针变量 p;必须将结构体变量的地址赋予 p,否则程序中不能正确引用 p 指针。执行 p=&stu1 后，则 p 指针得到了结构体变量 stu1 的起始地址，即 p 指向了 stu1。如图 6.2 所示。

程序代码：

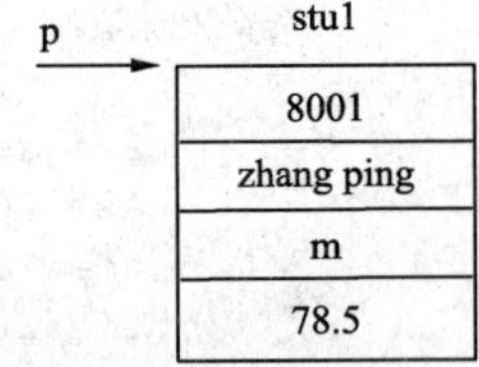

图 6.2 结构体指针变量

```
/* e6_6.c */
#include <stdio.h>
#include "string.h"
struct student
{
    int num;
   char name[20];
   char sex;
   float score;
};
void main()
{
    struct student stu1,* p;
    p=&stu1;
    stu1.num=2008001;
    strcpy(stu1.name,"zhang ping");
```

```
    stu1.sex='m';
    stu1.score=78.5;
    printf("\n num:%d\n name:%s\n sex:%c\n score:%6.2f\n",
                      (*p).num,(*p).name,(*p).sex,(*p).score);
    printf("\n num:%d\n name:%s\n sex:%c\n score:%6.2f\n",
                               p->num,p->name,p->sex,p->score);
}
```

程序运行结果：

```
num:2008001
name:zhang ping
sex:m
score:78.50
num:2008001
name:zhang ping
sex:m
score:78.50
```

程序说明：

（1）在程序中，p=&stu1.num 这种写法是错误的，原因在于二者类型不匹配，stu1.num 的地址是 int 类型，而 p 指针只能指向 struct　student 类型的变量。

（2）p=&student 写法同样错误，原因在于 student 只是结构体名，系统并不为它分配存储空间，所以无法取出它的地址。

（3）程序中(*p)两侧括号不可缺少。因为“.”成员运算符的优先级高于“*”，如果写成*p.num 则等价于*(p.num)，意义就会发生转变。(*p).num 表示访问指针 p 所指结构体的 num 成员，而*p.num 则表示先访问 p 的 num 成员，再取出该指针所指向的对象，由于 p 是结构体类型的指针变量，没有 num 域，所以这种写法是错误的。

（4）“->”称为指向运算符，它和“.”成员运算符都是优先级最高的运算符，p->num 实际上就是(*p).num 的简写方式，但是更为方便和直观。

6.3.2　指向结构体数组的指针

前面介绍了如何使用指向数组或数组元素的指针。同样，指针也可以指向一个结构体数组，该指针就是整个结构体数组的起始地址。如果指针指向结构体数组中的某个元素的话，则该指针变量的值就是这个结构体数组元素的起始地址。

【例 6-7】指向结构体数组的指针的应用。

知识点说明：

（1）一个结构体指针变量虽然可以用来访问结构体变量或结构体数组元素的成员，但是不能使它指向一个具体的成员。也就是说不允许使用一个成员的地址进行赋值。因此，下面的赋值是错误的。

```
p=&stu[1].num;
```

而只能是

```
p=stu;                         /* 赋予数组首地址 */
```

或者是

```
p=&stu[0];                     /* 赋予 0 号元素首地址 */
```

（2）若一定要将该成员的地址赋给 p，则可以使用强制类型转换，将成员的地址转换为 p 的类型，然后再赋值。例如：

```
p=(struct student *)(&stu[1].num);
```

程序代码：

```
/* e6_7.c */
#include <stdio.h>
struct student
{ int num;
  char name[20];
  char sex;
  float score;
}stu[3]={ {8001,"zhanglei",'m',89.5},
          {8002,"liling",'f',90},
          {8003,"wangpin",'m',77.8}
        };
void main()
{
    struct student * p;
    printf("No.  Name        Sex  Score\n");
    for(p=stu;p<stu+3;p++)
   printf("%4d %-10s %3c %8.2f\n",p->num, p->name, p->sex, p->score);
}
```

程序运行结果：

```
No.  Name        Sex  Score
8001 zhanglei     m    89.50
8002 liling       f    90.00
8003 wangpin      m    77.80
```

程序说明：

（1）p 是指向 struct student 结构体类型数据的指针变量。for 语句中 p 首先得到初值 stu，即数组 stu 的起始地址，如图 6.3 所示。

（2）程序每循环一次，都执行一次 p++；p 自加 1 意味着 p 所增加的值为结构体数组 stu 的一个元素所占的存储单元数，在本例中为 4+20+1+4=29 字节，如图 6.3 中 p'的指向。

（3）程序执行 3 次循环后，p 的值变为 stu+3，不再满足小于 stu+3 的条件，退出整个循环体。

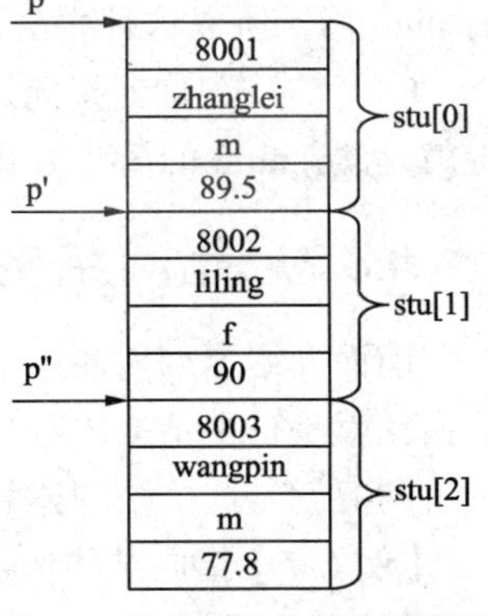

图 6.3　指向结构体数组的指针

6.4　链　　表

6.4.1　单链表的建立

链表是一种常见而重要的数据结构，它是动态进行存储分配的一种结构。例如，要分班保存全校学生的信息，利用前面学习的知识，可以采用数组的形式来保存，如果事先不能确定这个班级最终达到的人数，就要定义数组足够大，以便能容纳下全班的数据；这种处理方式不但缺乏灵活性，而且会造成存储空间的浪费。而采用动态存储的方式则可以解决这一问题，有一个学生就分配一个结点，无需知道学生的准确人数；如果有学生因故退学，可以删除并及时释放该结点占用的存储空间，从而节省内存资源。

链表就是将若干个数据用指针连接在一起的结构。其中每一个元素称为一个结点，指向第一个结点的指针称为“头指针”，用 head 表示，它存放第一个元素的地址。最后一个元素不再指向其他元素，称为“表尾”，它的地址域为“NULL”，表示空地址。结点之间的联系用指针实现，即在结点结构中定义一个成员用来存放下一个结点的首地址，这个用于存放地址的成员，称之为“指针域”。图 6.4 所示为一个简单链表的示意图。

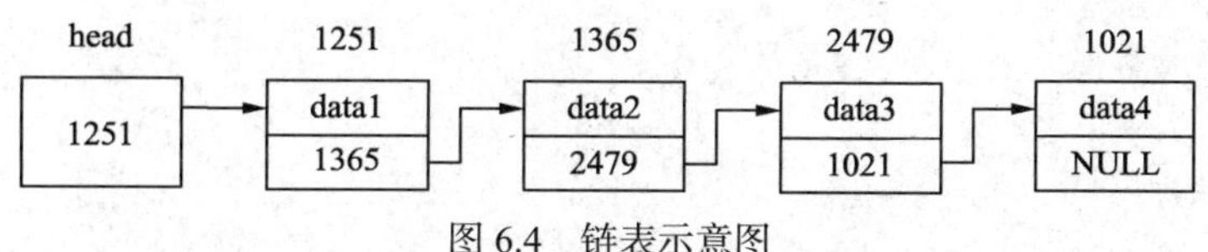

图 6.4　链表示意图

图 6.4 中，head 为头指针，存放第一个结点的首地址。后面的每个结点都分为两个域，一个是数据域，存放各种实际的数据，如学号 num、姓名 name 等。另一个域为指针域，存放下一结点的首地址。链表中的每一个结点都是同一种结构体类型。可以看出，链表中的每个结点在内存中可以是不连续存放的。如果要访问某一元素，必须要找到该元素的地址，而它的地址存放在前一个元素的指针域中，因此，需要找到前一个元素；以此类推，想得知访问链表中的哪一结点必须知道头指针。这一点和数组不同，对数组元素的访问是随机的，因为数组元素的访问形式是通过下标值来确定的，所以可通过任意指定下标值访问而不必顺序访问。

例如,一个存放学号和成绩的结点类型为：

```
struct student
{
    int num;
    float score;
    struct student * next;
};
```

其中，num 和 score 是数据域，用来存放结点中的有用信息，next 为指针域，用来指向下一结点。

【例 6-8】静态简单链表的创建实例。

知识点说明：

（1）静态单链表中所有结点都是在程序中定义的，不是临时开辟的，也不能用完后释放。

（2）静态单链表可以实现简单的链表结构，但必须在程序中事先定义确定个数的结构体变量（结点），若想再增加一个结点就要修改程序，而且所有的结点都自始至终占据内存，而不是动态地进行存储分配。因此实际应用中为了使用的灵活性，更多还是使用动态链表。

程序代码：

```
/* e6_8.c */
#include <stdio.h>
struct student
{
    int num;
    float score;
    struct student * next;
```

```
};
void main()
{
    struct student s1={8001,93.5},s2={8002,67.5},s3={8003,78};
    struct student * head,* p;
    head=&s1;
    s1.next=&s2;
    s2.next=&s3;
    s3.next=NULL;
    for(p=head;p!=NULL;p=p->next)
        printf("%d\t%.1f\n",p->num,p->score);
}
```

程序运行结果：

```
8001 93.5
8002 67.5
8003 78.0
```

程序说明：

（1）程序建立的是静态单链表。它的建立过程为：head 指向 s1,s1.next 指向 s2,s2.next 指向 s3,s3.next 为 NULL(表示空)，整个链表通过 next 指针连接。

（2）由于每个结点都有变量名，因此可以没有 head 指针，当然也可以不使用 p 来访问每个结点，而使用各个结点的变量名来访问。

```
for(p=head;p!=NULL;p=p->next)
    printf("%d\t%.1f\n",p->num,p->score);
```

可以改为：

```
printf("%d\t%.1f\n",s1.num,s1.score);
printf("%d\t%.1f\n",s2.num,s2.score);
printf("%d\t%.1f\n",s3.num,s3.score);
```

通过上述知识的学习，我们就可以对链表进行建立、插入以及删除等操作。建立动态链表是指在程序执行过程中逐个开辟结点并同时输入各结点数据，建立各结点之间前后相连的关系，最终形成一个链表。下面通过实例介绍如何建立动态链表。

【例 6-9】尾插法创建动态单链表的实例。

知识点说明：

（1）使用尾插法创建动态单链表，新建的结点总是在链表的末尾插入，链表建立过程如图 6.5 所示。设有 3 个指针变量：head、p、q，它们都用来指向 struct node 类型数据。先使 head 的值为 NULL，这是链表为“空”时的情况（即 head 不指向任何结点，链表中无结点），再用 malloc 函数开辟第一个结点，并使 p、q 指向它。然后从键盘读入一个学生的学号给 p 所指的结点。约定学号不为零，如果输入的学号为 0 则表示建立链表的过程完成，存储数据 0 的结点不应连接到链表中，如图 6.5（a）所示。

（2）如果输入的 p->data 不等于 0，则输入的是第一个结点数据（n=1），令 head=p,使 head 指针也指向新开辟的结点，如图 6.5（b）所示。然后再开辟另一个结点并使 p 指向它，接着输入该结点的数据。如果输入的 p->data 不等于 0，则应链入第二个结点（n=2），由于 n 不等于 1，则将 p 的值赋给 q->next，此时 q 指向第一个结点，q->next 指向第二个结点，如图 6.5（c）所示。每次将新结点链入链表中后，q 指针会后移一次，指向链表的尾结点，如图 6.5（d）所示。

（3）接着再开辟一个结点并使 p 指向它，并输入该结点的数据。在第三次循环中，由于 n=3，程序再次将 p 的值赋给 q->next，也就是将第 3 个结点连接到第 2 个结点之后，如图 6.5（e）所示。

（4）再开辟一个新结点，使 p 指向它，输入该结点的数据。由于 p->data 的值为 0，不再执行循环，此新结点不应被连接到链表中。同时将 NULL 赋给 q->next，如图 6.5（f）所示。建立链表过程至此结束，p 最后所指的结点未连接到链表中，第三个结点的 next 成员的值为 NULL，它不指向任何结点。虽然 p 指向新开辟的结点，但从链表中无法找到该结点。

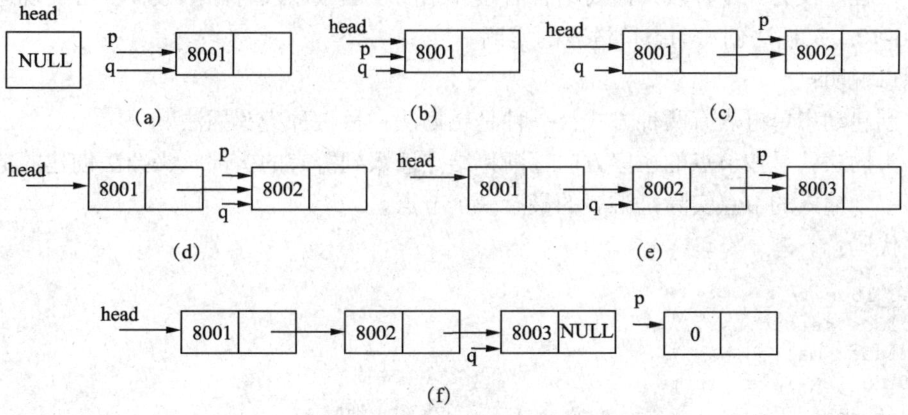

图 6.5 尾插法创建动态单链表

程序代码：

```
/* e6_9.c */
#include <stdio.h>
#include <malloc.h>
#define LEN sizeof(struct node)
struct node                             /* 结点类型 */
{
    int data;                           /* 数据域 */
    struct node * next;                 /* 指针域 */
};
int n;                                  /* 记录结点个数，定义为全局变量 */
struct node * creatlist()
{
    struct node *head,*p,*q;
    n=0;
    p=q=(struct node *)malloc(LEN);     /* 创建第一个结点 */
    scanf("%d",&p->data);
    head=NULL;
    while(p->data!=0)                   /* 循环结束条件是输入的数据为 0 */
    {
        n=n+1;
        if(n==1) head=p;                /* head 指向第一个结点 */
        else q->next=p;                 /* 链接其他结点 */
        q=p;
        p=(struct node*)malloc(LEN);    /* 创建新结点 */
        scanf("%d", &p->data);
    }
```

```
        q->next=NULL;
        free(p);
        return(head);
    }
```

程序说明：

（1）该程序采用尾插法建立动态单链表，当输入的数据非 0 时，创建下一个结点，并在单链表的尾部链入，直到输入的数据为 0 时，结束单链表的创建。

（2）该程序仅为一个片段，需要结合后续介绍的主函数以及打印函数，方可实现运行。

【例 6-10】头插法创建动态单链表的实例。

知识点说明：

（1）创建动态单链表有两种方式：一种是尾插法；另一种为头插法。

（2）头插法就是按节点的逆序方向逐渐将结点插入到链表的头部，头插法创建的链表是逆序的，即第一个输入的节点实际是链表的最后一个节点。

程序代码：

```
/* e6_10.c */
#include <stdio.h>
#include <malloc.h>
#define LEN sizeof(struct node)
struct node                                /* 结点类型 */
{
    data;                                  /* 数据域 */
    struct node *next;                     /* 指针域 */
};
int n;                                     /* 记录结点个数，定义为全局变量 */
struct node *creatlist()
{
    struct node *head,*p,*q;
    n=0;
    head=p=(struct node *)malloc(LEN); /* 创建第一个结点 */
    scanf("%d",&p->data);
    head->next=NULL;
    while(p->data!=0)                      /* 循环结束条件是输入的数据为 0 */
    {
        n=n+1;                             /* 结点数加 1 */
        if(n==1) q=p;
        else {p->next=q;head=p;}           /* 链入结点 */
        q=p;
        p=(struct node*)malloc(LEN);       /* 创建新结点 */
        scanf("%d", &p->data);
    }
    free(p);
    return(head);
}
```

程序说明：

（1）该程序是采用头插法建立动态单链表的，当输入的数据非 0 时，创建下一个结点，并在单链表的头部链入，直到输入的数据为 0 时，结束单链表的创建。

（2）头插法创建动态单链表的过程与尾插法类似，结点插入过程请读者自行分析。

6.4.2 单链表的基本操作

1. 单链表的遍历

所谓遍历是指沿着某条搜索路径，依次对链表中每个结点仅做一次访问。访问结点所做的操作依赖于具体的应用问题。

【例 6-11】编写一个输出链表的函数 print。

知识点说明：

（1）输出链表时，首先要知道链表第一个结点的地址，即 head 值。

（2）设一个指针变量 p，先指向第一个结点，输出 p 所指结点的信息；然后使 p 后移一个结点，再输出，直到链表的尾结点。

程序代码：

```
/* e6_11.c */
void print(struct node * head)
{
     struct node *p;
     printf("\nThese %d records are:\n",n);
     p=head;
     if(head!=NULL)
     do
    {
          printf("%d\n",p->data);
       p=p->next;
    }while(p!=NULL);
}
```

程序说明：

（1）p 先指向第一个结点，在输出完第一个结点之后，p 移到图 6.6 中 p'虚线位置，指向第二个结点。程序中 p=p->next 的作用是将 p 原来所指向的结点中 next 的值赋给 p，而 p->next 的值就是第二个结点的起始地址。将它赋给 p，就是使 p 指向第二个结点。

（2）head 的值由实参传过来，也就是将已有的链表的头指针传给被调用的函数，在 print 函数中从 head 所指的第一个结点出发顺序输出各个结点。

2. 单链表的插入

链表的插入是指将一个结点插入到一个已有的链表中。现通过一个实例进行说明。

【例 6-12】编写一个链表的插入函数 insert。

知识点说明：

（1）算法描述：

首先产生新结点，并放入数据，然后搜索要插入的位置，再将结点链入到已有链表中。设指针 p 已经指向了 a_{i-1} 结点，且要插入的结点（值为 data）由 s 指向，如图 6.7 所示，则插入的操作由下面两个语句来实现。

```
s->next=p->next;p->next=s;
```

（2）上面的两条插入语句顺序不可颠倒，请读者自行分析颠倒语句后的执行情况是怎样的。

（3）若已有一个学生链表，各结点是按其成员项（学号值）由小到大顺序排列的。现要插入一个新的结点，要求按学号的顺序从小到大插入。在插入过程中，要注意如何找到待插位置，可以将待插结点的学号与链表中已有结点的学号从头开始逐个比较，直到出现待插结点的学号比第

i–1 个结点学号大，比第 i 个学号小为止；则待插位置为 i。

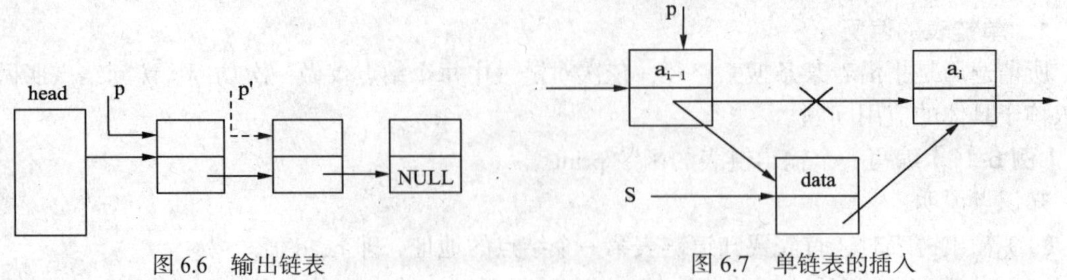

图 6.6　输出链表　　　　图 6.7　单链表的插入

程序代码：

```
/* e6_12.c */
struct node *insert(struct node * head,int ins_num)
{
    struct node *p,*q1,*q2;
    q1=head;                          /* 使 q1 指向第一个结点 */
    p=(struct node*)malloc(LEN);      /* 开辟新结点 */
    p->data=ins_num;                  /* p 指向要插入的结点 */
    if (head==NULL)                   /* 原来的链表是空表 */
    {head=p;p->next=NULL;}            /* 使 p 指向的结点作为头结点 */
    if(p->data<head->data)            /* 待插结点小于链表中的首结点 */
    {
        head=p;
        p->next=q1;                   /* 将待插结点放在第一个结点之前 */
    }
    else
    {
        while((p->data>=q1->data)&&(q1!=NULL))
          {q2=q1; q1=q1->next;}       /* 用循环找到要插入位置 */
          q2->next=p;
          p->next=q1;                 /* 链入待插结点 */
    }
    n=n+1;                            /* 结点数加 1 */
    return(head);                     /* 返回头指针值 */
}
```

程序说明：

指针 p 指向待插结点 stu，指针 q1 和 q2 分别指向链表中的每一个结点，有 4 种插入情况。

（1）已有链表为空链表，直接将 head 指向待插结点 stu，如图 6.8（a）所示。

（2）待插结点小于链表中的首结点，则插入位置为第一个结点之前，可将 head 直接指向 p，p–>next 指向 q1；完成插入操作。如图 6.8（b）所示。

（3）插入位置为中间某一处时，先用 while 循环找到正确的插入位置，用 q2 指向待插结点的前驱结点，用 q1 指向待插结点的后继结点；q2–>next 指向 p，p–>next 指向 q1；完成插入操作。如图 6.8（c）所示。

（4）插入位置为表尾时，与情况（3）处理方法一致。如图 6.8（d）所示。

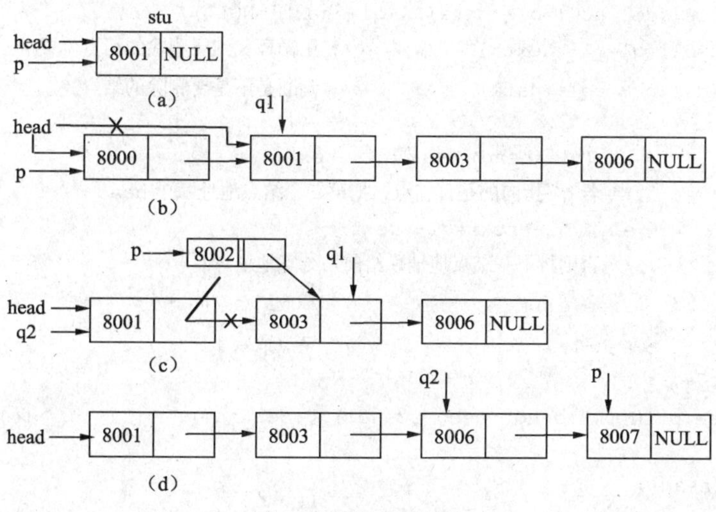

图 6.8 单链表的插入

3. 单链表的删除

单链表中的元素是可以删除的，这种删除是逻辑上的，并不是真正从内存中清除，而是把它从链表中分离开；如果不想浪费所删除的结点空间，则应调用 free 函数释放其存储空间。现给出链表的删除算法，并通过一个实例进行说明。

【例 6-13】编写一个链表的删除函数 del。

知识点说明：

（1）算法描述：删除链表中的第 i 个结点，就是要让其前驱的指针绕过该结点，指向该结点的后继结点。假设指针 p 已经指向链表中的第 i–1 个结点，如图 6.9 所示。则删除 a_i 结点最基本的操作可以用一条语句实现：p–>next=p–>next–>next。

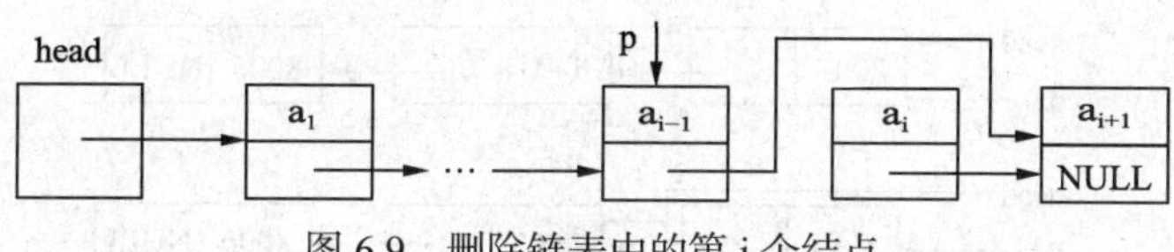

图 6.9 删除链表中的第 i 个结点

（2）如果被删除的结点不再使用，则应释放其存储空间，因此需要按如下方式实现。

```
temp=p->next;                          /* 用一个指针 temp 指向待删除的结点 */
p->next=temp->next;                    /* 绕过待删除的结点 */
free(temp);                            /* 释放被删结点的存储空间 */
```

程序代码：

```
/* e6_13.c */
struct node *del(struct node * head,int del_num)
{
    struct node *q1,*q2;
    q1=head;                           /* 让 q1 指向第一个结点 */
    if(head==NULL)                     /* 若是空链表，则提示出错 */
        printf("error,list null!\n");
    else
    {
```

```
        while((del_num!=q1->data)&&(q1->next!=NULL))
        {q2=q1; q1=q1->next;}          /* 用循环找到要删除的结点位置 */
        if(del_num==q1->data)          /* 判断是不是要删除的结点 */
        {
                if (q1==head) head=q1->next;
                /* 若q1指向的是首结点，把第二个结点地址赋予head */
                else q2->next=q1->next;
                /* 否则将下一结点地址赋给前一结点地址 */
                free(q1);              /* 释放结点空间 */
                n=n-1;                 /* 结点数减1 */
        }
        else printf("%d not been found!\n",del_num);          /* 找不到该结点 */
    }
    return(head);
}
```

程序说明：

（1）程序中设置了两个指针 q1 与 q2，q1 指针的作用是指向待删结点，而 q2 指针则负责指向待删结点的前驱结点。当找到待删结点时，用 q2->next 指向 q1->next 即可完成删除操作，然后使用 free 函数释放结点存储空间。

（2）图 6.10（a）标明了 q1 指向首结点的情况。图 6.10（b）标明了待删结点不是首结点时，q1 与 q2 指针的指向情况。图 6.10（c）标明了待删结点是首结点时的操作情况。图 6.10（d）则标明了待删结点非首结点时的操作情况。

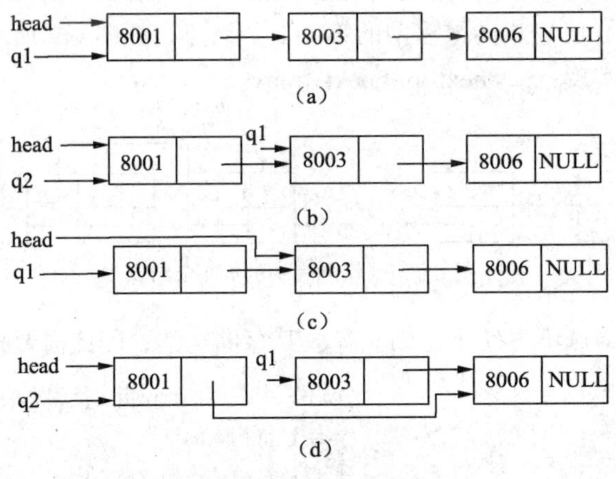

图 6.10　删除链表中的结点

（3）另外还需考虑链表是空表和链表中找不到待删结点的情况。

4. 单链表的综合应用

将以上建立、输出、删除和插入的函数组织在一个 C 程序中，即将例 6-9，6-11 ~ 6-13 中的 4 个函数顺序排列，用 main 函数作主调函数，main 函数中用 while 循环处理插入多个结点和删除多个结点的情况（输入学号为 0 表示终止当前操作）。

【例 6-14】单链表的综合应用实例。

程序代码：

```
/* e6_14.c */
void main()
{
    struct node *head;
    int ins_num,del_num;
    printf("input records:\n");
    head=creatlist();                          /* 创建单链表 */
    print(head);                               /* 输出单链表 */
    printf("input the inserted record:\n");
    scanf("%d",&ins_num);
    while(ins_num!=0)                          /* 插入结点 */
    {
        head=insert(head,ins_num);
        print(head);
        printf("input the inserted record:\n");
        scanf("%d",&ins_num);
    }
    printf("input the deleted record:\n");
    scanf("%d",&del_num);
    while(del_num!=0)                          /* 删除结点 */
     {
        head=del(head,del_num);
        print(head) ;
        printf("input the deleted record:\n");
        scanf("%d",&del_num);
     }
}
```

程序运行结果：

```
input records:
8001
8003
8006
0
These 3 records are:
8001
8003
8006
input the inserted record:
8002
These 4 records are:
8001
8002
8003
8006
input the inserted record:
0
input the deleted record:
8006
These 3 records are:
8001
8002
8003
input the deleted record:
0
```

程序说明：

（1）该程序在主函数中调用前面定义的函数，实现了单链表的创建、插入、删除、输出等操作。

（2）结构体和指针的应用领域很广，除了单链表之外，还有双向链表和循环链表。此外还有栈、队列、树、图等数据结构。有关这些问题的内容可以参考《数据结构》课程，在此不做详述。

6.5 共用体类型的定义与应用

程序设计有时需要在同一段内存中存取不同类型的变量，例如，在同一个地址开始的内存块中，分别存取整型变量、字符型变量、实型变量的值，如图 6.11 所示。3 种变量在内存中占有不同的字节数，但都从同一地址开始存放，它们的值可以相互覆盖。本节将介绍利用“共用体”类型来完成这样的操作。共用体类型是指将不同的数据项存放于同一段内存单元的一种构造数据类型，它的类型说明和变量定义与结构体的方式基本相同。

1. 共用体类型的定义

共用体类型定义的一般形式：

```
union  共用体名
{
    类型标识符    成员名 1;
    类型标识符    成员名 2;
         …
    类型标识符 成员名 n;
};
```

例如：

```
union unidata
{
   short i;
   char ch;
   float f;
}num;
```

以上说明了一个共用体类型 union unidata，如图 6.11 所示。同时还定义了一个该类型的共用体变量 num。它由 3 个成员组成：短整型成员项 i、字符型成员项 ch 和单精度型成员项 f。定义共用体类型的变量方式与结构体变量定义的方式相同，可以先定义类型，再定义变量；或者定义类型的同时定义变量；或者直接定义共用体变量。例如：

```
union unidata num1,num2,num3;
```

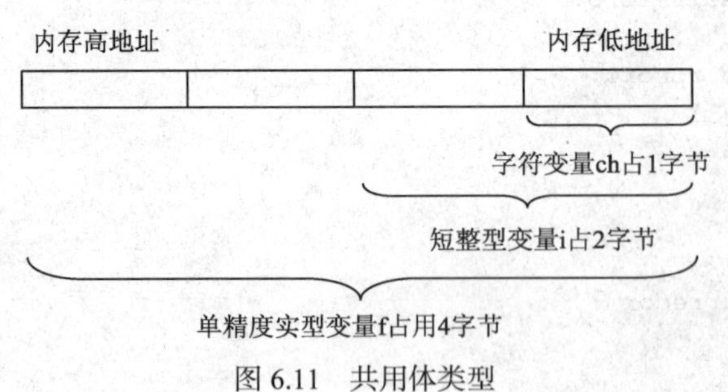

图 6.11 共用体类型

num1、num2、num3 被定义为共用体变量，它们都被分配 4 字节的内存单元。共用体变量的内存长度等于最长的成员的长度，可以使用 sizeof 运算符求出共用体类型数据的长度。例如：

```
printf("union unidata size=%d\n",sizeof(union unidata));
printf("union unidata size=%d\n",sizeof(num));
```

运行结果都是

```
union unidata size=4
```

2. 共用体变量的初始化与引用

引用共用体变量中的成员项与引用结构体变量中的成员项方法相同，都是使用运算符“.”或“->”。

【例 6-15】共用体变量的初始化与引用。

知识点说明：

（1）在程序执行的某一时刻，只有一个共用体成员起作用，而其他的成员不起作用。

（2）两个具有相同共用体类型的变量可以互相赋值。

（3）可以对共用体变量进行取地址运算。

程序代码：

```
/* e6_15.c */
#include <stdio.h>
union unidata
{
    int a;
    char ch;
}s={99},*p=&s;
void main()
{
    printf("%d,%c \n",s.a,s.ch);
    printf("%d,%c \n",p->a,p->ch);
}
```

程序运行：

```
99, c
99, c
```

程序说明：

（1）程序中声明了一个共用体类型 union unidata，并定义了该类型的变量 s 和指向该变量的指针变量 p。

（2）可以利用成员运算符“.”和指向运算符“->”两种访问方式进行共用体成员值的输出。

【例 6-16】分别以十进制与字符形式输出一个共用体变量的低八位与高八位。

知识点说明：

（1）不能引用共用体变量，而只能引用共用体变量中的成员。

（2）不能对共用体变量名赋值，也不能企图引用变量名来得到一个值。

程序代码：

```
/* e6_16.c */
#include <stdio.h>
union un
{
```

```
    char  c[2];
    short s;
}num;
void main()
{
    num.s=16961;
    printf("%d,%c\n",num.c[0],num.c[0]);
    printf("%d,%c\n",num.c[1],num.c[1]);
}
```

程序运行结果：

```
65,A
66,B
```

程序说明：

（1）短整型数值 16961 以二进制形式存储在内存中的形式为 0100001001000001。

（2）低八位数值为 01000001，以十进制形式输出为 65，以字符形式输出为字母 A。

（3）高八位数值为 01000010，以十进制形式输出为 66，以字符形式输出为字母 B。

【例 6-17】设有一个教师与学生通用的表格，教师数据分别有姓名、年龄、职业、所属系部 4 项。学生数据分别有姓名、年龄、职业、班级 4 项。编程输入 4 组人员数据，再以表格形式输出。

知识点说明：

（1）共用体变量的地址和它的各成员地址为同一地址。

（2）共用体类型可以出现在结构体类型的定义中，反之，结构体也可以出现在共用体类型的定义中。

程序代码：

```
/* e6_17.c */
#include <stdio.h>
struct
{
    char name[10];
    int age;
    char job;
    union
    {
        int classname;
        char office[10];
    }depa;
}body[4];
void main()
{
    int i;
    for(i=0;i<=3;i++)
    {
        printf("input name,age,job and department:\n");
        scanf("%s %d %c",body[i].name,&body[i].age,&body[i].job);
        /* body[i].name 之前不可加"&"运算符 */
        if(body[i].job=='s')
            scanf("%d",&body[i].depa.classname);
        else if(body[i].job=='t')
            scanf("%s",body[i].depa.office);
    }   /* body[i].depa.office 之前不可加"&"运算符 */
    printf("name\tage job class/deparment\n");
    for(i=0;i<=3;i++)
    {
```

```
        if(body[i].job=='s')
            printf("%s\t%3d %3c %d\n",body[i].name,body[i].age,
                            body[i].job,body[i].depa.classname);
        else
            printf("%s\t%3d %3c %s\n",body[i].name,body[i].age,
                            body[i].job,body[i].depa.office);
    }
}
```

程序运行结果：

```
input name,age,job and department:
wang 27 t cs
input name,age,job and department:
zhang 18 s 1001
input name,age,job and department:
liu 21 s 1002
input name,age,job and department:
zhao 39 t ma
name      age  job  class/deparment
wang      27    t   cs
zhang     18    s   1001
liu       21    s   1002
zhao      39    t   ma
```

程序说明：

（1）在程序中输入人员的各项数据，对于成员 name、age 和 job，不用进行判断。

（2）对于 job 成员项，如为"s"则对 depa.class 输入(对学生赋予班级编号)，为"t"则对 depa.office 输入(对教师赋予系部名)。

（3）程序用一个结构体数组 body 来存放人员数据，该结构体共有 4 个成员。其中成员项 depa 是一个共用体类型，这个共用体又由两个成员组成，一个为整型 class，一个为字符数组 office。

（4）在程序的第一个 for 语句中，输入人员的各项数据，先输入结构体的前三个成员 name、age 和 job，然后判别 job 成员项，如为"s"则对 depa.class 输入(对学生赋予班级编号)，为"t"则对 depa.office 输入(对教师赋予系部名)。

（5）在用 scanf 语句输入时要注意，凡为数组类型的成员，无论是结构体成员还是共用体成员，在该项前不能再加"&"运算符。程序中的 body[i].name 是一个数组类型，body[i].depa.office 也是数组类型，因此在这两项之前不能加"&"运算符。

3. 共用体与结构体的不同之处

以下是共用体与结构体的不同之处。

（1）共用体变量所占的内存长度和结构体变量不同。共用体变量的内存长度等于最长的成员的长度；而结构体变量所占内存长度是各成员所占的内存长度之和。

（2）共用体变量存储方式和结构体变量不同。共用体变量在某一时刻，只能存放一个成员项的值；而结构体变量则可以同时存放所有成员项的值。

（3）共用体变量的地址和结构体变量不同。共用体变量的地址和它的各个成员的地址都是同一个地址；而结构体变量的地址只与它的第一个成员的地址相同。

（4）共用体变量的值和结构体变量不同。共用体变量的值是其最后一次被赋值的成员值，前面赋值都被覆盖；而结构体变量每个成员的值都可以互不相同。

（5）不能把共用体变量作为函数参数，也不能使函数带回共用体变量的值；而结构体变量则可以。

6.6 枚举类型的定义与应用

所谓枚举指的是凡属于该类型变量的值都一一列举出来的一种数据类型。像结构体类型和共用体类型一样，枚举类型也需先定义数据类型，再定义该类型的变量。

1. 枚举类型的定义

（1）枚举类型定义的一般形式：

```
enum 枚举名{枚举常量列表};
```

例如：

```
enum week{Sunday,Monday,Tuesday,Wednesday,Thursday,Friday,Saturday};
```

（2）枚举变量的定义形式仿照结构体变量定义，有 3 种形式。例如：

```
enum week day;
enum week{Sunday,Monday,Tuesday,Wednesday,Thursday,Friday,Saturday}day;
enum {Sunday,Monday,Tuesday,Wednesday,Thursday,Friday,Saturday}day;
```

（3）枚举变量的初始化同结构体变量一样，可以在定义的同时进行初始化操作。例如：

```
enum week day=Monday;
enum week{Sunday,Monday,Tuesday,Wednesday,Thursday,Friday,Saturday}
day=Monday;
enum {Sunday,Monday,Tuesday,Wednesday,Thursday,Friday,Saturday}
day=Monday;
```

2. 枚举变量的引用

枚举变量定义好后，就可以对其进行引用了。每个枚举常量都对应一个整数值，在默认的情况下，第一个枚举常量对应整数 0，第二个枚举常量对应 1，……，以此类推。例如：

```
enum week day=Monday;
printf("%d",day);
```

输出结果：1。

虽然每个枚举常量都有一个默认的整数值，但在定义枚举类型时，可以给枚举常量赋初值。例如：

```
enum week{Sunday,Monday=10,Tuesday,Wednesday=20,Thursday,Friday,Saturday};
```

每个枚举常量对应的整数分别为：

```
Sunday=0,Monday=10,Tuesday=11,Wednesday=20,Thursday=21,Friday=22,Saturday=23
```

虽然每个枚举常量都对应一个整数，但是不能将一个整数直接赋给枚举变量，可以用强制类型转换将一个整数转换为所代表的枚举常量，然后再进行赋值。例如：

```
enum week day=1;                         /* 错误 */
enum week day=(enum week)1;              /* 正确 */
enum week day=Monday;
```

【例 6-18】输出枚举常量。

知识点说明：

（1）定义枚举类型时，用花括号括起来的都是枚举常量，它们不是变量，不可以对其赋值。

（2）每个枚举常量都对应一个整数值，在默认的情况下，第一个枚举常量对应 0，第二个枚举常量对应 1，……，以此类推，但也可以按编程人员的意愿进行调整。

（3）输出枚举常量时，不可以把它当作一个字符常量或字符串常量，只能将其视为一个整数值。使用时无需加单、双引号。

（4）枚举常量可以参加整数参与的大多数运算。

程序代码：

```
/* e6_18.c */
#include <stdio.h>
void main()
{
    enum  week{Sunday,Monday,Tuesday,Wednesday,
              Thursday,Friday,Saturday};
    enum week day;
    int num;
    printf("please input a num:");
    scanf("%d",& num);
    day=(enum week)num;
    printf("Today is :");
    switch(day)
    {
        case Sunday:printf("Sunday\n");break;
        case Monday: printf("Monday\n");break;
        case Tuesday: printf("Tuesday\n");break;
        case Wednesday: printf("Wednesday\n");break;
        case Thursday: printf("Thursday\n");break;
        case Friday: printf("Friday\n");break;
        case Saturday: printf("Saturday\n");break;
        default:printf("error!\n");
    }
}
```

程序运行结果：

```
please input a num:5
Today is :Friday
```

程序说明：

（1）程序中定义了枚举类型的变量 day，当输入 0 ~ 6 之间的任意一个数字时，就会输出相应的星期的英文单词。

（2）从某种意义上说，枚举类型是整型类型的一种特例，但专门定义枚举类型有它的好处。首先，因为枚举常量相当于一个符号常量，故具有见名而知义的好处，可以提高程序的可读性；其次，因为属于某一枚举类型的变量，其取值只能限于在所列的枚举常量范围内，只要其值超出这个范围，系统即视为出错，这相当于让系统帮助检查错误，从而降低编程难度。

6.7 typedef 重定义类型名

C 语言除了提供标准数据类型和构造数据类型外，还可以使用 typedef 声明新类型名来代替已有的类型名。

类型定义的一般形式：

```
typedef 已有类型名 新类型名;
```

作用：给已有的类型取一个新名字。例如：

```
typedef char CHAR;
typedef int INT;
```

将 char 定义为 CHAR，将 int 定义为 INT，则

```
CHAR c;等价于 char c;
INT a;等价于 int a;
```

通常利用 typedef 的功能来简化构造类型的类型名。例如：

```
typedef struct node{int data;struct node *next}NODE;
typedef NODE *POINTER;
NODE s;
POINTER p=&s;
```

其中 NODE 是结构体类型名，代替 struct node；POINTER 为指向结构体类型的指针类型名，代替 struct node *。

注意以下几点。

（1）习惯上把 typedef 声明的类型名用大写字母表示，以便与系统提供的标准类型名相区别。

（2）用 typedef 可以声明各种类型名，但不能用来定义变量。

（3）用 typedef 只是对已经存在的类型增加一个类型名，而没有创造新的类型。

（4）区别 typedef 和#define。虽然两者都是代替的作用，但实质不同：#define 是宏定义，只是简单的替换，而且是在预编译时处理的；而 typedef 是给已有类型取个新名，是在编译时处理的，完全可以替换掉原来的类型名。

（5）使用 typedef 有利于程序的通用和移植。

本 章 小 结

本章主要学习了 C 语言的 3 种构造数据类型：结构体、共用体、枚举类型和类型定义。3 种构造数据类型在定义形式上非常相似，都是一个关键字加类型名，后面用一对花括号将若干成员项括起来。结构体类型名是由 struct 和结构体名组成；共用体类型名是由 union 和共用体名组成；枚举类型名是由 enum 和枚举名组成。

本章学习的重点是结构体类型的定义方法、结构体变量的使用及单链表的创建、插入、删除等基本操作。难点是理解结构体的实质、使用结构体指针变量处理单链表及区分结构体和共用体的不同。

结构体类型就是将各种不同的数据类型集合在一起的数据类型，用于处理各种不同类型的数据。它的应用范围很广，主要用于数据结构中线性表、栈、队列、树和图的链式存储。因此需要掌握单链表的创建过程；链表的遍历方法；新结点的插入过程；删除一个已有结点等基本操作。学好结构体可以为以后学习面向对象程序设计打好基础。

共用体类型是指将不同的数据项存放于同一段内存单元的一种构造数据类型，它的类型说明、变量定义及成员的引用方式与结构体的形式相似。注意区分共用体与结构体的不同：在某一时刻，

共用体变量只能存放一个成员值，也就是最后一次赋值的数据；而结构体变量可以同时存放所有成员的值。无论是结构体变量还是共用体变量在使用时，只能访问该变量的某个具体成员项，不能直接对整个变量进行操作。

枚举类型是将属于该类型变量的所有可能值一一列举出来的一种类型。每个枚举常量都对应一个整数值，在默认的情况下，第一个枚举常量对应整数 0，第二个枚举常量对应 1，……以此类推。枚举常量相当于一个符号常量，编辑源代码时，可以给枚举常量赋予有意义的名字，从而提高程序的可读性，有利于程序的后期维护；其次，枚举类型变量的取值仅限于其枚举常量的范围内，引用值若超出这个范围，编译过程中系统即视为出错。充分利用系统自动检查枚举变量值是否越界，可以帮助程序员快速定位查找错误，从而在一定程度上降低编程难度。

类型定义的实质是给已有的类型名起一个新名，并没有创建新的数据类型。区别类型定义和宏定义。虽然两者都是代替的作用，但实质不同：宏定义只是简单的替换，而且是在预编译时处理的；而类型定义是给已有类型取个新名，是在编译时处理的，完全可以替换掉原来的类型名。

习 题 6

一、单项选择题

1. 下面定义的变量 s 所占内存空间的大小是________。

```
struct student
{
    char name[20];
    int age;
    float weight;
}s;
```

A. 20　　B. 22　　C. 24　　D. 28

2. 若有以下说明和定义，则不能对字符串 li ming 进行引用的方式是________。

```
struct person
{
    char name[20];
    int age;
    char sex;
}a={"li ming",20,'m'},*p=&a;
```

A. (*p).name　　B. p.name　　C. a.name　　D. p->name

3. 若有以下说明和定义，叙述不正确的是______。

```
struct st{int a;int b[2];}a;
```

A. 允许结构体变量 a 和结构体成员 a 同名

B. 程序运行时将为结构体 st 分配 12 字节内存单元

C. 程序运行时不为结构体 st 分配内存单元

D. 程序运行时将为结构体变量 a 分配 12 字节内存单元

4. typedef double DOUB 的作用是______。

A. 建立一个新的数据类型　　B. 定义一个双精度变量

C. 定义了一个新的数据类型标识符　　D. 语法错误

5. 有以下程序，程序运行后的输出结果是______。

```
struct S{ int n; int a[20];};
void f(int *a,int n)
{
    int i;
    for(i=0;i<n-1;i++) a[i]+=i;
}
void main()
{
    int i;struct S s={10,{2,3,1,6,8,7,5,4,10,9}};
    f(s.a,s.n);
    for(i=0;i<s.n;i++) printf("%d,",s.a[i]);
}
```

A. 2,4,3,9,12,12,11,11,18,9,　　B. 3,4,2,7,9,8,6,5,11,10,

C. 2,3,1,6,8,7,5,4,10,9,　　D. 1,2,3,6,8,7,5,4,10,9,

6. 有以下程序段，则叙述正确的是______。

```
typedef struct node { int data;  struct node *next;} *NODE;
NODE p;
```

A. p 是指向 struct node 结构变量的指针的指针

B. NODE p;语句出错

C. p 是指向 struct node 结构变量的指针

D. p 是 struct node 结构变量

7. 设有以下定义，则下面叙述中错误的是______。

```
union data {int  d1; float  d2;}demo;
```

A. 变量 demo 与成员 d2 所占的内存字节数相同

B. 变量 demo 中各成员的地址相同

C. 变量 demo 和各成员的地址相同

D. 若给 demo.d1 赋 99 后, demo.d2 中的值是 99.0

8. 程序中已构成下图所示的不带头结点的单向链表结构，指针变量 s、p、q 均已正确定义，并用于指向链表结点，指针变量 s 总是作为头指针指向链表的第一个结点。

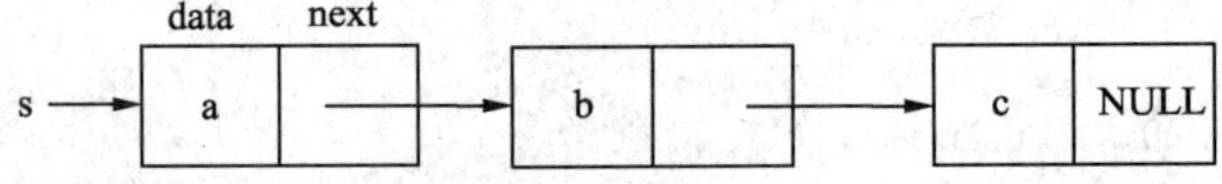

若有以下程序段，该程序段实现的功能是______。

```
q=s; s=s->next; p=s;
while( p->next) p=p->next;
p->next=q; q->next=NULL;
```

A. 首结点成为尾结点　　B. 尾结点成为首结点

C. 删除首结点　　D. 删除尾结点

9. 以下程序的输出结果是______。

```
void main()
{
    typedef enum{Red,Yellow,Blue=100,White,Black}COLOR;
    printf("%d,%d",White,sizeof(COLOR));
}
```

A. 101,2　　B. 101,4　　C. 3,1　　D. 3,2

10. 以下枚举类型的定义中正确的是______。

A. `enum a={one,two,three};`　　B. `enum a{one=9,two=-2,three};`

C. `enum a={"one","two","three"};`　　D. `enum a{"one","two","three"};`

11. 设有以下语句，则下面叙述中正确的是______。

```
typedef struct TT
{char c;  int a[4];} CIN;
```

A. 可以用TT定义结构体变量　　B. TT是struct类型的变量

C. 可以用CIN定义结构体变量　　D. CIN是struct　TT类型的变量

12. 若有以下定义和语句，则以下语句正确的是______。

```
union data
{int i; char c;  float f;}x;
int y;
```

A. x=10.5;　　B. x.c=101;　　C. y=x;　　D. printf("%d\n",x);

二、填空题

1. 有如下定义：

```
struct student{char name[20]; int age; float weight;}
struct student s[2]={{"Sunny",21,50},{"Tom",22,52}}
```

则s[1].name[0]得到的是______，s[0].age得到的是______。

2. 以下程序的输出结果是______。

```
void main()
{
    char *s1,*s2,m;
    s1=s2=(char*)malloc(sizeof(char));
    *s1=15;
    *s2=20;
    m=*s1+*s2;
    printf("%d\n",m);
}
```

3. 设有如下说明：

```
struct DATE{int year;int month; int day;};
```

请写出一条定义语句，该语句定义d为上述结构体变量，并同时为其成员year、month、day依次赋初值2006、10、1：______。

4. 下面程序的功能是建立一个有3个结点的单循环链表，然后求各个结点数值域data中数据的和，请填空。

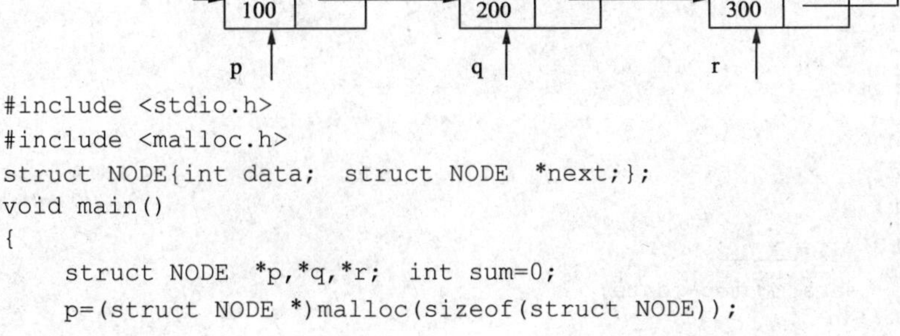


```
#include <stdio.h>
#include <malloc.h>
struct NODE{int data;  struct NODE  *next;};
void main()
{
    struct NODE  *p,*q,*r;  int sum=0;
    p=(struct NODE *)malloc(sizeof(struct NODE));
```

```
    q=(struct NODE *)malloc(sizeof(struct NODE));
    r=(struct NODE *)malloc(sizeof(struct NODE));
    p->data=100;  q->data=200;   r->data=300;
    p->next=q;    q->next=r;     r->next=p;
    sum=p->data+p->next->data+p->next ____;
    printf("%d\n",sum);
}
```

5. 以下程序的运行结果是______。

```
#include <stdio.h>
struct tt{int x;struct tt *y;} *p;
struct tt a[4]={20,a+1,15,a+2,30,a+3,17,a};
void main()
{
    int i; p=a;
    for(i=1;i<=2;i++)
    {
        printf("%d ",p->x);
        p=p->y;
    }
}
```

6. 以下程序的运行结果是______。

```
#include<stdio.h>
#include<string.h>
typedef struct{char name[9];char sex; float score[2];}STU;
STU f(STU a)
{
    STU b={"Zhao",'m',85.0,90.0}; int i;
    strcpy(a.name,b.name); a.sex=b.sex;
    for(i=0;i<2;i++) a.score[i]=b.score[i];
        return a;
}
void main()
{
    STU c={"Qian",'f',95.0,92.0},d;  d=f(c);
    printf("%s,%c,%2.0f,%2.0f\n",d.name,d.sex,d.score[0],d.score[1]);
}
```

7. 函数 min 的功能是在带头结点的单链表中查找数据域中值最小的结点，请填空。

```
#include <stdio.h>
struct node
{
    int data;
    struct node *next;
};
int min(struct node *first)                /*指针 first 为链表头指针*/
{
    struct node *p;
    int m;
    p=first->next;
    m=p->data;
    p=p->next;
    for(;p!=NULL;p=_____)
        if(p->data<m) m=p->data;
```

```
    return m;
}
```

8. 以下程序的运行结果是______。

```
#include <stdio.h>
struct stu{ char num[10]; float score[3]; };
void main()
{
    struct stu s[3]={{"20021",90,95,85},
                     {"20022",95,80,75},
                     {"20023",100,95,90},},*p=s;
    int i; float sum=0;
    for(i=0;i<3;i++)
        sum=sum+p->score[i];
    printf("%6.2f\n",sum);
}
```

9. 以下程序运行后的输出结果是______。

```
#include <stdio.h>
#include <malloc.h>
struct NODE{ int num; struct NODE *next; };
void main()
{
    struct NODE *p,*q,*r;
    p=(struct NODE*)malloc(sizeof(struct NODE));
    q=(struct NODE*)malloc(sizeof(struct NODE));
    r=(struct NODE*)malloc(sizeof(struct NODE));
    p->num=10; q->num=20; r->num=30;
    p->next=q;q->next=r;
    printf("%d\n ",p->num+q->next->num);
}
```

10. 若有以下说明和定义语句，则变量 w 在内存中所占的字节数是______。

```
union aa{float x; double y; char c[6];};
struct st{ union aa v; float w[6]; double ave;}w;
```

11. 以下程序的输出结果是______。

```
#include <stdio.h>
void main()
{
    struct cmplx{int x;int y;}cnum[2]={2,3,4,5};
    printf("%d",cnum[0].y/cnum[0].x*cnum[1].x);
}
```

12. 以下程序的输出结果是______。

```
#include <stdio.h>
void main()
{
    union{int i[2];  long k;  char c[4];}r,*s=&r;
    s->i[0]=0x39;
    s->i[1]=0x38;
    printf("%x",s->c[0]);
}
```

三、编程题

1. 定义一个结构体变量（包括年、月、日）。计算该日在本年中是第几天，注意闰年情况。

2. 有一个学生成绩数组，该数组中有 5 名学生的学号、姓名、3 门课成绩等信息，要求：编写 input 函数输入数据，output 函数输出数据，在 main 函数中调用。

3. 有两个链表 a 和 b，设结点中包含学号和姓名。从 a 链表中删去与 b 链表中相同学号的结点。

4. 已知 head 指向一个带头结点的单向链表，链表中每个结点包括数据域(data)和指针域(next)，数据域为整型。请编写函数，在链表中查找数据域值最大的结点。要求：由函数返回找到的最大值。

5. 在上题的基础上，将要求改为由函数返回最大值所在结点的地址。

6. 口袋中有红、黄、蓝、白、黑 5 种颜色的球若干个。每次从口袋中取出 3 个球，问得到 3 种不同色的球的可能取法，打印出每种组合的 3 种颜色。球只能是 5 种颜色之一，而且要判断各球是否同色，应使用枚举类型变量处理。

7. 简述类型定义的作用，它与宏定义有何不同？

第7章 编译预处理

学习目标

（1）了解C语言中预处理的作用。

（2）理解C语言中预处理命令的特点。

（3）掌握C语言中宏定义、文件包含、条件编译等预处理命令的定义及使用方法。

编译预处理是C语言区别于其他高级程序设计语言的特征之一，C语言提供了多种以“#”号开头的有预处理功能的命令，在源程序正式编译之前做一些预处理，可加快编译速度，节省时间。为此，本章将介绍编译预处理的相关知识。合理地使用预处理功能，将使得编写的程序便于阅读、修改、移植和调试，也有利于实现模块化程序设计。

7.1 编译预处理

在前面各章中，已多次使用过以“#”号开头的预处理命令。如文件包含命令#include，宏定义命令#define等。在源程序中这些命令一般放在源文件的前面，它们称为预处理部分。编译预处理是C语言的一个重要功能，指在进行编译的第一遍扫描(词法扫描和语法分析)前所做的工作，它由预处理程序负责完成。当对一个源文件进行编译时，系统将自动引用预处理程序对源程序中的预处理部分做处理，处理完毕后，自动进入源程序的编译阶段。本章介绍的预处理命令主要有宏定义、文件包含和条件编译3类。

预处理命令有以下两个特点。

（1）预处理命令是一种特殊的命令，为了区别一般的语句，必须以#开头，结尾不加分号。

（2）预处理命令可以放在程序中的任何位置,其有效范围是从定义开始到文件结束。

7.2 宏定义与宏替换

在C语言源程序中允许用一个标识符来表示一个字符串，称为“宏”。宏定义中的标识符称为“宏名”。在编译预处理时，对程序中所有出现的宏名，都用宏定义中的字符串去代换，这称为“宏替换”或“宏展开”。

宏定义是由源程序中的宏定义命令完成的。宏替换是由预处理程序自动完成的。“宏”分为不带参数和带参数两种。下面分别讨论这两种“宏”的定义和调用。

1. 不带参数的宏

用指定的标识符代表一个字符串，一般形式：

```
#define 标识符 字符串
```

预处理程序将程序中出现的标识符替换成字符串。

【例 7-1】无参宏定义圆周率，求圆周长、面积和圆球体积。

知识点说明：

（1）通常将宏定义放在源程序文件的首部。

（2）宏名一般习惯用大写字母，与变量名相区别。

（3）宏定义结束不加分号。

（4）编译之前，预处理程序将程序中该宏定义之后出现的所有标识符用指定的字符串进行简单替换，不分配内存空间，也不做正确性检查，如有错误，只能在编译已被宏展开后的源程序时发现。

（5）宏名替换字符串，可以减少程序中重复书写字符串的工作量。

程序代码：

```
/* e7_1.c */
#define PI 3.14                         /* 定义无参宏名 PI */
#include <stdio.h>
void main()
{
    float r,c,s,v;
    scanf("%f",&r);
    c=2*PI*r;
    s=PI*r*r;
    v=4.0/3*PI*r*r*r;
    printf("c=%f,s=%f,v=%f\n",c,s,v);
}
```

程序运行结果：

```
2.0
c=12.560000, s=12.560000, v=33.493333
```

程序说明：

（1）宏定义的作用是用标识符 PI 替换“3.14”这个字符串，程序中该宏定义后出现的所有的 PI 都使用 3.14 替代。

（2）思考：如果把宏定义中字符串“3.14”中的数字“1”误写成了小写字母“l”，能否进行宏替换？运行情况是否有变化？

【例 7-2】对例 7-1 改写，利用无参宏嵌套定义求得圆周长、面积和圆球体积。

知识点说明“

（1）宏定义中，字符串中可以含任何字符，可以是常数，也可以是表达式。

（2）宏定义允许嵌套，在宏定义的字符串中可以使用已经定义的宏名。在宏展开时由预处理程序层层替换。

程序代码：

```
/* e7_2.c */
#define  PI 3.14
```

```
#define  R  2.0
#define  C  2*PI*R                          /* 定义无参宏名C */
#define  S  PI*R*R                          /* 定义无参宏名S */
#define  V  4.0/3*PI*R*R*R                  /* 定义无参宏名V */
#include <stdio.h>
void main()
{
    printf("C=%f,S=%f,V=%f\n",C,S,V);
}
```

程序运行结果：

```
C=12.560000, S=12.560000, V=33.493333
```

程序说明：

（1）宏展开后，printf函数中的输出项C被替换成2*3.14*2.0。

（2）宏展开后，printf函数中的输出项S被替换成3.14*2.0*2.0。

（3）宏展开后，printf函数中的输出项V被替换成4.0/3*3.14*2.0*2.0*2.0。

2. 带参数的宏

进行带参宏替换时，与使用有参函数类似，通过实参与形参传递数据，增加程序的灵活性。一般形式：

```
#define 标识符(形参表) 形参表达式
```

例如：

```
#define T(x) x*x
```

预处理程序将程序中出现的所有带实参的宏名，展开成由实参组成的表达式。

【例7-3】使用带参数的宏定义，求圆的周长、面积和圆球体积。

知识点说明：

（1）宏名与括号之间不能有空格。

（2）对带参数的宏展开，只是简单地将语句中宏名后面括号内的实参代替宏定义中形参表达式的形参。

（3）宏名在源程序中若用引号括起来，则预处理程序不对其进行宏替换。

程序代码：

```
/* e7_3.c */
#define  PI  3.14
#define  C(r)  2*PI*r                       /* 定义带参数的宏名C */
#define  S(r)  PI*r*r                       /* 定义带参数的宏名S */
#define  V(r)  4.0/3*PI*r*r*r               /* 定义带参数的宏名V */
#include <stdio.h>
void main()
{
    float a,circle,area,volume;
    scanf("%f",&a);
    circle=(float)(C(a));
    area=(float)(S(a));
    volume=(float)(V(a));
    printf("PI,a=%f,circle=%f,area=%f,volume=%f\n",a,circle,area,volume);
}
```

程序运行结果：

```
2.0
PI, a=2.000000,c=12.560000, s=12.560000, v=33.493333
```

程序说明：

（1）在 printf 函数中 PI 被引号括起来，因此不进行替换。

（2）宏展开后，C(a)被替换成 2*3.14*a，S(a)被替换成 3.14*a*a，V(a)被替换成 4.0/3*3.14*a*a*a。

【例 7-4】带参数的宏替换。

知识点说明：

宏名后的实参表达式括号的有无，直接影响待替换的内容。

程序代码：

```
/* e7_4.c */
#define T(x) x*x                        /* 定义带参数的宏名 T */
#include <stdio.h>
void main()
{
    int a,b;
    scanf("%d,%d", &a,&b);
    printf("%d",T(a+b));                /* 将 T(a+b)替换成 a+b*a+b */
}
```

程序运行结果：

```
5,8
53
```

程序说明：

（1）宏展开后，代入 a 和 b 的值，T(a+b)被替换成 5+8*5+8。

（2）思考：如果把程序中 T(a+b)写成了 T((a+b))，运行情况是否有变化？

带参数的宏和函数有一定的相似之处，但也存在以下区别。

① 两者的定义形式不一样。宏定义中只给出参数，不指明参数的类型；而在函数定义时，必须指定每一个形式参数的类型。

② 函数调用是在程序运行时进行的，分配临时的内存单元；而宏替换则是在编译前进行的，并不分配内存单元，不进行值的传递处理。函数调用影响运行时间，宏替换影响编译时间。

③ 函数调用时，先求实参表达式的值，然后将值带入形参；而宏调用时只是用实参简单地替换形参。

④ 函数调用时，要求实参和形参的类型一致；而宏调用时系统并不检查类型是否匹配。

⑤ 函数只有一个返回值，宏替换可能有多个结果。

⑥ 多次使用宏，宏展开之后源程序会变长，因为每一次宏展开都会使源程序增长；而函数调用不会使源程序变长。

【例 7-5】求 1 到 10 平方之和。

知识点说明：

使用宏有可能给程序带来意想不到的副作用。

程序代码：

```
/* 方法 1：使用函数 */
int FUN(int k)
```

```
{
    return(k*k);
}
void main()
{
    int i=1;
    while( i<=10 )
    printf("%d ",FUN(i++) );
}
/* 方法 2：使用宏 */
#define FUN(a) a*a
void main()
{
    int k=1;
    while( k<=10 )
    printf("%d ",FUN(k++));
}
```

程序运行结果：

（1）方法 1 的运行结果：1 4 9 …… 100。

（2）方法 2 中，预处理程序将程序中带实参的 FUN 替换成(k++)*(k++)，由于 C 语言中，实参的求值顺序是从右向左，因此程序运行结果。

第一次循环： (k++)*(k++) 为 2*1

第二次循环： (k++)*(k++) 为 4*3

第三次循环： (k++)*(k++) 为 6*5

第四次循环： (k++)*(k++) 为 8*7

第五次循环： (k++)*(k++) 为 10*9

程序运行过程共循环 5 次。

程序说明：

应当尽量避免用自增变量作宏替换的实参。类似的还有如下情况。

```
#define SUM(x) x*x*x
```

程序中：y=SUM(++x);替换的结果如下。

```
y=(++x)*(++x)*(++x);
```

3. 撤销已定义的宏

宏定义写在函数之外，其作用域为宏定义命令开始到源程序结束。如要撤销已定义的宏，可使用#undef 命令，则相应的宏名作用域为从宏定义开始到#undef 处。例如：

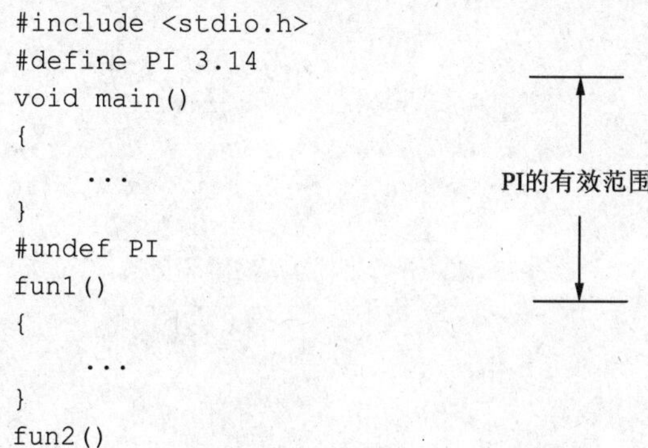

```
#include <stdio.h>
#define PI 3.14
void main()
{
    ...
}
#undef PI
fun1()
{
    ...
}
fun2()
```

```
{
    ...
}
```

由于#undef的作用，使PI的作用范围在#undef处终止，因此在fun1和fun2函数中，PI不再代表3.14。这样可以灵活控制宏定义的作用范围。

7.3 文件包含

文件包含，指一个源文件可以将另一个指定源文件的内容包含进来。一般形式：

格式1： #include <包含文件名>

格式2： #include "包含文件名"

例如：调用系统库函数中的字符串处理函数，需在程序的开始使用以下代码。

```
#include <string.h>
```

表明将string.h的内容包含到当前程序文件中。

文件包含在程序设计中非常重要，当用户定义了一些外部变量或宏，可以将这些定义放在一个文件中，凡是需要使用这些定义的程序，只要将该文件包含到相应的程序中，即可以避免对外部变量再次进行说明，同时避免设计人员的重复劳动，既能减少工作量，又可避免出错。

【例7-6】将宏定义放在一个单独的head.h文件中，在程序文件prog.c中求圆的周长、面积和球体积。

知识点说明：

（1）按格式1定义，预处理程序在标准目录下查找指定的文件；按格式2定义，预处理程序首先在引用被包含文件的源文件所在的目录中寻找指定的文件，如没找到，再按系统指定的标准目录查找。

（2）为了提高预处理程序的搜索效率,通常对用户自定义的非标准文件使用格式2，对使用的系统库函数等标准文件使用格式1。

（3）一个#include命令只能包含一个文件。

（4）被包含的文件一定是文本文件，不可以是执行程序或目标程序。

程序代码：

```
/* 文件head.h */
#define  PI 3.14
#define  C  2*PI*r
#define  S  PI*r*r
#define  V  4.0/3*PI*r*r*r
/* 文件prog.c */
#include "head.h"
#include <stdio.h>
void main()
{
    float r;
    scanf("%f",&r);
    printf("C=%f,S=%f,V=%f\n",C,S,V);
}
```

程序运行结果：

```
2.0
C=12.560000, S=12.560000, V=33.493333
```

程序说明：

（1）文件 head.h 中，分别通过宏定义圆周率、圆周长、圆面积和球体积。

（2）文件 prog.c 中，包含用户自定义文件 head.h 和系统库函数文件 stdio.h，分别使用文件包含的两种不同格式书写。

【例 7-7】对例 7-6 改写，定义 file1.h 和 file2.h 两个文件，实现文件包含的嵌套，在程序文件 prog.c 中求圆的周长、面积和圆球体积。

知识点说明：

文件包含也可以嵌套，即 prog.c 中包含文件 file2.h，在 file2.h 中需包含文件 file1.h，可以在 prog.c 中使用#include "file2.h"，无需再次包含 file1.h，因为 file2.h 已经提前将 file1.h 包含。

程序代码：

```
/* 文件 file1.h */
#define  PI 3.14
/* 文件 file2.h */
#include "file1.h"
#define  C  2*PI*r
#define  S  PI*r*r
#define  V  4.0/3*PI*r*r*r
/* 文件 prog.c */
#include "file2.h"
#include <stdio.h>
void main()
{
    float r;
    scanf("%f",&r);
    printf("C=%f,S=%f,V=%f\n",C,S,V);
}
```

程序运行结果：

```
2.0
C=12.560000, S=12.560000, V=33.493333
```

程序说明：

（1）文件 file1.h 中，通过宏定义圆周率。

（2）文件 file2.h 中，通过宏定义圆周长、圆面积和圆球体积。

（3）被包含文件 file1.h 与其所在的文件 file2.h，在预编译后成为同一个文件进行编译。

7.4 条件编译

预处理程序提供了条件编译的功能。可以按不同的条件去编译不同的程序部分，因而产生不同的目标代码文件。这对于程序的移植和调试是很有用的。

条件编译有 3 种形式，下面分别介绍。

1. 第一种形式

```
#ifdef  标识符
  程序段 1
#else
  程序段 2
#endif
```

它的功能是，如果标识符已被 #define 命令定义过，则对程序段 1 进行编译；否则对程序段 2 进行编译。如果没有程序段 2，本格式中的#else 可以省略，即可以写为如下形式。

```
#ifdef  标识符
     程序段
#endif
```

2. 第二种形式

```
#ifndef 标识符
     程序段 1
#else
     程序段 2
#endif
```

与第一种形式的区别是将“ifdef ”改为“ifndef ”。它的功能是，如果标识符未被#define 命令定义过，则对程序段 1 进行编译；否则对程序段 2 进行编译。这与第一种形式的功能正相反。

3. 第三种形式

```
#if 常量表达式
     程序段 1
#else
     程序段 2
#endif
```

它的功能是，如常量表达式的值为真(非 0)，则对程序段 1 进行编译；否则对程序段 2 进行编译。

【例 7-8】 使用条件编译，计算圆的周长。

知识点说明：

（1）编译预处理中的条件编译功能，可以按不同的条件去编译不同的程序部分。

（2）条件编译的条件，可根据标识符是否已被 #define 命令定义过，或常量表达式值的真假，确定对某段程序进行编译。

（3）本题条件编译的条件是，如果标识符已被 #define 命令定义过，则对程序段 1 进行编译；否则对程序段 2 进行编译。

程序代码：

```
/* e7_8.c */
#define PI 3.14
#include<stdio.h>
void main()
{
     float r,c,s;
     printf("input a number:");
     scanf("%f",&r);
     #ifdef  PI
```

```
        c=2*PI*r;
        printf("circle of round is: %f\n",c);
    #else
        s=PI*r*r;
    printf("area of round is: %f\n",s);
    #endif
}
```

程序运行结果：

```
input a number:3.0
circle of round is 18.840000
```

程序说明：

（1）本例中采用了第一种形式的条件编译。

（2）在程序第一行宏定义中，无参宏定义 PI 为 3.14，因此在条件编译时，对程序段 1 进行编译，故计算并输出圆周长。

【例 7-9】 改写例 7-8，使用条件编译，计算圆的面积。

知识点说明：

本题条件编译的条件是，根据标识符是否已被 #define 命令定义过，如果标识符未被#define 命令定义过，则对程序段 1 进行编译；否则对程序段 2 进行编译。

程序代码：

```
/* e7_9.c */
#define PI 3.14
#include<stdio.h>
void main()
{
    float r,c,s;
    printf("input a number:");
    scanf("%f",&r);
    #ifndef  PI                          /* 改写例题 8 中 ifdef 为 ifndef */
        c=2*PI*r;
        printf("circle of round is: %f\n",c);
    #else
        s=PI*r*r;
    printf("area of round is: %f\n",s);
    #endif
}
```

程序运行结果：

```
input a number:3.0
area of round is 28.260000
```

程序说明：

（1）本例中采用了第二种形式的条件编译。

（2）在程序第一行宏定义中，无参宏定义 PI 为 3.14，因此在条件编译时，对程序段 2 进行编译，故计算并输出圆面积。

【例 7-10】使用条件编译，计算圆球的体积。

知识点说明：

本题条件编译的条件是，如常量表达式的值为真(非 0)，则对程序段 1 进行编译；否则对程序段 2 进行编译。

程序代码：

```
/* e7_10.c */
#define R 0
#include<stdio.h>
void main()
{
    float r,c,v;
    printf("input a number:");
    scanf("%f",&r);
    #if R
        c=2*3.14*r;
        s=3.14*r*r;
        printf("c=%f,s=%f\n",c,s);
    #else
        v=4.0/3*3.14*r*r*r;
    printf("volume of sphere is: %f\n",v);
    #endif
}
```

程序运行结果：

```
input a number:3.0
volume of sphere is 113.040000
```

程序说明：

（1）本例中采用了第三种形式的条件编译。

（2）在程序第一行宏定义中，无参宏定义 R 为 0，因此在条件编译时，常量表达式的值为假，对程序段 2 编译，故计算并输出圆球的体积。

上面介绍的条件编译当然也可以用条件语句来实现。但是用条件语句将会对整个源程序进行编译，生成的目标代码程序很长；而采用条件编译，则根据条件只编译其中的程序段 1 或程序段 2，生成的目标程序较短。如果条件选择的程序段很长，采用条件编译的方法是十分必要的。

本 章 小 结

预处理功能是C语言特有的功能，它是在对源程序正式编译前由预处理程序完成的。程序员在程序中用预处理命令调用这些功能。使用预处理功能便于程序的修改、阅读、移植和调试，也便于实现模块化程序设计。本章介绍了 3 类编译预处理命令：宏定义、文件包含和条件编译。

（1）无参宏定义常用来定义符号常量，有参数的宏定义常用来定义一些简单操作。宏定义只做字符替换，不做语法正确性检查。

（2）文件包含主要用于两个方面，一是包含程序中要调用的库函数的头文件，二是包含用户编写的文件。

（3）文件编译通常用于程序调试和提高程序的可移植性，方法是将调试语句放在条件编译结构中。

习 题 7

一、单项选择题

1. 以下说法正确的是________。

A. 可以把 define 和 if 定义为用户标识符。

B. 可以把 define 定义为用户标识符，但不能把 if 定义为用户标识符。

C. 可以把 if 定义为用户标识符，但不能把 define 定义为用户标识符。

D. define 和 if 都不能定义为用户标识符。

2. 下面叙述中不正确的是________。

A. 函数调用时，先求出实参表达式，然后带入形参。而使用带参的宏只是进行简单的字符替换。

B. 函数调用是在程序运行时处理的，分配临时的内存单元。而宏展开则是在编译时进行的，在展开时也要分配内存单元，进行值传递。

C. 对于函数中的实参和形参都要定义类型，二者的类型要求一致，而宏不存在类型问题，宏没有类型。

D. 调用函数只可得到一个返回值，而用宏可以设法得到几个结果。

3. 以下说法不正确的是________。

A. 文件包含是指一个源文件可以将另一个文件的全部内容包含进去。

B. 文件包含处理命令的格式为#include<包含文件名>或#include"包含文件名"。

C. 一条包含命令可以指定多个被包含文件。

D. 文件包含可以嵌套。

4. 下面程序是通过带参的宏定义求圆的面积，下划线处应填写________。

```
#define PI 3.14159
#define AREA(r)_______
void main()
{
    float r=5;
    printf("%f ",AREA(r));
}
```

A. PI*(r)*(r)　　B. PI*(r)　　C. r*r　　D. PI*r*r

5. 以下叙述中正确的是________。

A. 用#include 包含的头文件的后缀不可以是“.a”。

B. 若一些源程序中包含某个头文件；当该头文件有错时，只需对该头文件进行修改，包含此头文件的所有源程序不必重新进行编译。

C. 宏命令行可以看作一行 C 语句。

D. C 编译中的预处理是在编译之前进行的。

6. 下面叙述中正确的是________。

A. 宏定义是 C 语句，所以要在行末加分号。

B. 可以使用#undef 命令来终止宏定义的作用域。

C. 在进行宏定义时，宏定义不能层层嵌套。

D. 对程序中用双引号括起来的字符串内的字符，与宏名相同的要进行置换。

7. 在“文件包含”预处理语句中，当#include 后面的文件名用双引号括起时，寻找被包含文件的方式为________。

A. 直接按系统设定的标准方式搜索目录。

B. 先在源程序所在目录搜索，若找不到，再按系统设定的标准方式搜索。

C. 仅仅搜索源程序所在目录。

D. 仅仅搜索当前目录。

8.下列程序执行后的输出结果是________。

```
#define MA(x) x*(x-1)
void main( )
{
    int a=1,b=2;
     printf("%d \n",MA(1+a+b));
}
```

A. 6　　B. 8　　C. 10　　D. 12

9. 程序中头文件 typel.h 的内容如下。

```
#define  N   5
#define  M1  N*3
```

程序如下。

```
#include  "type1.h"
#define  M2  N*2
void main( )
{
    int i;
    i=M1+M2;
    printf("%d\n",i);
}
```

程序编译后运行的输出结果是________。

A. 10　　B. 20　　C. 25　　D. 30

10. 设有以下宏定义

```
#define  N  3
#define  Y(n)   ((N+1)*n)
```

则执行语句 z=2*(N+Y(5+1));后，z 的值为________。

A. 错　　B. 42　　C. 48　　D. 54

二、填空题

1. C 语言提供的预处理功能主要有________、________和________。
2. C 语言规定预处理命令必须以________开头。
3. 在预编译时将宏名替换成________的过程称为宏展开。
4. 预处理命令不是 C 语句，不必在行末加________。
5. 定义宏的关键字是________。
6. 若有定义：#define PI 3，则表达式 PI*2*2 的值为________。
7. 在宏定义#define A 3.14159 中，宏名 A 代替________。
8. 如要撤销已定义的宏，可使用________命令。

三、阅读程序，写出运行结果

1. 下列程序执行的结果是________。

```
#define MAX(x,y)  (x)>(y)?(x):(y)
void main()
{
    int a=5,b=2,c=3,d=3,t;
```

```
    t=MAX(a+b,c+d)*10;
    printf("%d\n",t);
}
```

2. 下列程序执行的结果是________。

```
#define PI 3.14
#define R  5.0
#define S  PI*R*R
void main()
{
    printf("%f",S);
}
```

3. 下列程序的运行结果是________。

```
#define   N   10
#define   s(x)  x*x
#define   f(x)  (x*x)
void main()
{
    int i1,i2;
    i1=1000/s(N);
    i2=1000/f(N);
    printf("%d,%d\n",i1,i2);
}
```

4. 下列程序的运行结果是________。

```
#include <stdio.h>
#define  N  4+1
#define  M   N*2+N
#define  RE  5*M+M*N
void main()
{
    printf("%d",RE/2);
}
```

5. 下列程序执行的结果是________。

```
#define A 4
#define B(x) A*x/2
void main()
{
    float c,a=4.5;
    c=B(a);
    printf("c=%5.1f", c);
}
```

四、编程题

1. 定义一个带参的宏 swap(x,y)，以实现两个整数之间的交换，并利用它将一维数组 a 和 b 的值进行交换。

2. 自定义一个含整型、实型、字符型输出格式的 format.h 文件，设计一个程序 prog.c，包含该 format.h 文件。

第8章 位运算

学习目标

（1）理解数的机器码表示方法（原码、反码、补码）。

（2）掌握位运算符和位运算。

（3）了解位域的基本原理和使用方法。

前面介绍的各种运算都是以字节为基本单位进行的。而在很多系统软件中，常常需要处理二进制位的问题。为此，C 语言提供了针对二进制位进行运算的位运算符。同时为了节省信息的存储空间，使得处理简便，C 语言还构造了一种称为“位域”的数据结构。本章将介绍位运算的相关知识，适合系统软件的编写，其可应用于计算机检测和控制领域。

8.1 数的机器码表示方法

在计算机中如何对数据组织和存储？进行运算操作时，符号位如何表示？是否同数值位一起参与运算操作？如果参与，会给运算操作带来什么影响？为了妥善处理好这些问题，产生了使用符号位和数值位一起编码来表示相应数的各种表示方法，如原码、反码和补码等计算机内数据组织与存储形式。

8.1.1 字节与位

字节（Byte）是计算机中的存储单元。1 字节可以存放一个英文字母或符号，一个汉字通常要用 2 字节来存储。每字节都有自己的编号，叫作“地址”。

位(bit)是计算机中最小的存储单位。1 字节由 8 个二进制位构成，每位的取值为 0 或 1。最右端的位称为“最低位”，编号为 0；最左端的位称为“最高位”。图 8.1 所示是 1 字节各二进制位的编号。

字（word）是由若干字节组成的一个单元。一个字可以存放一个数据或指令。至于一个字由几字节组成，取决于计算机的硬件系统。

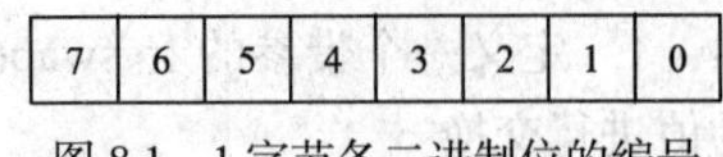

图 8.1 1 字节各二进制位的编号

8.1.2 原码、反码、补码

我们知道，计算机使用的是二进制数。但这些数据有不同的编码方式，分别有原码、反码和补码。

1. 原码

以8位计算机系统为例，我们把最高位（即最左面的一位）留作表示符号，其他7位表示二进制数，这种编码方式叫作原码。最高位为“0”表示正数，为“1”表示负数。

例如，00000011表示+3，10000011表示–3。显然，这样可以表示的数值范围在–128到+127之间。

这种表示方法有一个缺陷，数值0有两个原码，会出现歧义：00000000表示+0，10000000表示–0。

2. 反码

对于正数，反码与原码相同。例如，00000011表示+3。所谓“反码”是指与“原码”在表示负数时相反：符号位（最高位）为“1”表示负数，但其余位的值相反。

例如，11111100表示–3。显然，这样可以表示的数值范围在–128 ~ +127。

这种表示方法仍然有一个缺陷，数值0有两个反码，会出现歧义：00000000表示+0，11111111表示–0。

3. 补码

对于正数，补码与原码相同。

0的补码为00000000。这样，0的表示唯一。

对于负数，可以从原码得到补码，步骤如下：首先，符号位不变，为1；其次，其余各位取反。即0变为1，1变为0；最后，对整个数加1。

【例8-1】 已知一个补码为11111001，求其原码。

知识点说明：

已知一个数的补码，求其原码的操作分两种情况。

（1）如果补码的符号位为“0”，表示是一个正数，所以补码就是该数的原码。

（2）如果补码的符号位为“1”，表示是一个负数，求原码的操作可以是：符号位不变，其余各位取反，然后整个数再加1。

例题说明：

（1）因为符号位为“1”，表示一个负数，所以符号位不变，仍为“1”。

（2）其余7位“1111001”取反后为“0000110”。

（3）整个数再加1，所以11111001的原码是10000111（–7）。

计算机中的数据都采用补码。原因在于使用补码，可以将符号位和其他位统一处理；同时，减法也可按加法来处理。如–3+4可以变成–3的补码与+4的补码相加。另外，两个用补码表示的数相加时，如果最高位（符号位）有进位，则进位被舍弃。

8.2 位运算符和位运算

位运算符是以单独的二进制位为操作对象的运算，而且操作数只能是整型或字符型。这是与其他运算符的主要不同之处。C语言提供了位运算的功能，这使得C语言也能像汇编语言一样用来编写系统程序。

C语言中提供的位运算符有：按位取反（~）、按位与（&）、按位或（|）、按位异或（^）、左移（<<）、右移（>>），此运算规则如表8.1所示。

表 8.1　　　　位运算

x	y	~x	~y	x&y	x|y	x^y
0	0	1	1	0	0	0
0	1	1	0	0	1	1
1	0	0	1	0	1	1
1	1	0	0	1	1	0

8.2.1　按位取反运算符 ~

格式：~x

功能：各二进制位翻转，即原来为 1 的位变成 0，原来为 0 的位变成 1。

【例 8-2】设有变量 x：25(00011001)和变量 y：0(00000000)，实现两个变量的各二进制位翻转。

知识点说明：

（1）间接地构造一个数，以增强程序的可移植性。如通过求 ~0，可以间接构造一个各位全 1 的二进制数。

（2）位运算符中，只有按位取反运算符为单目运算符，其他运算符均为双目运算符。

x：	25(00011001)	y：	0(00000000)
~x：	-26(11100110)	~y：	-1(11111111)

程序代码：

```
/* e8_2.c */
#include<stdio.h>
void main()
{
    int x=25;
    unsigned y=0;
    printf("~x:%d\n",~x);              /* ~x 的补码为 11100110 */
    printf("~y:%d\n",~y);              /* ~y 的补码为 11111111 */
}
```

程序运行结果：

```
~x:-26
~y:-1
```

程序说明：

（1）通过 ~ 运算，操作数中原来为 1 的位变成 0，原来为 0 的位变成 1。

（2）~x 的补码为 11100110，符号位是 1，表示负数，根据补码求原码，可求出 ~x 的原码为–26。

（3）~y 的补码为 111111111，符号位是 1，表示负数，根据补码求原码，可求出 ~y 的原码为–1。

8.2.2　按位与运算符&

格式：x & y

功能：当两个操作对象二进制数的相同位都为 1 时，结果数值的相应位为 1，否则相应位为 0。

【例 8-3】设有操作数 s：146(10010010)，要求借助掩码 mask，通过 & 运算，保留操作数 s 的前 4 位，清零后 4 位。

知识点说明：

执行按位与运算符，可实现保留（或清零）一个数的指定位。

s:	146(10010010)
& mask:	240(11110000)
z:	144(10010000)

程序代码：

```
/* e8_3.c */
#include<stdio.h>
void main()
{
    int s=146,mask=240,z;
    z=s&mask;
    printf("s=%d,mask=%d,z=%d\n",s,mask,z);
}
```

程序运行结果：

```
s=146, mask=240, z=144
```

程序说明：

（1）掩码 mask 中保留位置为 1，清零位置为 0。

（2）通过&运算，操作数 s 的前 4 位保留，后 4 位清零。

8.2.3 按位或运算符|

格式：x | y

功能：当两个操作对象二进制数的相同位都为 0 时，结果数值的相应位为 0，否则相应位为 1。

【例 8-4】设有操作数 s：81(01010001)，要求借助掩码 mask，通过 | 运算，操作数 s 后 4 位置 1。

知识点说明：

执行按位或运算符，可实现将一个数的指定位设置为 1。

s:	81(01010001)
| mask:	15(00001111)
z:	95(01011111)

程序代码：

```
/* e8_4.c */
#include<stdio.h>
void main()
{
    int s=81,mask=15,z;
    z=s|mask;
    printf("s=%d,mask=%d,z=%d\n",s,mask,z);
}
```

程序运行结果：

```
s=81, mask=15, z=95
```

程序说明：

（1）掩码 mask 中后 4 位置 1 。

（2）通过 | 运算，操作数 s 的后 4 位置 1。

8.2.4 按位异或运算符^

格式：x ^ y

功能：当两个操作对象二进制数的相同位的值相同时，结果数值的相应位为 0，否则相应位为 1。

【例 8-5】设有变量 a：3（00000011）和变量 b：4(00000100)，使用 ^ 运算，不借助临时变量，交换两个变量的值。

知识点说明：

执行按位异或运算符，可实现将数的指定位翻转（即原来为 1 的位变为 0，为 0 的变为 1），其余各位不变。

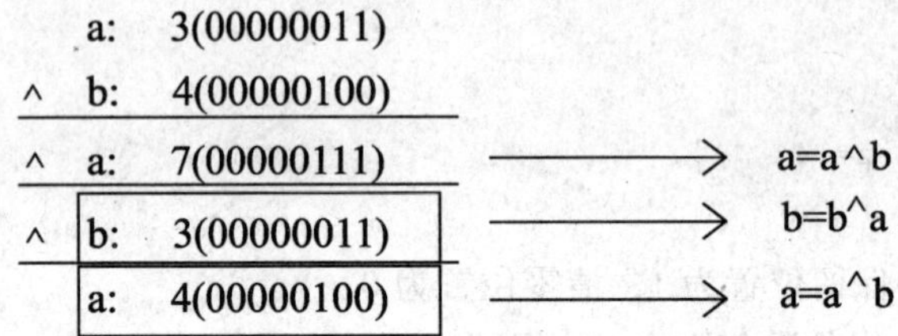

程序代码：

```
/* e8_5.c */
#include<stdio.h>
void main()
{
   int a,b;
   a=3;b=4;
   a=a^b;                  /* 执行按位异或运算后，a 为 7 */
   b=b^a;                  /* 执行按位异或运算后，b 为 3 */
   a=a^b;                  /* 执行按位异或运算后，a 为 4 */
   printf("%d,%d\n",a,b);
}
```

程序运行结果：

```
4, 3
```

程序说明：

通过 3 次^运算，不借助第三个变量，变量 a 的值 3 变换成 4，变量 b 的值变换成 3，实现两个变量值交换。

8.2.5 左位移运算符<<

格式：x<<要位移的位数

功能：把操作对象的二进制数向左移动指定的位，高位溢出，并在右面补上相应位数的 0。

【例 8-6】设有操作数 a：43(00101011)，求其左移 2 位后的结果。

知识点说明：

（1）左移会引起数据的变化。

（2）左移一位相当于对原来的数值乘以 2。

（3）左移 n 位相当于对原来的数值乘以 2^n。

```
a:  43(00101011)  <<2
b:  172(10101100)
```

程序代码：

```
/* e8_6.c */
#include<stdio.h>
void main()
{
   int a,b;
   a=43;
   b=a<<2;
   printf("%d,%d\n",a,b);
}
```

程序运行结果：

```
43, 172
```

程序说明：

（1）执行 x<<2，高两位“00”溢出，右面补上两个 0。

（2）左移 2 位，相当于原操作数 43 乘以 2^2，即 172。

【例 8-7】从键盘上输入 1 个正整数 num，按二进制位输出该数。

知识点说明：

除按位取反运算外，其余 5 个位运算符均可与赋值运算符一起，构成复合赋值运算符： &=、|=、^=、<<=、>>=。本例采用复合赋值运算符“<<=”。

程序代码：

```
/* e8_7.c */
#include "stdio.h"
void main()
{
    int num, mask, i;
    printf("Input a integer number:");
    scanf("%d",&num);
    mask=1<<15;                          /* 构造 1 个最高位为 1、其余各位为 0 的整数 */
    printf("%d=",num);
    for(i=1;i<=16;i++)
    {
        putchar(num&mask ?'1':'0');      /* 输出最高位的值(1/0) */
        num<<=1;                         /* 将次高位移到最高位上 */
        if(i%4==0) putchar(',');         /* 四位一组，用逗号分开 */
    }
    printf("\bB\n");
}
```

程序运行结果：

```
Input a integer number:65
65=0000,0000,0100,0001B
```

程序说明：

（1）构造 1 个最高位为 1、其余各位为 0 的整数放入 mask 变量中，采用左移 15 位的方法。

（2）变量 num 与 mask 变量进行“&”运算，如果为真输出字符“1”，否则输出字符“0”。

（3）将次高位移到最高位上，采用复合赋值运算符“<<=”；输出的“0 ”或“1”字符四位一组，用逗号分开。对 16 位上的各位采用循环进行该操作。

8.2.6 右位移运算符>>

格式：x>>要位移的位数

功能：把操作对象的二进制数向右移动指定的位，移出的低位舍弃；高位补位分以下两种情况：

（1）对无符号数或有符号数的正数，右移时左边高位补 0。

（2）有符号数的负数，右移时左边高位的补位，取决于计算机系统。如补 0，称为“逻辑右移”，补 1 称为“算术右移”。

【例 8-8】设有操作数 a：83(01010011)，求其右移 2 位后的结果。

知识点说明：

（1）右移会引起数据的变化。

（2）右移一位相当于对原来的数值除以 2。

（3）右移 n 位相当于对原来的数值除以 2^n。

a：83(01010011)　>>2

b：20(00010100)

程序代码：

```
/* e8_8.c */
#include<stdio.h>
void main()
{
   int a,b;
   a=83;
   b=a>>2;
   printf("%d,%d\n",a,b);
}
```

程序运行结果：

```
83, 20
```

程序说明：

（1）对于无符号数 01010011，执行 x>>2，低两位“11”舍弃，高位补上两个 0。

（2）右移 2 位，相当于原操作数 83 除以 2^2，即 20。

【例 8-9】取 1 个八进制整数 a 从右端开始的 4 ~ 7 位。

知识点说明：

（1）二进制位最右端的位称为“最低位”，编号为 0；最左端的位称为“最高位”，而且按从最低位到最高位顺序，依次编号。

（2）欲取出 a 右端开始的 4 ~ 7 位，需先将 0 ~ 3 位移出，需采用右位移运算符>>。

程序代码：

```
/* e8_9.c */
#include <stdio.h>
void main()
```

```
{
    unsigned a,b,c,d;
    scanf("%o",&a);                    /* 键盘输入 1 个八进制的整数 */
    b=a>>4;                            /* a 右移 4 位 */
    c=~(~0<<4);                        /* 构造 1 个低 4 位全为 1、其余各位为 0 的整数 */
    d=b&c;
    printf("%o,%d\n%o,%d\n",a,a,d,d);
}
```

程序运行结果：

```
0101
101, 65
4, 4
```

程序说明：

（1）先使 a 右移 4 位，目的是使要取出的那几位移到最右端，如图 8.2 所示。

右移到最右端可以用 a>>4 实现。

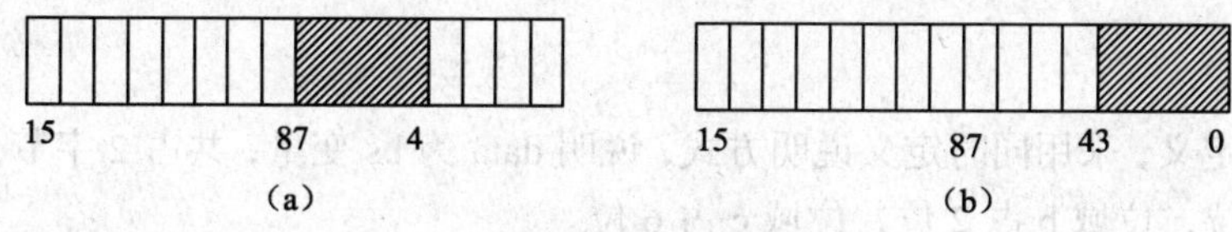

图 8.2 右移示意图

（2）设置一个低 4 位全为 1，其余全为 0 的数。实现方法为 ~（ ~ 0<<4）。

（3）将上面二者进行&运算。即：(a>>4) & ~（~ 0<<4）。

（4）与低 4 位为 1 的数进行&运算，就能将这 4 位保留下来。

8.3 位域（位段）

存储信息时，并不一定需要占用 1 或多数完整的字节，而只需 1 个或几个二进制位。例如，在存放一个开关量时，只有 0 和 1 两种状态，用 1 位二进制位即可。那么怎样对 1 字节中 1 个或几个二进制位赋值或改变其值呢？可以采用位域，用较少的位数存储数据。

8.3.1 位域的定义和位域变量的说明

1. 位域的定义

位域，是把 1 字节中的二进制位划分为几个不同的区域，并说明每个区域的位数。每个域有一个域名，允许在程序中按域名进行操作。

位域定义形式：

```
struct 位域结构名
{ 位域列表 };
```

其中位域列表的形式：

```
类型说明符 位域名：位域长度
```

例如：

```
struct bs
{
    int a:8;
    int b:2;
    int c:6;
};
```

2. 位域变量的说明

位域本质上是一种结构类型，不过其成员是按二进位分配的，以位为单位来指定其成员所占内存长度。所以，位域变量的说明，与结构体变量定义类似，可采用先定义后说明、同时定义说明或者直接说明 3 种方式。

例如：

```
struct bs
{
    int a:8;
    int b:2;
    int c:6;
}data;
```

位域变量的定义，采用同时定义说明方式，说明 data 为 bs 变量，共占 2 字节，如图 8.3 所示。其中位域 a 占 8 位，位域 b 占 2 位，位域 c 占 6 位。

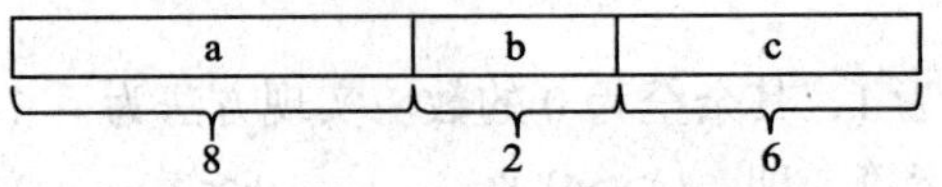

图 8.3 位域变量 data 的存储长度

对于位域的定义尚有以下几点说明。

（1）位域成员的类型必须指定为 unsigned 或 int 类型。

（2）若有意使某位域从下一字节开始，可定义如图 8.4 所示。

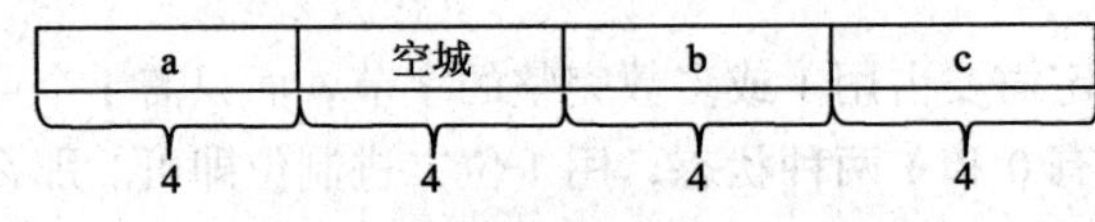

图 8.4 位域 b 从第二字节开始存放

例如：

```
struct bs
{
    unsigned a:4
    unsigned :0              /* 空域 */
    unsigned b:4             /* 从下一单元开始存放 */
    unsigned c:4
}
```

在这个位域定义中，a 占第一字节的 4 位，后 4 位填 0 表示不使用，b 从第二字节开始，占用 4 位，c 占用 4 位。

（3）如一字节所剩空间不够存放另一位域时，也应从下一单元起存放该位域。

（4）一个位域必须存储在同一字节中，不能跨两字节。也就是说一个位域的长度不能超过 8 位二进制位。

（5）位域可以无位域名，这时它只用来作填充或调整位置。无名的位域是不能使用的。例如：

```
struct k
{
    int a:1
    int  :2                        /* 该 2 位不能使用 */
    int b:3
    int c:2
};
```

8.3.2 位域的使用

在计算机用于过程控制、参数检测或数据通信领域时，控制信息往往只占一字节中的 1 个或几个二进制位，使用位域实现了数据压缩，显得尤为重要。

【例 8-10】 位域的使用。

知识点说明：

（1）位域的使用一般形式为：

位域变量名.位域名

（2）位域允许用各种格式输出。

程序代码：

```
/* e8_10.c */
#include <stdio.h>
void main()
{
    struct bs                      /* 定义位域结构 bs，3 个位域分别为 a，b，c */
    {
        unsigned a:1;
        unsigned b:3;
        unsigned c:4;
    }bit,*pbit;                    /* 定义指向位域结构 bs 类型的指针变量 pbit */
    bit.a=1;
    bit.b=7;
    bit.c=5;
    printf("%d,%o,%x\n",bit.a,bit.b,bit.c);
    pbit=&bit;
    pbit->a=0;
    pbit->b&=3;
    pbit->c|=1;
    printf("%d,%d,%d\n",pbit->a,pbit->b,pbit->c);
}
```

程序运行结果：

```
1, 7, 5
0, 3, 5
```

程序说明：

（1）程序中第 10、11、12 行分别给 3 个位域赋值。

（2）第 13 行以各种整型格式输出 3 个位域的内容。

（3）第 14 行把位域变量 bit 的地址赋值给指针变量 pbit。

（4）第 16 行使用了复合的位运算符“&=”，该行相当于

```
pbit->b=pbit->b&3
```

位域 b 中原有值为 7，与 3 按位与运算的结果为 3(111&011=011，十进制值为 3)。

（5）同样，第 17 行中使用了复合位运算符“|=”，相当于

```
pbit->c=pbit->c|1
```

其结果为 15。

（6）第 18 行用指针方式输出了这 3 个位域的值。

本 章 小 结

本章介绍的位运算在系统软件开发与计算机检测和控制领域中有重要应用，也是 C 语言的特色之一。重点要求掌握位运算符及其应用，难度不大，但要求读者对计算机中数据的存储及其表示方法有一定的了解。

（1）位运算是 C 语言的一种特殊运算功能，它是以二进制位为单位进行运算的。位运算符只有逻辑运算和移位运算两类。位运算符可以与赋值符一起组成复合赋值符。如&=，|=，^=，>>=，<<=等。

（2）利用位运算可以完成汇编语言的某些功能，如置位、位清零、移位等。还可进行数据的压缩存储和并行运算。

（3）位域在本质上是结构类型，不过它的成员按二进制位分配内存。位域提供了一种手段，使得可在高级语言中实现数据的压缩，节省了存储空间，同时也提高了程序的效率。

习 题 8

一、单项选择题

1. 以下叙述中不正确的是________。

   A. a&=b 等价于 a=a&b　　B. a|=b 等价于 a=a|b

   C. a!=b 等价于 a=a!b　　D. a^=b 等价于 a=a^b

2. char x=56; x=x&056; printf("%d,%o\n",x,x);

   以上程序段的结果是________。

   A. 56,70　　B. 0,0　　C. 40,50　　D. 62,76

3. char z='A'; int b; b=((241&15)&&(z|'a'));b 的值为________。

   A. 0　　B. 1　　C. TURE　　D. FALSE

4. int x=1,y=2;x=x^y;y=y^x;x=x^y;

   执行以上语句后,x 和 y 的值分别是________。

   A. x=1,y=2　　B. x=2,y=2　　C. x=2,y=1　　D. x=1,y=1

5. 在C语言中，要求操作数必须是整型或字符型的运算符是________。

A. &&　　B. &　　C. !　　D. ||

6. 表达式0x13&0x17的值是________。

A. 0x17　　B. 0x13　　C. 0xf8　　D. 0xec

7. 设有定义语句：char c1=92,c2=92;，则以下表达式值为0的是________。

A. c1^c2　　B. c1&c2　　C. ~c2　　D. c1|c2

8. 设char型变量x的值为10100111，则表达式（2+x）^(~3)的值是________。

A. 10101001　　B. 10101000　　C. 11111101　　D. 01010101

9. 设有以下语句：char a=3,b=6,c;c=a^b<<2;，则c的二进制值是________。

A. 00011011　　B. 00010100　　C. 00011100　　D. 00011000

二、填空题

1. 设 x=11001101,若要通过x&y使x的低4位不变,高4位清零,则y的二进制数是________。
2. 设 x=10100011,若要通过x^y 使x的高4位取反,低4位不变,则y的二进制数是________。
3. 设有以下语句：char x=4,y=8,z; z=x^y>>2;，则z的二进制值是________。
4. 下列程序段的运行结果是________。

```
int a=1,b=2;
if(a&b)  printf("***\n");
else     printf("$$$\n");
```

5. 位运算中，操作数每右移一位，相当于________。
6. 位运算中，唯一的单目运算符是________。
7. 位域成员的类型必须指定为________。
8. 计算机内部是以________形式存放数值的。

三、阅读程序，写出运行结果

1. 下列程序执行的结果是________。

```
#include <stdio.h>
void main()
{
    unsigned char a,b,c;
    a=0x3;b=a|0x8;c=b<<1;
    printf("%d,%d,%d",a,b,c);
}
```

2. 下列程序执行的结果是________。

```
#include <stdio.h>
void main()
{
    int x=3,y=2,z=1;
    printf("%d",x/y&~z);
}
```

3. 下列程序执行的结果是________。

```
#include <stdio.h>
void main()
{
    char x=040;
    printf("%d",x=x>>1);
}
```

4. 下列程序执行的结果是________。

```
#include <stdio.h>
void main()
{
    unsigned char a,b;
    a=7^3;b=~4&3;
    printf("%d,%d",a,b);
}
```

5. 下列程序执行的结果是________。

```
#include <stdio.h>
void main()
{
    unsigned a=0112,x,y,z;
    x=a>>3;printf("x=%o,",x);
    y=~(~0<<4);printf("y=%o,",y);
    z=x&y;printf("z=%o\n",z);
}
```

四、编程题

1. 取一个整数 a 从右端开始的 4~9 位。[位号从 0 开始，例如：16 位数位 0~15 位]。

2. 已知整数 a，将整数 a 的右边第 1、2、4、5、8 位保留(右起为第 1 位)，其他位翻转构成新 a，并以八进制格式输出。

第9章 文件

学习目标

（1）了解文件的概念以及缓冲文件系统和非缓冲文件系统。

（2）掌握文件的打开、关闭、读、写等操作。

（3）掌握文件的定位和随机读写操作。

程序运行过程中，可以通过键盘输入数据，并将程序的运行结果显示在屏幕上。实际生活中，常常还需要将运行结果进行保存。C 语言中，通过文件保存运行结果，且可以随时查看运行结果，同时还可以通过程序读取文件中的内容。

9.1 文件及文件指针

9.1.1 文件的概念

文件是指一组相关数据的有序集合。这个数据集有一个名称，叫作文件名。从用户的角度看，文件可分为普通文件和设备文件两种。

普通文件是指驻留在磁盘或其他外部介质上的一个有序数据集，可以是程序文件、数据文件等，在使用时才被调入内存。操作系统是以文件为单位对数据进行管理的。也就是说，如果想找到存储在外部介质上的数据，必须先按文件名找到所指定的文件，然后再从该文件中读取数据。要向外部存储数据则必须先建立一个文件，才能向它输出数据。

设备文件是指与主机相连的各种外部设备，如显示器、打印机、键盘等。操作系统把外部设备也看作文件来进行管理，把它们的输入、输出等同于对磁盘文件的读和写。

通常把显示器定义为标准输出文件，在屏幕上显示有关信息对操作系统来说就是向标准输出文件输出数据。如前面经常使用的 printf 和 putchar 函数就是这类输出。

通常把键盘定义为标准输入文件，从键盘上输入信息对操作系统来说就是从标准输入文件中获取数据。scanf 和 getchar 函数就属于这类输入。

C 语言把文件看作字符或字节的序列集合。根据数据的组织形式，可分为 ASCII 文件（又称为文本文件）和二进制文件。

ASCII 文件在磁盘中存放时，每字节存放一个 ASCII 码，每一个 ASCII 码相应于一个可以显示的字符。ASCII 文件按字符显示，因此使用人员能读懂文件内容。

例如，数 5678 的存储形式为：

ASCII 码：　　00110101　00110110　00110111　00111000

↓　　↓　　↓　　↓

十进制码：　　5　　6　　7　　8

共占用 4 字节。

二进制文件则是把内存中的数据，按其在内存中的存储形式原样输出到磁盘上存放。也就是说二进制文件是按二进制的编码方式来存放文件的。

例如，数 5678 的存储形式为：

00010110　00101110

只占 2 字节。

二进制文件虽然也可在屏幕上显示，但其内容无法读懂。C 系统在处理这些文件时，并不区分类型，都看作字符流，按字节进行处理。输入输出字符流的开始和结束只由程序控制而不受物理符号(如回车符)的控制。因此也把这种文件称作“流式文件”。

用 ASCII 形式输出时，与字符一一对应，一字节代表一个字符，因而便于对字符进行逐个处理，也便于输出字符，缺点是占存储空间较多，而且要花费二进制形式与 ASCII 形式之间的转换时间。用二进制形式输出数值数据，可以节省外存空间和转换时间，但一字节不能对应一个字符，不能直接输出字符形式。对于需要暂时保存在外存上以后又要输入到内存的中间结果数据，通常用二进制形式保存。

C 的文件系统可分为缓冲文件系统和非缓冲文件系统两类。

缓冲文件系统又称为高级磁盘输入输出系统。系统自动地在内存区为每一个正在使用的文件名开辟一个缓冲区：从磁盘文件中读取数据时，先将数据读到缓冲区，然后再从缓冲区将数据快速送到应用程序的变量中去。下次再读数据时，首先判断缓冲区中是否有数据，如果有，则直接从缓冲区中读，否则就要从磁盘中读取。从内存向磁盘输出数据必须先送到内存中的缓冲区，装满缓冲区后才一起送到磁盘去。

非缓冲文件系统又称为低级磁盘输入输出系统，系统不为这类文件自动提供文件缓冲区，而由用户自己根据需要设置。

这两种文件系统分别对应不同的输入输出函数，缓冲文件系统为用户提供了很多方便，代替用户做了很多事情，功能相当强大。而非缓冲文件系统则直接依赖于操作系统。

缓冲文件系统输入输出称为标准输入输出（标准 I/O），而非缓冲文件系统输入输出称为系统 I/O。

本章讨论流式文件的打开、关闭、读、写、定位等各种操作。

9.1.2　文件指针

每个被使用的文件都在内存中开辟一个区域，用来存放文件的有关信息。这些信息保存在一个结构体变量中。该结构体类型是系统定义的，类型名为 FILE，在 stdio.h 中定义为：

```
typedef struct
{
    short level;                    /*缓冲区"满"或"空"的程度*/
    unsigned flags;                 /*文件状态标志*/
    char fd;                        /*文件描述符*/
    unsigned char hold;             /*如无缓冲区不读取字符*/
    short bsize;                    /*级冲区的大小*/
    unsigned char * buffer;         /*数据缓冲区的位置*/
```

```
    unsigned char * curp;                /*指针，当前的指向*/
    unsigned istemp;                     /*临时文件，指示器*/
    short token;                         /*用于有效性检查*/
}FILE;
```

C语言中用一个指针变量指向一个文件，这个指针称为文件指针。通过文件指针就可对它所指的文件进行各种操作。

例如：FILE * fp;定义了一个能够指向某个文件的指针变量 fp。

9.2 文件的打开与关闭

文件在进行读写操作之前要先打开，使用完毕要及时关闭。

9.2.1 文件的打开(fopen 函数)

ANSI C 规定了标准输入输出函数库，用 fopen()函数来实现打开文件。fopen 函数的调用方式通常如下。

```
FILE * fp;
fp=fopen(文件名，文件使用方式);
```

例如：fp=fopen("al","r");

它表示要打开名字为 al 的文件，使用文件方式为“只读”(r 代表 read，即读入)，fopen 函数返回指向 al 文件的指针并赋给 fp，这样 fp 就和文件 al 相联系了，或者说，fp 指向 al 文件。

可以看出，在打开一个文件时，通知给编译系统以下 3 个信息。①需要打开的文件名，也就是准备访问的文件的名字。②使用文件的方式(“读”还是“写”等)。③让哪一个指针变量指向被打开的文件。

文件使用的方式共有 12 种，如表 9.1 所示。

表 9.1 文件使用方式

文件使用方式	含 义
“r”	只读打开一个文本文件，只允许读数据
“w”	只写打开或建立一个文本文件，只允许写数据
“a”	追加打开一个文本文件，并在文件末尾写数据
“rb”	只读打开一个二进制文件，只允许读数据
“wb”	只写打开或建立一个二进制文件，只允许写数据
“ab”	追加打开一个二进制文件，并在文件末尾写数据
“r+”	读写打开一个文本文件，允许读和写
“w+”	读写打开或建立一个文本文件，允许读写
“a+”	读写打开一个文本文件，允许读，或在文件末追加数据
“rb+”	读写打开一个二进制文件，允许读和写
“wb+”	读写打开或建立一个二进制文件，允许读和写
“ab+”	读写打开一个二进制文件，允许读，或在文件末追加数据

说明：

（1）文件使用方式由 r,w,a,t,b，+这 6 个字符进行组合，各字符的含义：

```
r(read):          /*读*/
w(write):         /*写*/
a(append):        /*追加*/
t(text):          /*文本文件，可省略不写*/
b(banary):        /*二进制文件*/
+:                /*读和写*/
```

（2）用“r”打开一个文件时，该文件必须已经存在，且只能从该文件读出。

（3）用“w”打开的文件只能向该文件写入。若打开的文件不存在，则以指定的文件名建立该文件，若打开的文件已经存在，则将该文件删去，重建一个新文件。

（4）若要向一个已存在的文件追加新的信息，只能用“a”方式打开文件。但此时该文件必须是存在的，否则将会出错。

（5）在打开一个文件时，如果出错，fopen 将返回一个空指针值 NULL。在程序中可以用这一信息来判别是否完成打开文件的工作，并做相应的处理。因此常用以下程序段打开文件。

```
if((fp=fopen("c:\\abc","rb")==NULL)
{
     printf("\nerror on open c:\\abc file!");
     getch();
     exit(1);
}
```

这段程序的意义是，如果返回的指针为空，表示不能打开 C 盘根目录下的 abc 文件，则给出提示信息“error on open c:\abc file!”，下一行 getch()的功能是从键盘输入一个字符，但不在屏幕上显示。在这里，该行的作用是等待，只有当用户从键盘敲任一键时，程序才继续执行，因此用户可利用这个等待时间阅读出错提示。敲键后执行 exit(1)退出程序。

（6）标准输入文件(键盘)、标准输出文件(显示器)、标准出错输出(出错信息)是由系统打开的，可直接使用。

9.2.2 文件关闭函数（fclose 函数）

文件使用完毕，应及时关闭，以避免文件的数据丢失等错误。fclose 函数调用的一般形式为：

```
fclose(文件指针);
```

例如：

```
fclose(fp);
```

正常完成关闭文件操作时，fclose 函数返回值为 0。如返回非 0 值则表示有错误发生。

9.3 文件的读写

读文件就是从文件中将数据复制到内存变量中来，处理完之后，通常需要将数据写入文件，即将内存变量中的数据复制到文件中去。文件打开之后，就可以对它进行读写操作。

C 语言在头文件 stdio.h 中提供了多种文件读写的函数：字符读写函数、字符串读写函数、数据块读写函数、格式化读写函数等。下面分别予以介绍。

9.3.1 字符读写函数 fgetc 和 fputc

1. 读字符函数 fgetc

格式：fgetc(文件指针);

功能：从指定的文件读入一个字符。

说明：

（1）使用该函数前，必须是以读或读写方式打开文件。

（2）在文件内部有一个位置指针，用来指向文件的当前读写字节。在文件打开时，该指针总是指向文件的第一字节。使用 fgetc 函数后，该位置指针将向后移动 1 字节。因此可连续多次使用 fgetc 函数，读取多个字符。应注意文件指针和文件内部的位置指针不是一回事。文件指针是指向整个文件的，需在程序中定义说明，只要不重新赋值，文件指针的值是不变的。文件内部的位置指针用以指示文件内部的当前读写位置，每读写一次，该指针均向后移动，它不需在程序中定义说明，而是由系统自动设置。

2. 写字符函数 fputc

格式：fputc(字符量，文件指针);

功能：把一个字符写入指定的文件中。

说明：

（1）待写入的字符量可以是字符常量或变量。

（2）被写入的文件可以用写、读写、追加方式打开，用写或读写方式打开一个已存在的文件时将清除原有的文件内容，写入字符从文件首开始。如需保留原有文件内容，希望写入的字符以文件末开始存放，必须以追加方式打开文件。被写入的文件若不存在，则创建该文件。

（3）每写入一个字符，文件内部位置指针向后移动 1 字节。

（4）fputc 函数有一个返回值，如写入成功则返回写入的字符，否则返回一个 EOF。可用此来判断写入是否成功。

【例 9-1】从键盘输入一行字符，写入一个文件（d:\C\example\9_1.dat），再把该文件内容读出显示在屏幕上。

知识点说明：

（1）文件打开与关闭，文件操作之前首先使用 fopen 函数打开文件，操作结束后需要使用 fclose 函数关闭文件。

（2）文件的读/写，fgetc 和 fputc 函数可以完成文件中单个字符的读、写操作。

程序代码：

```
/* e9_1.c */
#include <stdio.h>
#include <stdlib.h>
#include <conio.h>
void main()
{
    FILE * fp;
    char ch;
    if((fp=fopen("d:\\C\\example\\9_1.dat","w+"))==NULL)
    {
        printf("Cannot open file strike any key exit!");
        getch();
```

```
        exit(1);
    }
    printf("input a string:\n");
    ch=getchar();
    while (ch!='\n')
    {
        fputc(ch,fp);
        ch=getchar();
    }
    rewind(fp);
    ch=fgetc(fp);
    while(ch!=EOF)
    {
        putchar(ch);
        ch=fgetc(fp);
    }
    printf("\n");
    fclose(fp);
}
```

程序运行结果：

```
input a string:
abc
abc
```

程序说明：

程序中以读写文本文件方式打开文件 9_1.dat。程序第 13 行从键盘读入一个字符后进入循环。当读入字符不为回车符时，则把该字符写入文件之中，然后继续从键盘读入下一字符。每输入一个字符，文件内部位置指针向后移动 1 字节。写入完毕，该指针已指向文件末。如要把文件从头读出，需把指针移向文件头，程序第 19 行 rewind 函数用于把 fp 所指文件的内部位置指针移到文件头。第 20 ~ 25 行用于读出文件中的内容。

【例 9-2】把命令行参数中的前一个文件名标识的文件，复制到后一个文件名标识的文件中，如命令行中只有一个文件名则把该文件写到标准输出文件(显示器)中。

知识点说明：

（1）带参数的 main 函数可以向程序中传送命令行参数，main 函数的格式为 void main(int argc, char *argv[])，其中参数 argc 记录了命令行中命令与参数的个数，即 argv 中元素的个数，字符型指针数组 argv 指向命令行输入的若干个字符串，这些字符串以空格隔开。

（2）执行程序时，可以事先生成可执行文件，启动 cmd 伪 DOS 模式，切换至当前目录，在命令行中输入命令名（可执行文件名）和参数。

程序代码：

```
/* e9_2.c */
#include <stdio.h>
#include <stdlib.h>
#include <conio.h>
void main(int argc,char *argv[])
{
    FILE * fp1,* fp2;
    char ch;
    if(argc==1)
    {
        printf("have not enter file name strike any key exit");
        getch();
        exit(0);
    }
```

```
    if((fp1=fopen(argv[1],"r"))==NULL)
    {
        printf("Cannot open %s\n",argv[1]);
        getch();
        exit(1);
    }
    if(argc==2) fp2=stdout;
    else if((fp2=fopen(argv[2],"w+"))==NULL)
        {
            printf("Cannot open %s\n",argv[1]);
            getch();
            exit(1);
        }
    while((ch=fgetc(fp1))!=EOF)
        fputc(ch,fp2);
    fclose(fp1);
    fclose(fp2);
}
```

程序说明：

本程序为带参的 main 函数。程序中定义了两个文件指针 fp1 和 fp2，分别指向命令行参数中给出的文件。如命令行参数中没有给出文件名，则给出提示信息。程序第 18 行表示如果只给出一个文件名，则使 fp2 指向标准输出文件(即显示器)。程序第 25 ~ 28 行用循环语句逐个读出文件 1 中的字符再送到文件 2 中。再次运行时，给出了 1 个文件名，故输出给标准输出文件 stdout，即在显示器上显示文件内容。第三次运行，给出了 2 个文件名，因此把 fp1 所指文件中的内容读出，写入 fp2 所指文件中。

9.3.2 字符串读写函数 fgets 和 fputs

1. 读字符串函数 fgets

格式：fgets(字符数组名,n,文件指针);

功能：从指定的文件中读一个字符串到字符数组中。

说明：

（1）n 是一个正整数。表示从文件中读出的字符串不超过 n–1 个字符。在读入的最后一个字符后加上串结束标志'\0'。

（2）在读出 n–1 个字符之前，如遇到了换行符或 EOF，则读出结束。

（3）fgets 函数也有返回值，其返回值是字符数组的首地址。

例如：fgets(str,n,fp);是从 fp 所指的文件中读出 n–1 个字符送入字符数组 str 中。

2. 写字符串函数 fputs

格式：fputs(字符串,文件指针);

功能：向指定的文件写入一个字符串。

说明：字符串可以是字符串常量，也可以是字符数组名，或指针变量。

【例 9-3】从键盘输入字符，并输出到磁盘文件。

知识点说明：

文件的读/写，fgets 和 fputs 函数可以完成文件中一个字符串的读、写操作。

程序代码：

```
/* e9_3.c */
#include <stdio.h>
#include <string.h>
```

```
#include <stdlib.h>
void main()
{
    FILE * fp;
    char string[100];
    if((fp=fopen("file1.txt","w"))==NULL)
    {
        printf("can't open file");
        exit(0);
    }
    while((strlen(gets(string)))>0)
    {
        fputs(string,fp);
        fputs("\n",fp);
    }
    fclose(fp);
}
```

程序运行后，查看 file1.txt 文件可以看到输入的内容。

程序说明：

运行时，从键盘输入的字符被送到 string 字符数组中。用 fputs()函数把字符串 file1.txt 输出到文件中。

9.3.3 数据块读写函数 fread 和 fwrite

C 语言还提供了用于整块数据的读写函数，可用来读写一组数据，如一个数组元素，一个结构变量的值等。

读数据块函数：fread(buffer,size,count,fp);

写数据块函数：fwrite(buffer,size,count,fp);

说明：

（1）buffer 是一个指针，在 fread 函数中，它表示存放输入数据的首地址。在 fwrite 函数中，它表示存放输出数据的首地址。

（2）size 表示要读写的数据块的字节数。

（3）count 表示要读写的数据块块数。

（4）fp 文件指针。

例如：

```
fread(f,4,2,fp);
```

其中 f 是一个实型数组名。一个实型变量占 4 字节。这个函数从 fp 所指向的文件连续读入 2 次数据(每次 4 字节)，存储到数组 f 中。

【例 9-4】从键盘输入 4 个学生数据，然后存储在磁盘文件中。

知识点说明：

文件的读/写，fread 和 fwrite 函数用于完成文件中一组数据的读、写操作。

程序代码：

```
/* e9_4.c */
#include <stdio.h>
#define SIZE 4
struct student
{
    char name[15];
    int num;
```

```
    int age;
    char addr[15];
}stu[SIZE];
void save()
{
    FILE * fp;
    int i;
    if((fp=fopen("9_4.dat","wb"))==NULL)
    {
        printf("cannot open file\n");
        return;
    }
    for(i=0;i<SIZE;i++)
        if(fwrite(&stu[i],sizeof(struct student),1,fp)!=1)
            printf("file write error\n");
    fclose(fp);
}
void main()
{
    int i;
    for(i=0;i<SIZE;i++)
        scanf("%s %d %d %s", stu[i].name,&stu[i].num,&stu[i].age, stu[i].addr);
    save();
}
```

程序说明：

程序运行时屏幕上不会出现什么信息，而是把数据直接存放在磁盘上，可以打开磁盘文件查看一下。

【例 9-5】有 5 个学生，每个学生有 3 门课的成绩，从键盘输入以上数据（包括学生号，姓名，3 门课成绩），计算出平均成绩，将原有的数据和计算出的平均分数存放在磁盘文件"stud"中。

知识点说明：

利用 fwrite 函数向文件写入数据，要注意 fwrite 函数向文件输出数据时不是按 ASCII 码方式输出的，而是按内存中存储数据的方式输出的（例如一个整数占 4 字节，一个实数占 4 字节），因此不能用 type 查看该文件中的数据。本例题中是将文件中的数据读出并放到结构体数组中，然后打印该结构体数组的值，用这种方式查看文件中的数据。

程序代码：

```
/* e9_5.c */
#include "stdio.h"
#include <conio.h>
#include <stdlib.h>
struct student
{
    char num[6];
    char name[8];
    int score[3];
    float avr;
}stu[5];
void main()
{
    int i,j,sum;
    FILE * fp;
    for(i=0;i<5;i++)
    {
        printf("please input scores of student %d:\n",i+1);
        printf("stuNo:");
        scanf("%s",stu[i].num);
        printf("name:");
```

```
            scanf("%s",stu[i].name);
            sum=0;
            for(j=0;j<3;j++)
            {
                printf("score %d:",j+1);
                scanf("%d",&stu[i].score[j]);
                sum+=stu[i].score[j];
            }
            stu[i].avr=(float)sum/3.0;
        }
        fp=fopen("stud","w");
        for(i=0;i<5;i++)
        if(fwrite(&stu[i],sizeof(struct student),1,fp)!=1)
            printf("file write error\n");
        fclose(fp);
        fp=fopen("stud","r");
        printf(" No.  name  score1  score2   score3  average\n");
        for(i=0;i<5;i++)
        {
            fread(&stu[i],sizeof(struct student),1,fp);
            printf("%6s%8s%8d%8d%8d%10.2f\n",stu[i].num,stu[i].name,stu[i].score[0],
            stu[i].score[1],stu[i].score[2],stu[i].avr);
        }
    }
```

程序运行结果：

```
please input scores of student 1:
stuNo:10018
name:Jack
score 1: 858
score 2: 808
score 3: 788
please input scores of student 2:
stuNo:10028
name:Mike8
score 1:728
score 2:708
score 3:698
please input scores of student 3:
stuNo:10038
name:Bill8
score 1:998
score 2:978
score 3:958
please input scores of student 4:
stuNo:10048
name:Mary8
score 1:878
score 2:888
score 3:858
please input scores of student 5:
stuNo:10058
name: Tom8
score 1:778
score 2:708
score 3:838
No.  name  score1 score2  score3 average
10018  Jack   858   808     788    818.00
10028  Mike   728   708     698    711.33
```

```
10038 Bill  998  978   958   978.00
10048 Mary  878  888   858   874.67
10058 Tom   778  708   838   774.67
```

程序说明：

程序使用结构体 student 类型，接收学生的信息，并计算出平均成绩，输入完成后，将信息写入 stud 文件，最后输出学生的信息。

9.3.4 格式化读写函数 fscanf 和 fprintf

fscanf 函数和 fprintf 函数与前面使用的 scanf 和 printf 函数的功能相似，都是格式化读写函数。两者的区别在于 fscanf 函数和 fprintf 函数的读写对象不是键盘和显示器，而是磁盘文件。

这两个函数的调用格式为：

```
fscanf（文件指针，格式字符串，输入表列）;
fprintf（文件指针，格式字符串，输出表列）;
```

例如：fprintf(fp,"%d,%6.2f",i,t);作用是将整型变量 i 和实型变量 t 的值按%d 和%6.2f 的格式输出到 fp 指向的文件上。

【例 9-6】从键盘输入 4 个学生数据，写入一个文件中，再读出这 4 个学生的数据显示在屏幕上。

知识点说明：

fscanf 函数和 fprintf 函数用于按指定的格式完成对文件的读、写操作。

程序代码：

```
/* e9_6.c */
#include <stdio.h>
#include <conio.h>
#include <stdlib.h>
#define SIZE 4
struct stu
{
    char name[10];
    int num;
    int age;
    char addr[15];
}studa[SIZE], studb[SIZE],*p,*q;
void main()
{
    FILE *fp;
    int i;
    p=studa;
    q=studb;
    if((fp=fopen("stud_list","wb+"))==NULL)
    {
        printf("Cannot open file strike any key exit!");
        getch();
        exit(0);
    }
    printf("\ninput data\n");
    for(i=0;i<SIZE;i++,p++)
        scanf("%s %d %d %s", p->name,&p->num,&p->age, p->addr);
    p=studa;
    for(i=0;i<SIZE;i++,p++)
        fprintf(fp,"%s %d %d %s\n", p->name,p->num,p->age, p->addr);
    rewind(fp);
    for(i=0;i<SIZE;i++,q++)
```

```
        fscanf(fp,"%s %d %d %s\n", q->name,&q->num,&q->age, q->addr);
    printf("\n\nname\tnumber age addr\n");
    q=studb;
    for(i=0;i<SIZE;i++,q++)
        printf("%s\t%5d %7d %s\n", q->name,q->num,q->age, q->addr);
    fclose(fp);
}
```

程序运行结果：

```
input data
liu 40 21 hefei
wang 36 20 shanghai
li 42 19 wuhan
zhang 43 18 beijing
name number   age  addr
liu      40        21   hefei
wang     36        20   shanghai
li       42        19   wuhan
zhang    43        18   beijing
```

程序说明：

采用循环语句来完成全部数组元素的读写；注意指针变量 p 和 q 的变化。

9.4 文件的随机读写

前面介绍的对文件的读写方式都是顺序读写，即读写文件只能从头开始，顺序读写各个数据。但在实际问题中常需要对文件进行随机读写，即随机读写文件中某一指定的部分。

在每个文件中，都有一个指向当前读写位置的指针，称为位置指针。在使用 fopen()函数打开文件时，该指针指向文件开始，当顺序读写一个文件时，每次读写一个字符，指针会自动移动到下一个字符位置，直到读写完毕。要对文件实现随机读写，首先要移动位置指针到指定位置，这称为文件的定位。

9.4.1 文件定位

1. rewind 函数

格式：void rewind(FILE * fp);

功能：将文件指针 fp 指向的文件中的位置指针移到文件首。

此函数前面已多次使用过，这里不再赘述。

2. fseek 函数

格式：int fseek(FILE * fp,long offset,int base);

功能：将文件指针 fp 指向的文件中的位置指针移到距离 base 偏移 offset 字节的位置。函数返回值为当前位置，否则返回-1。

说明：

（1）文件指针 fp 指向被操作的文件。

（2）base 为“起始点”，表示从何处开始计算位移量，规定的起始点有 3 种：文件首、当前位置和文件末尾。其表示方法如表 9.2 所示。

表 9.2 起始点类型

起始点	表示符号	数字表示
文件首	SEEK_SET	0
当前位置	SEEK_CUR	1
文件末尾	SEEK_END	2

（3）offset 为“位移量”，表示移动的字节数，要求位移量是 long 型数据，以便在文件长度大于 64KB 时不会出错。当位移量>0 时，表示向前移动，当位移量<0 时，表示向后移动。当用常量表示位移量时，要求加后缀“L”。

下面是几个 fseek 函数调用的实例。

```
fseek(fp,50L,0);          /* 将位置指针移到文件首起始第 50 字节处 */
fseek(fp,100L,1);         /* 将位置指针从当前位置向前（文件尾方向）移动 100 字节 */
fseek(fp,-20L,2);         /* 将位置指针从文件末尾向后（文件首方向）移动 20 字节 */
```

还要说明的是，fseek 函数一般用于二进制文件。在文本文件中由于要进行转换，故往往计算的位置会出现错误。

（4）如果执行 fseek 函数成功，函数值返回 0，失败则返回一个非 0 值。

3. ftell 函数

格式：long ftell(FILE * fp);

功能：返回文件位置指针的当前位置（用相对于文件首的位移量表示）。

说明：返回值为-1L，表示调用出错。

9.4.2 文件的随机读写

在移动位置指针之后，即可用前面介绍的任一种读写函数进行读写。由于一般是读写一个数据块，因此常用 fread 和 fwrite 函数。

下面用例题来说明文件的随机读写。

【例 9-7】在磁盘文件存有 10 个学生的数据，要求读取第 1、3、5、7、9 个学生数据，并在屏幕上显示出来。

知识点说明：

文件可以进行顺序读写，也可以进行随机读写。在随机读写文件时，可以使用 fseek、rewind 和 ftell 函数定位或获得当前文件的读、写位置。

程序代码：

```
/* e9_7.c */
#include<stdio.h>
#include <stdlib.h>
struct student
{
    char name[10];
    int num;
    int age;
    char addr[15];
}stud[10];
void main()
{
    FILE * fp;
```

```
    int i;
    if((fp=fopen("data","rb"))==NULL)
    {
        printf("Cannot open file!\n");
        exit(0);
    }
    for(i=0;i<10;i+=2)
    {
        fseek(fp,i*sizeof(struct student),0);
        fread(&stud[i],sizeof(struct student),1,fp);
        printf("%s,%d,%d,%s\n", stud[i].name, stud[i].num, stud[i].age,stud[i].addr);
    }
    fclose(fp);
}
```

程序运行结果：

```
aa,0,0,aa
cc,0,0,cc
ee,0,0,ee
jj,0,0,jj
ii,0,0,ii
```

程序说明：

程序中，通过 fseek()函数，对记录进行定位，可以快速找到需要的记录。但值得注意的是：在使用随机文件时，要保证每条记录的长度都是等长的。因此本程序中 data 文件的建立，应使用 fwrite()函数写入。

【例 9-8】实现对一个文本文件内容的反向显示。

知识点说明：

文件读、写操作时可以使用 fseek、rewind 和 ftell 函数定位或获得当前文件的读、写位置。

程序代码：

```
/* e9_8.c */
#include <stdio.h>
#include <stdlib.h>
void main()
{
    char c;
    FILE * fp;
    if((fp=fopen("test","r")) == NULL)      /*以读方式打开文本文件*/
    {
        printf ("Cannot open file.\n");
        exit(1);
    }
    fseek( fp,0L,2 );                       /*定位文件尾。注意此时并不是定位到文件的最后一*/
                                            /*个字符，而是在定位文件最后一个字符之后的位置*/
    while((fseek(fp,-1L,1))!=-1)            /*相对当前位置退后 1 字节*/
    {
        c=fgetc(fp); putchar(c);            /*如果定位成功，读取当前字符并显示*/
                                            /*读取字符成功，文件指针会自动移到下一字符位置*/
        if(c=='\n')                         /*若读入是\n 字符*/
            fseek(fp,-2L,1);                /*由于 DOS 在文本文件中要存回车 0x0d 和换*/
                                            /*行 0x0a 两个字符，故要向前移动 2 字节*/
    else fseek(fp,-1L, 1);                  /*文件指针向前移动 1 字节，使文*/
    }                                       /*件指针定位在刚刚读出的那个字符*/
```

```
    fclose(fp);                    /*操作结束关闭文件*/
}
```

程序说明：

本程序采用从文件末尾向前定位的方法，将文本文件反向输出。

9.5 文件检测函数

C语言中常用的文件检测函数有以下几个。

1. 读写文件出错检测函数

格式：int ferror(文件指针);

功能：检查文件在用各种输入输出函数进行读写时是否出错。如 ferror 返回值为 0 表示未出错，否则表示有错。

2. 文件出错标志和文件结束标志置 0 函数

格式：void clearerr(文件指针);

功能：本函数用于清除出错标志和文件结束标志，使它们为 0 值。

3. 文件结束检测函数 feof 函数

格式：feof(文件指针);

功能：判断文件是否处于文件结束位置，如文件结束，则返回值为 1，否则为 0。

本 章 小 结

文件是程序设计中的一种重要的数据类型，是指存储在外部介质上的一组数据集合。C 语言中文件被看作字节或字符的序列，称为流式文件。C 文件按编码方式分为 ASCII 文件和二进制文件。C 语言中，用文件指针标识文件，当一个文件被打开时，可取得该文件指针。文件在读写之前必须打开，读写结束必须关闭。文件可按只读、只写、读写、追加 4 种操作方式打开，同时还必须指定文件的类型是二进制文件还是文本文件。文件可按字节、字符串、数据块为单位读写，也可按指定的格式进行读写。文件内部的位置指针可指示当前的读写位置，通过文件定位函数可以移动该指针，从而实现对文件的随机读写。

习 题 9

一、单项选择题

1. 当已存在一个 abc.txt 文件时，执行函数 fopen ("abc.txt ", "r+ ")的功能是________。

   A. 打开 abc.txt 文件，清除原有的内容

   B. 打开 abc.txt 文件，只能写入新的内容

   C. 打开 abc.txt 文件，只能读取原有内容

   D. 打开 abc.txt 文件，可以读取和写入新的内容

2. 若用 fopen( )函数打开一个新的二进制文件，该文件可以读也可以写，则文件打开模式是________。

A. "ab+"　　B. "wb+"　　C. "rb+"　　D. "ab"

3. 使用 fseek 函数可以实现的操作是________。

A. 改变文件的位置指针的当前位置　　B. 文件的顺序读写

C. 文件的随机读写　　D. 以上都不对

4. fread(buf,64,2,fp)的功能是________。

A. 从 fp 文件流中读出整数 64，并存放在 buf 中

B. 从 fp 文件流中读出整数 64 和 2，并存放在 buf 中

C. 从 fp 文件流中读出 64 字节的字符，并存放在 buf 中

D. 从 fp 文件流中读出 2 个 64 字节的字符，并存放在 buf 中

5. 以下程序的功能是________。

```
void main( )
{
    FILE * fp;
    char str[]="HELLO";
    fp=fopen("PRN ","w");
    fpus(str,fp);fclose(fp);
}
```

A. 在屏幕上显示"HELLO"　　B. 把"HELLO"存入 PRN 文件中

C. 在打印机上打印出"HELLO"　　D. 以上都不对

6. 若 fp 是指向某文件的指针，且已读到此文件末尾，则库函数 feof(fp)的返回值是________。

A. EOF　　B. 0　　C. 非 0 值　　D. NULL

7. 以下叙述中不正确的是________。

A. C 语言中的文本文件以 ASCII 码形式存储数据

B. C 语言中对二进制位的访问速度比文本文件快

C. C 语言中，随机读写方式不使用于文本文件

D. C 语言中，顺序读写方式不使用于二进制文件

8. 以下程序试图把从终端输入的字符输出到名为 abc.txt 的文件中，直到从终端读入字符#号时结束输入和输出操作，但程序有错。

```
#include <stdio.h>
void main()
{
    FILE * fout;
    char ch;
    fout=fopen("abc.txt","w");
    ch=fgetc(stdin);
    while(ch!='#')
    {
        fputc(ch,fout);
        ch =fgetc(stdin);
    }
    fclose(fout);
}
```

出错的原因是________。

A. 函数 fopen 调用形式有误　　B. 输入文件没有关闭

C. 函数 fgetc 调用形式有误　　D. 文件指针 stdin 没有定义

9. 若 fp 为文件指针，且文件已正确打开，i 为 long 型变量，以下程序段的输出结果是________。

```
fseek(fp,0,SEEK_END);
i=ftell(fp);
printf("i=%ld\n",i);
```

A. –1　　B. fp 所指文件的长度，以字节为单位

C. 0　　D. 2

二、填空题

1. C 语言中根据数据的组织形式，把文件分为________和________两种。

2. 使用 fopen("abc","r+")打开文件时，若 abc 文件不存在，则________。

3. 使用 fopen("abc","w+")打开文件时，若 abc 文件已存在，则________。

4. C 语言中文件的格式化输入输出函数对是________；文件的数据块输入输出函数对是________；文件的字符串输入输出函数对是________。

5. C 语言中文件指针设置函数是________；文件指针位置检测函数是________。

6. 在 C 程序中，文件可以用________方式存取，也可以用________方式存取。

7. 在 C 程序中，数据可以用________和________两种代码形式存放。

8. 在 C 语言中，文件的存取是以________为单位的，这种文件被称作________文件。

9. feof(fp)函数用来判断文件是否结束，如果遇到文件结束，函数值为________，否则为________。

三、填空题

1. 下面程序用变量 count 统计文件中字符的个数。

```
#include <stdio.h>
#include <stdlib.h>
void main()
{
    FILE * fp;
    long count=0;
    if((fp=fopen("letter.dat",_______))==NULL)
    {
        printf("cannot open file\n");
        exit(0);
    }
    while(!feof(fp)){_______;_______;}
    printf("count=%ld\n",count);
    fclose(fp);
}
```

2. 以下程序的功能是将文件 file1.c 的内容输出到屏幕上并复制到文件 file2.c 中。

```
#include <stdio.h>
void main()
{
    FILE _______;
    fp1=fopen("file1.c","r");
    fp2=fopen("file2.c","w");
    while(!feof(fp1)) putchar(getc (fp1));_______;
    while(!feof(fp1)) putc_______;
    fclose(fp1);
```

```
        fclose(fp2);
    }
```

3. 以下程序中用户由键盘输入一个文件名，然后输入一串字符（用#结束输入）存放到此文件中形成文本文件，并将字符的个数写到文件尾部。

```
#include <stdio.h>
#include <stdlib.h>
void main(void)
{
    FILE * fp;
    char ch,fname[32];
    int count=0;
    printf("Input the filename : ");
    scanf("%s",fname);
    if((fp=fopen(_______,"w+"))==NULL){
        printf("Can't open file: %s \n",fname);
        exit(0);
    }
    printf("Enter data: \n");
    while((ch=getchar())!="#"){
        fputc(ch,fp);
        count++;
    }
    fprintf(_______,"\n%d\n",count);
    fclose(fp);
}
```

四、编程题

1. 编写一个程序，由键盘输入一个文件名，然后把从键盘输入的字符依次存放到该文件中，用'#'作为结束输入的标志。

2. 编写一个程序，建立一个 abc 文本文件，向其中写入“this is a test”字符串，然后显示该文件的内容。

3. 编写一个程序，查找指定的文本文件中某个单词出现的行号及该行的内容。

4. 编写一个程序 fcat.c，把命令行中指定的多个文本文件连接成一个文件。

```
fcat file1 file2 file3
```

它把文本文件 file1、file2 和 file3 连接成一个文件，连接后的文件名为 file1。

5. 编写一个程序，将指定的文本文件中某单词替换成另一个单词。

第10章 综合实训

学习目标

通过综合实训，加强对理论知识的认识，掌握程序设计的基本语法、步骤和方法，培养良好的程序设计思路以及良好的编程风格。

10.1 通信录管理程序

10.1.1 项目要求

编写一个个人通信录管理程序。要求对通信录的内容能够进行增加、删除、插入、保存到文件、读取指定条件的记录等操作，并能够按照姓名进行查找、排序和显示通信录的全部内容。

10.1.2 项目分析

通信录记录结构：姓名、单位和电话。采用结构体数组来存放记录，利用菜单来分别调用各功能模块。

10.1.3 总体设计

将通信录管理程序划分为以下几个模块。

主模块功能：显示系统菜单。

1. 输入记录

功能：输入若干条记录。

2. 显示全部记录

功能：按一定格式一次显示 10 条记录。

3. 查找记录

功能：按姓名查找记录，找到后按一定格式显示出来。

4. 删除记录

功能：按姓名删除一条记录。

5. 插入记录

功能：在按姓名找到的记录前插入一条记录。

6. 保存文件

功能：将若干条记录格式写入文件。

7. 从文件中读入记录

功能：从文件格式读入记录。

8. 按序号显示记录

功能：按序号从文件中读取某记录，并按格式显示。

9. 按姓名排序

功能：将记录按姓名进行排序。

10. 快速查找记录

功能：用二分查找法按姓名快速查找记录并显示。

11. 复制文件

功能：将记录文件复制给目标文件。

12. 程序结束

功能：结束整个程序的运行。

10.1.4 代码实现

```
/* e10_1.c */
#include "stdio.h"                                /*I/O 函数*/
#include "stdlib.h"                               /*标准库函数*/
#include "string.h"                               /*字符串函数*/
#include "ctype.h"                                /*字符操作函数*/
#define M 50                                      /*定义常数表示记录数*/
typedef struct                                    /*定义数据结构*/
{
    char name[20];                                /*姓名*/
    char units[30];                               /*单位*/
    char tele[10];                                /*电话*/
}ADDRESS;
/******以下是函数原型*******/
int enter(ADDRESS t[]);                           /*输入记录*/
void list(ADDRESS t[],int n);                     /*显示记录*/
void search(ADDRESS t[],int n);                   /*按姓名查找显示记录*/
int del(ADDRESS t[],int n);                       /*删除记录*/
int add(ADDRESS t[],int n);                       /*插入记录*/
void save(ADDRESS t[],int n);                     /*记录保存为文件*/
int load(ADDRESS t[]);                            /*从文件中读记录*/
void display(ADDRESS t[]);                        /*按序号查找显示记录*/
void sort(ADDRESS t[],int n);                     /*按姓名排序*/
void qseek(ADDRESS t[],int n);                    /*快速查找记录*/
void copy();                                      /*文件复制*/
void print(ADDRESS temp);                         /*显示单条记录*/
int find(ADDRESS t[],int n,char *s) ;             /*查找函数*/
int menu_select();                                /*主菜单函数*/
```

```
/******主函数开始*******/
void main()
{
    ADDRESS adr[M];                                    /*定义结构体数组*/
    int length;                                        /*保存记录长度*/
    for(;;)                                            /*无限循环*/
    {
        switch(menu_select())          /*调用主菜单函数，返回值整数作开关语句的条件*/
        {
        case 0:length=enter(adr);break;                /*输入记录*/
        case 1:list(adr,length);break;                 /*显示全部记录*/
        case 2:search(adr,length);break;               /*查找记录*/
        case 3:length=del(adr,length);break;           /*删除记录*/
        case 4:length=add(adr,length); break;          /*插入记录*/
        case 5:save(adr,length);break;                 /*保存文件*/
        case 6:length=load(adr); break;                /*读文件*/
        case 7:display(adr);break;                     /*按序号显示记录*/
        case 8:sort(adr,length);break;                 /*按姓名排序*/
        case 9:qseek(adr,length);break;                /*快速查找记录*/
        case 10:copy();break;                          /*复制文件*/
        case 11:exit(0);                               /*程序结束*/
        }
    }
}
/*菜单函数，函数返回值为整数，代表所选的菜单项*/
menu_select()
{
    char s[80];
    int c;
    printf("press any key enter menu......\n");        /*提示压任意键继续*/
    printf("*******************MENU*********************\n\n");
    printf(" 0. Enter record\n");
    printf(" 1. List the file\n");
    printf(" 2. Search record on name\n");
    printf(" 3. Delete a record\n");
    printf(" 4. add record \n");
    printf(" 5. Save the file\n");
    printf(" 6. Load the file\n");
    printf(" 7. display record on order\n");
    printf(" 8. sort to make new file\n");
    printf(" 9. Quick seek record\n");
    printf(" 10. copy the file to new file\n");
    printf(" 11. Quit\n");
    printf("**********************************************\n");
    do
    {
        printf("\n Enter you choice(0~11):");           /*提示输入选项*/
        scanf("%s",s);                                  /*输入选择项*/
        c=atoi(s);                                      /*将输入的字符串转化为整型数*/
```

```
    }while(c<0||c>11);                          /*选择项不在 0~11 之间重输*/
    return c;                        /*返回选择项，主程序根据该数调用相应的函数*/
}
/*输入记录，形参为结构体数组，函数值返回类型为整型表示记录长度*/
int enter(ADDRESS t[])
{
    int i,n;
    printf("\nplease input num \n");                    /*提示信息*/
    scanf("%d",&n);                                     /*输入记录数*/
    printf("please input record \n");                   /*提示输入记录*/
    printf("name unit telephone\n");
    printf("------------------------------------------------\n");
    for(i=0;i<n;i++)
    {
        scanf("%s%s%s",t[i].name,t[i].units,t[i].tele);     /*输入记录*/
        printf("------------------------------------------------\n");
    }
    return n;                                           /*返回记录条数*/
}
/*显示记录，参数为记录数组和记录条数*/
void list(ADDRESS t[],int n)
{
    int i;
    printf("\n\n*******************ADDRESS******************\n");
    printf("name unit telephone\n");
    printf("------------------------------------------------\n");
    for(i=0;i<n;i++)
        printf("%-20s%-30s%-10s\n",t[i].name,t[i].units,t[i].tele);
    if((i+1)%10==0)                                     /*判断输出是否达到 10 条记录*/
    {
        printf("Press any key continue...\n");          /*提示信息*/
    }
    printf("************************end*******************\n");
}
/*查找记录*/
void search(ADDRESS t[],int n)
{
    char s[20];                                         /*保存待查找姓名字符串*/
    int i;                                              /*保存查找到结点的序号*/
    printf("please search name\n");
    scanf("%s",s);                                      /*输入待查找姓名*/
    i=find(t,n,s);                                      /*调用 find 函数，得到一个整数*/
    if(i>n-1)                          /*如果整数 i 值大于 n-1，说明没找到*/
        printf("not found\n");
    else
        print(t[i]);                                    /*找到，调用显示函数显示记录*/
}
/*显示指定的一条记录*/
void print(ADDRESS temp)
{
    printf("\n\n********************************************\n");
```

```
    printf("name unit telephone\n");
    printf("--------------------------------------------------\n");
    printf("%-20s%-30s%-10s\n",temp.name,temp.units,temp.tele);
    printf("*********************end**********************\n");
}
/*查找函数，参数为记录数组和记录条数以及姓名 s */
int find(ADDRESS t[],int n,char *s)
{
    int i;
    for(i=0;i<n;i++)                    /*从第一条记录开始，直到最后一条*/
    {
        if(strcmp(s,t[i].name)==0)      /*记录中的姓名和待比较的姓名是否相等*/
        return i;                       /*相等，则返回该记录的下标号，程序提前结束*/
    }
    return i;                                   /*返回 i 值*/
}
/*删除函数，参数为记录数组和记录条数*/
int del(ADDRESS t[],int n)
{
    char s[20];                                 /*要删除记录的姓名*/
    int ch=0;
    int i,j;
    printf("please deleted name\n");            /*提示信息*/
    scanf("%s",s);                              /*输入姓名*/
    i=find(t,n,s);                              /*调用 find 函数*/
    if(i>n-1)                                   /*如果 i>n-1 超过了数组的长度*/
        printf("no found not deleted\n");       /*显示没找到要删除的记录*/
    else
    {
        print(t[i]);                            /*调用输出函数显示该条记录信息*/
        printf("Are you sure delete it(1/0)\n");    /*确认是否要删除*/
        scanf("%d",&ch); /*输入一个整数 0 或 1*/
        if(ch==1)                               /*如果确认删除整数为 1*/
        {
            for(j=i+1;j<n;j++)                  /*删除该记录，实际后续记录前移*/
            {
                strcpy(t[j-1].name,t[j].name);      /*将后一条记录的姓名拷贝到前一条*/
                strcpy(t[j-1].units,t[j].units);    /*将后一条记录单位拷贝到前一条*/
                strcpy(t[j-1].tele,t[j].tele);      /*将后一条记录的电话拷贝到前一条*/
            }
            n--;                                /*记录数减 1*/
        }
    }
    return n;                                   /*返回记录数*/
}
/*插入记录函数，参数为结构体数组和记录数*/
int add(ADDRESS t[],int n)                      /*插入函数，参数为结构体数组和记录数*/
{
    ADDRESS temp;                               /*新插入记录信息*/
```

```
    int i,j;
    char s[20];                                    /*确定插入在哪个记录之前*/
    printf("please input record\n");
    printf("************************************************\n");
    printf("name unit telephone\n");
    printf("--------------------------------------------------\n");
    scanf("%s%s%s",temp.name,temp.units,temp.tele);     /*输入插入信息*/
    printf("------------------------------------------------\n");
    printf("please input locate name \n");
    scanf("%s",s);                                 /*输入插入位置的姓名*/
    i=find(t,n,s);                                 /*调用 find,确定插入位置*/
    for(j=n-1;j>=i;j--)                            /*从最后一个结点开始向后移动一条*/
    {
        strcpy(t[j+1].name,t[j].name);             /*当前记录的姓名拷贝到后一条*/
        strcpy(t[j+1].units,t[j].units);           /*当前记录的单位拷贝到后一条*/
        strcpy(t[j+1].tele,t[j].tele);             /*当前记录的电话拷贝到后一条*/
    }
    strcpy(t[i].name,temp.name);                   /*将新插入记录的姓名拷贝到第 i 个位置*/
    strcpy(t[i].units,temp.units);                 /*将新插入记录的单位拷贝到第 i 个位置*/
    strcpy(t[i].tele,temp.tele);                   /*将新插入记录的电话拷贝到第 i 个位置*/
    n++;                                           /*记录数加 1*/
    return n;                                      /*返回记录数*/
}
/*保存函数,参数为结构体数组和记录数*/
void save(ADDRESS t[],int n)
{
    int i;
    FILE *fp;                                      /*指向文件的指针*/
    if((fp=fopen("record.txt","wb"))==NULL)        /*打开文件,并判断打开是否正常*/
    {
        printf("can not open file\n");             /*没打开*/
        exit(1);                                   /*退出*/
    }
    printf("\nSaving file\n");                     /*输出提示信息*/
    fprintf(fp,"%d",n);                            /*将记录数写入文件*/
    fprintf(fp,"\r\n");                            /*将换行符号写入文件*/
    for(i=0;i<n;i++)
    {
        fprintf(fp,"%-20s%-30s%-10s",t[i].name,t[i].units,t[i].tele);
                                                   /*格式写入记录*/
        fprintf(fp,"\r\n");                        /*将换行符号写入文件*/
    }
    fclose(fp);                                    /*关闭文件*/
    printf("****save success***\n");               /*显示保存成功*/
}
/*读入函数,参数为结构体数组*/
int load(ADDRESS t[])
{
    int i,n;
```

```
    FILE *fp;                                        /*指向文件的指针*/
    if((fp=fopen("record.txt","rb"))==NULL)          /*打开文件*/
    {
        printf("can not open file\n");               /*不能打开*/
        exit(1);                                     /*退出*/
    }
    fscanf(fp,"%d",&n);                              /*读入记录数*/
    for(i=0;i<n;i++)
        fscanf(fp,"%20s%30s%10s",t[i].name,t[i].units,t[i].tele);/*按格式读入记录*/
    fclose(fp);                                      /*关闭文件*/
    printf("You have success read data from file!!!\n");          /*显示保存成功*/
    return n;                                        /*返回记录数*/
}
/*按序号显示记录函数*/
void display(ADDRESS t[])
{
    int id,n;
    FILE *fp;                                        /*指向文件的指针*/
    if((fp=fopen("record.txt","rb"))==NULL)          /*打开文件*/
    {
        printf("can not open file\n");               /*不能打开文件*/
        exit(1);                                     /*退出*/
    }
    printf("Enter order number...\n");               /*显示信息*/
    scanf("%d",&id);                                 /*输入序号*/
    fscanf(fp,"%d",&n);                              /*从文件读入记录数*/
    if(id>=0&&id<n)                                  /*判断序号是否在记录范围内*/
    {
        fseek(fp,(id-1)*sizeof(ADDRESS),1);          /*移动文件指针到该记录位置*/
        print(t[id]);                                /*调用输出函数显示该记录*/
        printf("\r\n");
    }
    else
        printf("no %d number record!!!\n ",id); /*如果序号不合理显示信息*/
    fclose(fp);                                      /*关闭文件*/
}
/*排序函数，参数为结构体数组和记录数*/
void sort(ADDRESS t[],int n)
{
    int i,j,flag;
    ADDRESS temp;                                    /*临时变量做交换数据用*/
    for(i=0;i<n;i++)
    {
        flag=0;                                      /*设标志判断是否发生过交换*/
        for(j=0;j<n-1;j++)
          if((strcmp(t[j].name,t[j+1].name))>0) /*比较大小*/
          {
```

```
                flag=1;
                strcpy(temp.name,t[j].name);        /*交换记录*/
                strcpy(temp.units,t[j].units);
                strcpy(temp.tele,t[j].tele);
                strcpy(t[j].name,t[j+1].name);
                strcpy(t[j].units,t[j+1].units);
                strcpy(t[j].tele,t[j+1].tele);
                strcpy(t[j+1].name,temp.name);
                strcpy(t[j+1].units,temp.units);
                strcpy(t[j+1].tele,temp.tele);
            }
            if(flag==0)break;                   /*如果标志为 0，说明没有发生过交换，循环结束*/
        }
        printf("sort sucess!!!\n");             /*显示排序成功*/
}
/*快速查找，参数为结构体数组和记录数*/
void qseek(ADDRESS t[],int n)
{
    char s[20];
    int l,r,m;
    printf("\nPlease sort before qseek!\n");  /*提示确认在查找之前，记录是否已排序*/
    printf("please enter name for qseek\n");  /*提示输入*/
    scanf("%s",s);                              /*输入待查找的姓名*/
    l=0;r=n-1;                                  /*设置左边界与右边界的初值*/
    while(l<=r)                                 /*当左边界<=右边界时*/
    {
        m=(l+r)/2;                              /*计算中间位置*/
        if(strcmp(t[m].name,s)==0)              /*与中间结点姓名字段做比较判断是否相等*/
        {
            print(t[m]);                        /*如果相等，则调用 print 函数显示记录信息*/
            return ;                            /*返回*/
        }
        if(strcmp(t[m].name,s)<0)               /*如果中间结点小*/
            l=m+1;                              /*修改左边界*/
        else
        r=m-1;                                  /*否则，中间结点大，修改右边界*/
    }
    if(l>r)                                     /*如果左边界大于右边界*/
        printf("not found\n");                  /*显示没找到*/
}
/*复制文件*/
void copy()
{
    char outfile[20];                           /*目标文件名*/
    int i,n;
    ADDRESS temp[M];                            /*定义临时变量*/
    FILE *sfp,*tfp;                             /*定义指向文件的指针*/
```

```
    if((sfp=fopen("record.txt","rb"))==NULL)    /*打开记录文件*/
    {
        printf("can not open file\n");      /*显示不能打开文件信息*/
        exit(1);                            /*退出*/
    }
    printf("Enter outfile name,for example c:\\f1\\te.txt:\n");  /*提示信息*/
    scanf("%s",outfile);                        /*输入目标文件名*/
    if((tfp=fopen(outfile,"wb"))==NULL)         /*打开目标文件*/
    {
        printf("can not open file\n");          /*显示不能打开文件信息*/
        exit(1);                                /*退出*/
    }
    fscanf(sfp,"%d",&n);                        /*读出文件记录数*/
    fprintf(tfp,"%d",n);                        /*写入目标文件数*/
    fprintf(tfp,"\r\n");                        /*写入换行符*/
    for(i=0;i<n;i++)
    {
        fscanf(sfp,"%20s%30s%10s\n",temp[i].name,temp[i].units,
        temp[i].tele);                          /*读入记录*/
        fprintf(tfp,"%-20s%-30s%-10s\n",temp[i].name,
        temp[i].units,temp[i].tele);            /*写入记录*/
        fprintf(tfp,"\r\n");                    /*写入换行符*/
    }
    fclose(sfp);                                /*关闭源文件*/
    fclose(tfp);                                /*关闭目标文件*/
    printf("you have success copy file!!!\n");  /*显示复制成功*/
}
```

10.1.5　测试结果

（1）启动界面，如图 10.1 所示。

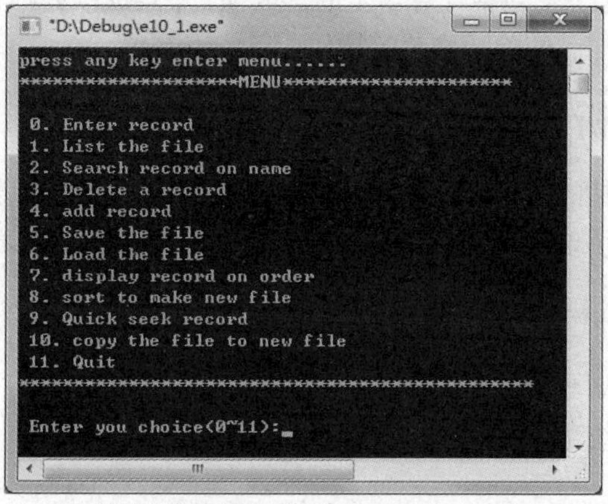

图 10.1　启动界面

（2）选择菜单“0. Enter record”后，输入记录，如图 10.2 所示。

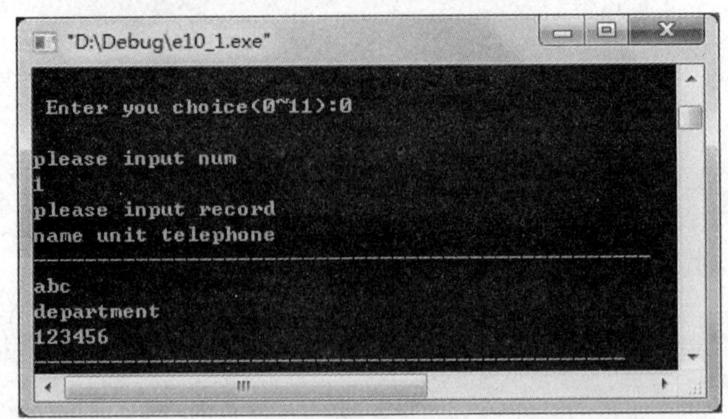

图 10.2 输入记录

（3）选择菜单“1. List the file”后，输出记录，如图 10.3 所示。

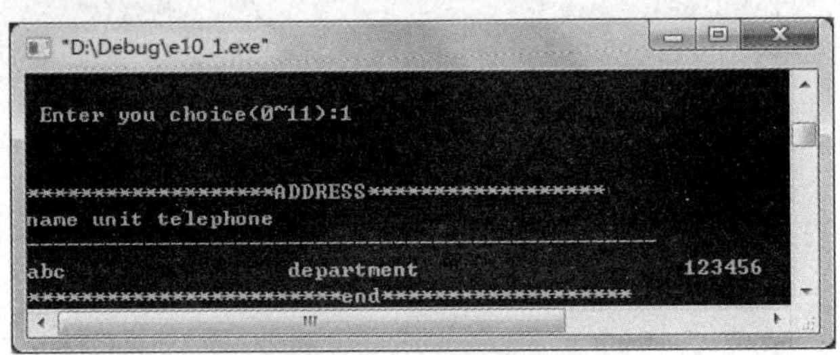

图 10.3 输出记录

10.2 学生成绩管理系统

10.2.1 项目要求

能够对学生成绩进行管理，包括计算学生的总成绩、平均成绩并根据学生成绩进行排序显示，还可以对学生信息进行增加、删除、修改等操作。

10.2.2 项目分析

学生成绩管理主要包括的信息有：学号、姓名、成绩等，学生信息保存在二进制文件中，由于学生的人数不确定，采用单链表来记录学生的信息，以便动态增加学生信息。

10.2.3 总体设计

将学生成绩管理系统划分为以下几个模块。

主模块功能：显示系统菜单。

1. 初始化模块

功能：初始化单链表为空指针。

2. 输入记录

功能：连续添加学生信息，当输入学号的第一个字符为@时结束输入。

3. 从表中删除记录

功能：从单链表中删除一条指定学号的学生信息。

4. 显示所有记录

功能：显示当前单链表中的所有记录。

5. 按照姓名查找

功能：查找指定姓名的学生信息。

6. 保存记录到文件

功能：把当前单链表中的内容保存到指定文件中。

7. 从文件中读入记录

功能：从指定文件中读取记录到单链表。

8. 计算所有学生的总分和平均分

功能：计算当前单链表中学生的总分和平均成绩。

9. 插入记录到表中

功能：插入一条记录到单链表中。

10. 复制文件

功能：复制文件备份。

11. 排序

功能：按学生成绩从高到低进行排序。

12. 追加记录到文件中

功能：将当前单链表中的记录追加到指定文件中。

13. 索引

功能：按照学号从小到大的顺序进行排序。

14. 分类合计

功能：按班统计学生成绩。

10.2.4 代码实现

```
/* e10_2.c */
#include "stdio.h"                     /*I/O 函数*/
#include "stdlib.h"                    /*标准库函数*/
#include "string.h"                    /*字符串函数*/
#include "conio.h"                     /*屏幕操作函数*/
#include "ctype.h"                     /*字符操作函数*/
#include "malloc.h"                    /*动态地址分配函数*/
#define N 3                            /*定义常数*/
typedef struct z1                      /*定义数据结构*/
{
  char no[11];
  char name[15];
  int score[N];
  float sum;
```

```
    float average;
    int order;
    struct z1 * next;
  }STUDENT;

STUDENT  *init();                              /*初始化函数*/
STUDENT *create();                             /*创建链表*/
STUDENT *del(STUDENT *h);                      /*删除记录*/
void print(STUDENT *h);                        /*显示所有记录*/
void search(STUDENT *h);                       /*查找*/
void save(STUDENT *h);                         /*保存*/
STUDENT *load();                               /*读入记录*/
void computer(STUDENT *h);                     /*计算总分和均分*/
STUDENT *insert(STUDENT *h);                   /*插入记录*/
void append();                                 /*追加记录*/
void copy();                                   /*复制文件*/
STUDENT *sort(STUDENT *h);                     /*排序*/
STUDENT *index(STUDENT *h);                    /*索引*/
void total(STUDENT *h);                        /*分类合计*/
int menu_select();                             /*菜单函数*/
/* *****主函数开始****** */
void main()
{
   STUDENT *head;                              /*链表定义头指针*/
   head=init();                                /*初始化链表*/
   system("CLS");                              /*清屏*/
   for(;;)                                     /*无限循环*/
   {
      switch(menu_select())                    /*调用主菜单函数，返回值整数作开关语句的条件*/
      {                                        /*值不同，执行的函数不同，break 不能省略*/
          case 0:head=init();break;            /*执行初始化*/
          case 1:head=create();break;          /*创建链表*/
          case 2:head=del(head);break;         /*删除记录*/
          case 3:print(head);break;            /*显示全部记录*/
          case 4:search(head);break;           /*查找记录*/
          case 5:save(head);break;             /*保存文件*/
          case 6:head=load(); break;           /*读文件*/
          case 7:computer(head);break;         /*计算总分和均分*/
          case 8:head=insert(head);break;      /*插入记录*/
          case 9:copy();break;                 /*复制文件*/
          case 10:head=sort(head);break;       /*排序*/
          case 11:append();break;              /*追加记录*/
          case 12:head=index(head);break;      /*索引*/
          case 13:total(head);break;           /*分类合计*/
          case 14:exit(0);                     /*如菜单返回值为 14，程序结束*/
      }
```

```
    }
  }
  /*菜单函数，返回值为整数*/
  menu_select()
  {
    char *menu[]={"**************MENU***************",    /*定义菜单字符串数组*/
    " 0. init list",                          /*初始化*/
    " 1. Enter list",                         /*输入记录*/
    " 2. Delete a record from list",          /*从表中删除记录*/
    " 3. print list ",                        /*显示单链表中所有记录*/
    " 4. Search record on name",              /*按照姓名查找记录*/
    " 5. Save the file",                      /*将单链表中记录保存到文件中*/
    " 6. Load the file",                      /*从文件中读入记录*/
    " 7. compute the score",                  /*计算所有学生的总分和均分*/
    " 8. insert record to list ",             /*插入记录到表中*/
    " 9. copy the file to new file",          /*复制文件*/
    " 10. sort to make new file",             /*排序*/
    " 11. append record to file",             /*追加记录到文件中*/
    " 12. index on nomber",                   /*索引*/
    " 13. total on nomber",                   /*分类合计*/
    " 14. Quit"};                             /*退出*/
    char s[3];                                /*以字符形式保存选择号*/
    int c,i;                                  /*定义整形变量*/
    for(i=0;i<16;i++)                         /*输出主菜单数组*/
      printf("%s\n",menu[i]);
    do{
      printf("\n   Enter you choice(0~14):");          /*在菜单窗口外显示提示信息*/
      scanf("%s",s);                          /*输入选择项*/
      c=atoi(s);                              /*将输入的字符串转化为整形数*/
    }while(c<0||c>14);                        /*选择项不在 0~14 之间重输*/
    return c;                                 /*返回选择项，主程序根据该数调用相应的函数*/
  }
  STUDENT *init()
  {
    return NULL;
  }
  /*创建链表*/
  STUDENT * create()
  {
    int i; int s;
    STUDENT *h=NULL,*info;                    /*STUDENT 指向结构体的指针*/
    int inputs(char *prompt,char *s,int count);
    for(;;)
    {
      info=(STUDENT *)malloc(sizeof(STUDENT));     /*申请空间*/
      if(!info)                               /*如果指针 info 为空*/
      {
          printf("\nout of memory");          /*输出内存溢出*/
```

```
            return NULL;                            /*返回空指针*/
        }
        inputs("enter no:",info->no,11);            /*输入学号并校验*/
        if(info->no[0]=='@') break;                 /*如果学号首字符为@则结束输入*/
        inputs("enter name:",info->name,15);        /*输入姓名，并进行校验*/
        printf("please input %d score \n",N);       /*提示开始输入成绩*/
        s=0;                                        /*计算每个学生的总分，初值为0*/
        for(i=0;i<N;i++)                            /*N门课程循环N次*/
        {
          do
          {
            printf("score%d:",i+1);                 /* 提示输入第几门课程 */
            scanf("%d",&info->score[i]);            /* 输入成绩 */
            if(info->score[i]>100||info->score[i]<0)    /*确保成绩为0~100*/
                printf("bad data,repeat input\n");      /*出错提示信息*/
            }while(info->score[i]>100||info->score[i]<0);
            s=s+info->score[i];                     /*累加各门课程成绩*/
        }
        info->sum=s;                                /*将总分保存*/
        info->average=(float)s/N;                   /*求出平均值*/
        info->order=0;                              /*未排序前此值为0*/
        info->next=h;                               /*将头结点做为新输入结点的后继结点*/
        h=info;                                     /*新输入结点为新的头结点*/
      }
      return(h);                                    /*返回头指针*/
}
/* 输入字符串，并进行长度验证 */
int inputs(char *prompt,char *s,int count)
{
    char p[255];
    do{
        printf(prompt);                             /*显示提示信息*/
        scanf("%s",p);                              /*输入字符串*/
        if(strlen(p)>count) printf("\n too long!\n");   /*长度校验,超过count重输*/
    }while(strlen(p)>count);
    strcpy(s,p);                                    /*将输入的字符串拷贝到字符串s中*/
    return 0;
}

/* 输出链表中结点信息 */
void print(STUDENT *h)
{
    int i=0;                                        /*统计记录条数*/
    STUDENT *p;                                     /*移动指针*/
    system("CLS");                                  /*清屏*/
    p=h;                                            /*初值为头指针*/
printf("\n\n\n***************************STUDENT********************************\n");
    printf("|rec|nO       |      name     | sc1| sc2| sc3|  sum  |  ave  |order|\n");
```

```
    printf("|---|----------|---------------|----|----|----|--------|-------|-----|\n");
      while(p!=NULL)
      {
         i++;
         printf("|%3d  |%-10s|%-15s|%4d|%4d|%4d|  %4.2f  |  %4.2f  |  %3d  |\n",i,p->no,
p->name,p->score[0],p->score[1],p->score[2],p->sum,p->average,p->order);
         p=p->next;
      }
   printf("********************************end********************************\n");
   }
   /*删除记录*/
   STUDENT *del(STUDENT *h)
   {
   STUDENT *p,*q;                        /*p为查找到要删除的结点指针，q为其前驱指针*/
      char s[11];                        /*存放学号*/
      system("CLS");                     /*清屏*/
      printf("please deleted no\n");     /*显示提示信息*/
      scanf("%s",s);                     /*输入要删除记录的学号*/
      q=p=h;                             /*给q和p赋初值头指针*/
      while(strcmp(p->no,s)&&p!=NULL)    /*当记录的学号不是要找的，或指针不为空时*/
      {
         q=p;                            /*将p指针值赋给q作为p的前驱指针*/
         p=p->next;                      /*将p指针指向下一条记录*/
      }
      if(p==NULL)                        /*如果p为空，说明链表中没有该结点*/
         printf("\nlist no %s student\n",s);
      else                               /*p不为空，显示找到的记录信息*/
      {
   printf("*****************************have found***************************\n");
         printf("|no        |      name      | sc1| sc2| sc3|   sum   |  ave   |order|\n");
       printf("|----------|---------------|----|----|----|--------|-------|-----|\n");
         printf("|%-10s|%-15s|%4d|%4d|%4d| %4.2f | %4.2f | %3d |\n", p->no,
         p->name,p->score[0],p->score[1],p->score[2],p->sum,p->average,p->order);
   printf("********************************end******************************\n");
         getch();                        /*按任一键后，开始删除*/
         if(p==h)                        /*如果p==h，说明被删结点是头结点*/
            h=p->next;                   /*修改头指针指向下一条记录*/
         else
            q->next=p->next;             /*不是头指针，将p的后继结点作为q的后继结点*/
         free(p);                        /*释放p所指结点空间*/
         printf("\n have deleted No %s student\n",s);
         printf("Don't forget save\n"); /*提示删除后不要忘记保存文件*/
    }
    return(h);                           /*返回头指针*/
   }
   /* 查找记录 */
   void search(STUDENT *h)
   {
      STUDENT *p;                        /*移动指针*/
      char s[15];                        /*存放姓名的字符数组*/
```

```
    system("CLS");                                    /*清屏幕*/
    printf("please enter name for search\n");
    scanf("%s",s);                                    /*输入姓名*/
    p=h;                                              /*将头指针赋给 p*/
    while(strcmp(p->name,s)&&p!=NULL)          /*当记录的姓名不是要找的，或指针不为空时*/
    p=p->next;                                        /*移动指针，指向下一结点*/
    if(p==NULL)                                       /*如果指针为空*/
  printf("\nlist no %s student\n",s);                 /*显示没有该学生*/
    else                                              /*显示找到的记录信息*/
    {
  printf("\n\n*****************************havefound***************************\n");
      printf("|nO         |       name     | sc1| sc2| sc3|   sum   |  ave  |order|\n");
  printf("|----------|---------------|----|----|----|--------|-------|-----|\n");
      printf("|%-10s|%-15s|%4d|%4d|%4d| %4.2f | %4.2f | %3d |\n", p->no,p->name,
p->score[0],p->score[1],p->score[2],p->sum,p->average,p->order);
  printf("*******************************end*******************************\n");
   }
  }
  /* 插入记录 */
  STUDENT *insert(STUDENT *h)
  {
    STUDENT *p,*q,*info;                  /*p 指向插入位置，q 是其前驱，info 指新插入记录*/
    char s[11];                           /*保存插入点位置的学号*/
    int s1,i;
    printf("please enter location  before the no\n");
    scanf("%s",s);                                    /*输入插入点学号*/
    printf("\nplease new record\n");                  /*提示输入记录信息*/
    info=(STUDENT *)malloc(sizeof(STUDENT));          /*申请空间*/
    if(!info)
    {
      printf("\nout of memory");                      /*如没有申请到，内存溢出*/
    return NULL;                                      /*返回空指针*/
    }
    inputs("enter no:",info->no,11);                  /*输入学号*/
    inputs("enter name:",info->name,15);              /*输入姓名*/
    printf("please input %d score \n",N);             /*提示输入分数*/
    s1=0;                                             /*保存新记录的总分，初值为 0 */
    for(i=0;i<N;i++)                                  /*N 门课程循环 N 次输入成绩*/
    {
      do
      {                                               /*对数据进行验证，保证为 0~100*/
         printf("score%d:",i+1);
         scanf("%d",&info->score[i]);
         if(info->score[i]>100||info->score[i]<0)
             printf("bad data,repeat input\n");
      }while(info->score[i]>100||info->score[i]<0);
      s1=s1+info->score[i];                           /*计算总分*/
    }
    info->sum=s1;                                     /*将总分存入新记录中*/
```

```
    info->average=(float)s1/N;          /*计算均分*/
    info->order=0;                      /*名次赋值 0*/
    info->next=NULL;                    /*设后继指针为空*/
    p=h;                                /*将指针赋值给 p*/
    q=h;                                /*将指针赋值给 q*/
    while(strcmp(p->no,s)&&p!=NULL)     /*查找插入位置*/
    {
        q=p;                            /*保存指针 p，作为下一个 p 的前驱*/
        p=p->next;                      /*将指针 p 后移*/
    }
    if(p==NULL)                         /*如果 p 指针为空，说明没有指定结点*/
     if(p==h)                           /*同时 p 等于 h，说明链表为空*/
            h=info;                     /*新记录则为头结点*/
     else
        q->next=info;                   /*p 为空，但 p 不等于 h，将新结点插在表尾*/
    else
        if(p==h)                        /*p 不为空，则找到了指定结点*/
        {
            info->next=p;               /*如果 p 等于 h，则新结点插入在第一个结点之前*/
            h=info;                     /*新结点为新的头结点*/
        }
        else
        {
            info->next=p;               /*不是头结点，则是中间某个位置，新结点的后继为 p*/
            q->next=info;               /*新结点作为 q 的后继结点*/
        }
    printf("\n ----have inserted %s student----\n",info->name);
    printf("---Don't forget save---\n");    /*提示存盘*/
    return(h);                          /*返回头指针*/
}
/*保存数据到文件*/
void save(STUDENT *h)
{
    FILE *fp;                           /*定义指向文件的指针*/
    STUDENT *p;                         /*定义移动指针*/
    char outfile[10];                   /*保存输出文件名*/
    printf("Enter outfile name,for example c:\\f1\\te.txt:\n");/*提示文件名格式信息*/
    scanf("%s",outfile);
    if((fp=fopen(outfile,"wb"))==NULL) /*为输出打开一个二进制文件，如没有则建立*/
    {
        printf("can not open file\n");
        exit(1);
    }
    printf("\nSaving file......\n");   /*打开文件，提示正在保存*/
    p=h;                                /*移动指针从头指针开始*/
    while(p!=NULL)                      /*如 p 不为空*/
    {
        fwrite(p,sizeof(STUDENT),1,fp);         /*写入一条记录*/
```

```
        p=p->next;                                  /*指针后移*/
    }
    fclose(fp);                                     /*关闭文件*/
    printf("-----save success!!-----\n");           /*显示保存成功*/
}
/*从文件读数据*/
STUDENT *load()
{
    STUDENT *p,*q,*h=NULL;                          /*定义记录指针变量*/
    FILE *fp;                                       /*定义指向文件的指针*/
    char infile[10];                                /*保存文件名*/
    printf("Enter infile name,for example c:\\f1\\te.txt:\n");   scanf("%s",infile);
                                                    /*输入文件名*/
    if((fp=fopen(infile,"rb"))==NULL)               /*打开一个二进制文件，为读方式*/
    {
    printf("can not open file\n");                  /*如不能打开，则结束程序*/
        exit(1);
    }
    printf("\n -----Loading file!-----\n");
    p=(STUDENT *)malloc(sizeof(STUDENT));           /*申请空间*/
    if(!p)
    {
printf("out of memory!\n");                         /*如没有申请到，则内存溢出*/
        return h;                                   /*返回空头指针*/
    }
    h=p;                                            /*申请到空间，将其作为头指针*/
    while(!feof(fp))                                /*循环读数据直到文件尾结束*/
    {
        if(1!=fread(p,sizeof(STUDENT),1,fp))
            break;                                  /*如果没读到数据，跳出循环*/
        p->next=(STUDENT *)malloc(sizeof(STUDENT)); /*为下一个结点申请空间*/
        if(!p->next)
        {
            printf("out of memory!\n");             /*如没有申请到，则内存溢出*/
            return h;
        }
        q=p;                                        /*保存当前结点的指针，作为下一结点的前驱*/
        p=p->next;                                  /*指针后移，新读入数据链到当前表尾*/
    }
    q->next=NULL;                                   /*最后一个结点的后继指针为空*/
    fclose(fp);                                     /*关闭文件*/
    printf("---You have success read data from file!!!---\n");
    return h;                                       /*返回头指针*/
}
/* 追加记录到文件 */
void append()
{
    FILE *fp;                                       /*定义指向文件的指针*/
    STUDENT *info;                                  /*新记录指针*/
```

```
    int s1,i;
    char infile[10];                                    /*保存文件名*/
    printf("\nplease new record\n");
    info=(STUDENT *)malloc(sizeof(STUDENT));            /*申请空间*/
    if(!info)
    {
        printf("\nout of memory");                      /*没有申请到，内存溢出本函数结束*/
        return ;
    }
    inputs("enter no:",info->no,11);                    /*调用 inputs 输入学号*/
    inputs("enter name:",info->name,15);                /*调用 inputs 输入姓名*/
    printf("please input %d score \n",N);               /* 提示输入成绩 */
    s1=0;
    for(i=0;i<N;i++)
    {
        do{
            printf("score%d:",i+1);
            scanf("%d",&info->score[i]);                /*输入成绩*/
            if(info->score[i]>100||info->score[i]<0)printf("bad data,repeat input\n");
        }while(info->score[i]>100||info->score[i]<0);   /*成绩数据验证*/
        s1=s1+info->score[i];                           /*求总分*/
    }
    info->sum=s1;                                       /*保存总分*/
    info->average=(float)s1/N;                          /*求均分*/
    info->order=0;                                      /*名次初始值为 0*/
    info->next=NULL;                                    /*将新记录后继指针赋值为空*/
    printf("Enter infile name,for example c:\\f1\\te.txt:\n");   scanf("%s",infile);
                                                        /*输入文件名*/
    if((fp=fopen(infile,"ab"))==NULL)                   /*向二进制文件尾增加数据方式打开文件*/
    {
        printf("can not open file\n");                  /*显示不能打开*/
        exit(1);                                        /*退出程序*/
    }
    printf("\n -----Appending record!-----\n");
    if(1!=fwrite(info,sizeof(STUDENT),1,fp))            /*写文件操作*/
    {
        printf("-----file write error!-----\n");
        return;                                         /*返回*/
    }
    printf("-----append  sucess!!----\n");
    fclose(fp);                                         /*关闭文件*/
}
/* 文件拷贝 */
void copy()
{
    char outfile[10],infile[10];
    FILE *sfp,*tfp;                                     /*源和目标文件指针*/
    STUDENT *p=NULL;                                    /*移动指针*/
    system("CLS");                                      /*清屏*/
```

```
    printf("Enter infile name,for example c:\\f1\\te.txt:\n");
    scanf("%s",infile);                               /*输入源文件名*/
    if((sfp=fopen(infile,"rb"))==NULL)                /*二进制读方式打开源文件*/
    {
        printf("can not open input file\n");
        exit(0);
    }
    printf("Enter outfile name,for example c:\\f1\\te.txt:\n");
    scanf("%s",outfile);                              /*输入目标文件名*/
    if((tfp=fopen(outfile,"wb"))==NULL)               /*二进制写方式打开目标文件*/
    {
        printf("can not open output file \n");
        exit(0);
    }
    while(!feof(sfp))                                 /*读文件直到文件尾*/
    {
        if(1!=fread(p,sizeof(STUDENT),1,sfp))
            break;                                    /*块读*/
        fwrite(p,sizeof(STUDENT),1,tfp);              /*块写*/
    }
    fclose(sfp);                                      /*关闭源文件*/
    fclose(tfp);                                      /*关闭目标文件*/
    printf("you have success copy  file!!!\n"); /*显示成功拷贝*/
}
/*排序*/
STUDENT *sort(STUDENT *h)
{
    int i=0;                                          /*保存名次*/
    STUDENT *p,*q,*t,*h1;                             /*定义临时指针*/
    h1=h->next;                                       /*将原表的头指针所指的下一个结点作头指针*/
    h->next=NULL;                                     /*第一个结点为新表的头结点*/
    while(h1!=NULL)                                   /*当原表不为空时，进行排序*/
    {
        t=h1;                                         /*取原表的头结点*/
        h1=h1->next;                                  /*原表头结点指针后移*/
        p=h;                                          /*设定移动指针 p，从头指针开始 */
        q=h;                        /*设定移动指针 q 作为 p 的前驱，初值为头指针*/
        while(t->sum<p->sum&&p!=NULL)                 /*做总分比较*/
        {
            q=p;                                      /*待排序点值小，则新表指针后移*/
            p=p->next;
        }
        if(p==q)                                      /*p==q，说明待排序点值大，应排在首位*/
        {
            t->next=p;                                /*待排序点的后继为 p*/
            h=t;                                      /*新头结点为待排序点*/
        }
        else                        /*待排序点应插入在中间某个位置 q 和 p 之间，如 p 为空则是尾部*/
        {
```

```
            t->next=p;                    /*t 的后继是 p*/
            q->next=t;                    /*q 的后继是 t*/
        }
        }
        p=h;                              /*已排好序的头指针赋给 p，准备填写名次*/
        while(p!=NULL)                    /*当 p 不为空时，进行下列操作*/
        {
            i++;                          /*结点序号*/
            p->order=i;                   /*将名次赋值*/
            p=p->next;                    /*指针后移*/
        }
        printf("sort sucess!!!\n");       /*排序成功*/
        return h;                         /*返回头指针*/
}
/*计算总分和均值*/
void computer(STUDENT *h)
{
        STUDENT *p;                       /*定义移动指针*/
        int i=0;                          /*保存记录条数初值为 0*/
        long s=0;                         /*总分初值为 0*/
        float average=0;                  /*均分初值为 0*/
        p=h;                              /*从头指针开始*/
        while(p!=NULL)                    /*当 p 不为空时处理*/
        {
            s+=p->sum;                    /*累加总分*/
            i++;                          /*统计记录条数*/
            p=p->next;                    /*指针后移*/
        }
        average=(float)s/i;               /*求均分，均分为浮点数，总分为整数，所以做类型转换*/
        printf("\n--All students sum score is:%ld  average is %5.2f\n",s,average);
}
/*索引*/
STUDENT *index(STUDENT *h)
{
        STUDENT *p,*q,*t,*h1;             /*定义临时指针*/
        h1=h->next;                       /*将原表的头指针所指的下一个结点作头指针*/
        h->next=NULL;                     /*第一个结点为新表的头结点*/
        while(h1!=NULL)                   /*当原表不为空时，进行排序*/
        {
            t=h1;                         /*取原表的头结点*/
            h1=h1->next;                  /*原表头结点指针后移*/
            p=h;                          /*设定移动指针 p，从头指针开始*/
            q=h;                          /*设定移动指针 q 作为 p 的前驱，初值为头指针*/
            while(strcmp(t->no,p->no)>0&&p!=NULL)        /* 做学号比较*/
            {
                q=p;                      /*待排序点值大，应往后插，所以新表指针后移*/
                p=p->next;
```

```
        }
        if(p==q)                            /*p==q，说明待排序点值小，应排在首位*/
        {
            t->next=p;                      /* 待排序点的后继为 p*/
            h=t;                            /* 新头结点为待排序点 */
        }
        else                        /*待排序点应插入在中间某个位置 q 和 p 之间，如 p 为空则是尾部*/
        {
            t->next=p;                      /*t 的后继是 p*/
            q->next=t;                      /*q 的后继是 t*/
    }
        }
    printf("index sucess!!!\n");            /*索引排序成功*/
    return h;                               /*返回头指针*/
}
/*分类合计*/
void total(STUDENT *h)
{
    STUDENT *p,*q;                          /*定义临时指针变量*/
    char sno[9],qno[9],*ptr;                /*保存班级号*/
    float s1,ave;                           /*保存总分和均分*/
    int i;                                  /*保存班级人数*/
    system("CLS");                          /*清屏*/
    printf("\n\n  *****************Total*****************\n");
    printf("---class---------sum--------------average----\n");
    p=h;                                    /*从头指针开始*/
    while(p!=NULL)                          /*当 p 不为空时做下面的处理*/
    {
        memcpy(sno,p->no,8);                /*从学号中取出班级号*/
        sno[8]='\0';                        /*做字符串结束标记*/
        q=p->next;                          /*将指针指向待比较的记录 */
        s1=p->sum;                          /*当前班级的总分初值为该班级的第一条记录总分*/
        ave=p->average;                     /*当前班级的均分初值为该班级的第一条记录均分*/
        i=1;                                /*统计当前班级人数*/
        while(q!=NULL)                      /*内循环开始*/
        {
            memcpy(qno,q->no,8);            /*读取班级号*/
            qno[8]='\0';                    /*做字符串结束标记*/
            if(strcmp(qno,sno)==0)          /*比较班级号*/
            {
                s1+=q->sum;                 /*累加总分*/
                ave+=q->average;            /*累加均分*/
                i++;                        /*累加班级人数*/
                q=q->next;                  /*指针指向下一条记录*/
            }
                else
                break;                      /*不是一个班级的结束本次内循环*/
```

```
            }
            printf("%s     %10.2f            %5.2f\n",sno,s1,ave/i);
            if(q==NULL)
                break;                /*如果当前指针为空，外循环结束，程序结束*/
            else
                p=q;                  /*否则，将当前记录作为新的班级的第一条记录开始新的比较*/
        }
        printf("---------------------------------------------\n");
}
```

10.2.5 测试结果

（1）启动界面，如图 10.4 所示。

（2）输入学生信息（1. Enter list），如图 10.5 所示。

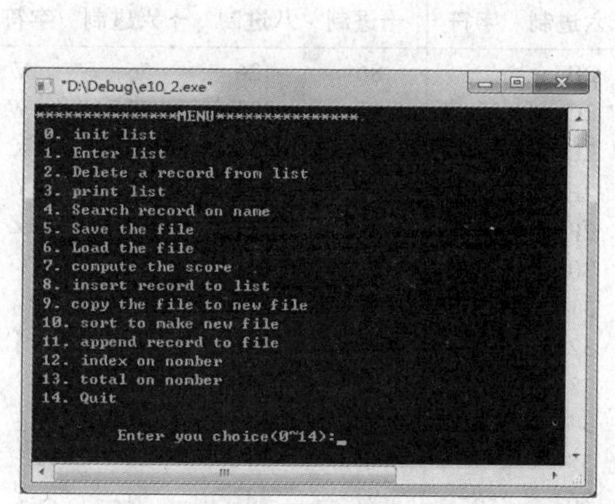

图 10.4 启动界面

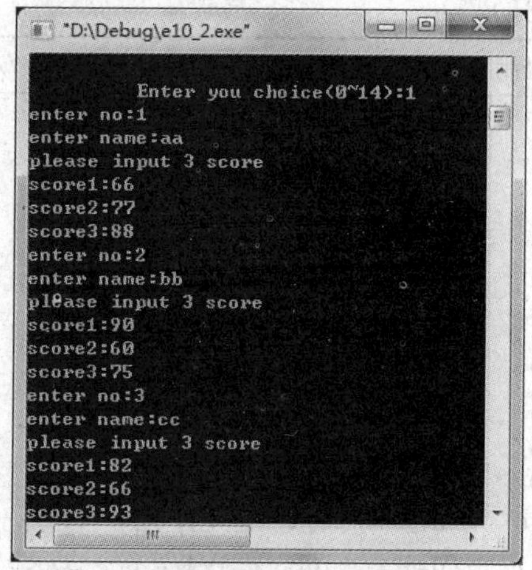

图 10.5 输入学生信息

（3）显示学生信息（3. print list），如图 10.6 所示。

```
"D:\Debug\e10_2.exe"
****************************STUDENT********************************
|rec|nO        |       name       | sc1| sc2| sc3|  sum   |  ave  |order|
|---|----------|------------------|----|----|----|--------|-------|-----|
|  1|3         |cc                |  82|  66|  93| 241.00 | 80.33 |   0 |
|  2|2         |bb                |  90|  60|  75| 225.00 | 75.00 |   0 |
|  3|1         |aa                |  66|  77|  88| 231.00 | 77.00 |   0 |
*********************************end*********************************
```

图 10.6 显示学生信息

本 章 小 结

本章实训有助于读者对 C 语言的相关知识有更加全面的了解，并能够进行综合运用，提高使用 C 语言开发应用程序的能力。

附录  标准ASCII码表

“美国信息交换标准代码”（American Standard Code for Information Interchange，缩写为ASCII）。

十进制	八进制	十六进制	字符	十进制	八进制	十六进制	字符	十进制	八进制	十六进制	字符
0	000	00	NUL	43	053	2B	+	86	126	56	V
1	001	01	SOH	44	054	2C	,	87	127	57	W
2	002	02	STX	45	055	2D	–	88	130	58	X
3	003	03	ETX	46	056	2E	.	89	131	59	Y
4	004	04	EOT	47	057	2F	/	90	132	5A	Z
5	005	05	ENQ	48	060	30	0	91	133	5B	[
6	006	06	ACK	49	061	31	1	92	134	5C	\
7	007	07	BEL	50	062	32	2	93	135	5D	]
8	010	08	BS	51	063	33	3	94	136	5E	^
9	011	09	HT	52	064	34	4	95	137	5F	_
10	012	0A	LT	53	065	35	5	96	140	60	‘
11	013	0B	VT	54	066	36	6	97	141	61	a
12	014	0C	FF	55	067	37	7	98	142	62	b
13	015	0D	CR	56	070	38	8	99	143	63	c
14	016	0E	SO	57	071	39	9	100	144	64	d
15	017	0F	SI	58	072	3A	:	101	145	65	e
16	020	10	DLE	59	073	3B	;	102	146	66	f
17	021	11	DC1	60	074	3C	<	103	147	67	g
18	022	12	DC2	61	075	3D	=	104	150	68	h
19	023	13	DC3	62	076	3E	>	105	151	69	i
20	024	14	DC4	63	077	3F	?	106	152	6A	j
21	025	15	NAK	64	100	40	@	107	153	6B	k
22	026	16	SYN	65	101	41	A	108	154	6C	l
23	027	17	ETB	66	102	42	B	109	155	6D	m
24	030	18	CAN	67	103	43	C	110	156	6E	n
25	031	19	EM	68	104	44	D	111	157	6F	o
26	032	1A	SUB	69	105	45	E	112	160	70	p
27	033	1B	ESC	70	106	46	F	113	161	71	q
28	034	1C	FS	71	107	47	G	114	162	72	r
29	035	1D	GS	72	110	48	H	115	163	73	s
30	036	1E	RS	73	111	49	I	116	164	74	t
31	037	1F	US	74	112	4A	J	117	165	75	u
32	040	20	SP	75	113	4B	K	118	166	76	v
33	041	21	!	76	114	4C	L	119	167	77	w

续表

十进制	八进制	十六进制	字符	十进制	八进制	十六进制	字符	十进制	八进制	十六进制	字符
34	042	22	“	77	115	4D	M	120	170	78	x
35	043	23	#	78	116	4E	N	121	171	79	y
36	044	24	$	79	117	4F	O	122	172	7A	z
37	045	25	%	80	120	50	P	123	173	7B	{
38	046	26	&	81	121	51	Q	124	174	7C	|
39	047	27	‘	82	122	52	R	125	175	7D	}
40	050	28	(	83	123	53	S	126	176	7E	~
41	051	29	)	84	124	54	T	127	177	7F	del
42	052	2A	*	85	125	55	U				

附录B 运算符的优先级和结合性

优先级	运算符	含义	参与运算对象的数目	结合方向
1	() [] -> .	圆括号运算符 下标运算符 指向结构体成员运算符 结构体成员运算符		自左至右
2	! ~ ++ -- - (类型) * & sizeof	逻辑非运算符 按位取反运算符 自增运算符 自减运算符 负号运算符 类型转换运算符 指针运算符 取地址运算符 求类型长度运算符	单目运算符	自右至左
3	* / %	乘法运算符 除法运算符 求余运算符	双目运算符	自左至右
4	+ -	加法运算符 减法运算符	双目运算符	自左至右
5	<< >>	左移运算符 右移运算符	双目运算符	自左至右
6	> >= < <=	关系运算符	双目运算符	自左至右
7	== !=	判等运算符 判不等运算符	双目运算符	自左至右
8	&	按位与运算符	双目运算符	自左至右
9	^	按位异或运算符	双目运算符	自左至右

续表

<table>
<tr><th>优先级</th><th>运算符</th><th>含义</th><th>参与运算对象的数目</th><th>结合方向</th></tr>
<tr><td>10</td><td>|</td><td>按位或运算符</td><td>双目运算符</td><td>自左至右</td></tr>
<tr><td>11</td><td>&&</td><td>逻辑与运算符</td><td>双目运算符</td><td>自左至右</td></tr>
<tr><td>12</td><td>||</td><td>逻辑或运算符</td><td>双目运算符</td><td>自左至右</td></tr>
<tr><td>13</td><td>?:</td><td>条件运算符</td><td>三目运算符</td><td>自右至左</td></tr>
<tr><td>14</td><td>=
+=
-=
*=
/=
%=
>>=
<<=
&=
^=
|=</td><td>赋值运算符</td><td>双目运算符</td><td>自右至左</td></tr>
<tr><td>15</td><td>,</td><td>逗号运算符(顺序求值运算符)</td><td></td><td>自左至右</td></tr>
</table>

附录 C C 语言的库函数

1. 数学函数

使用 #include "math.h"。

函数名	函数类型和形参类型	功能	返回值	说明
abs	`int abs(int x);`	求整数 x 的绝对值	计算结果	
acos	`double acos(double x);`	计算 $\cos^{-1}(x)$的值	计算结果	x 应在−1～1 范围内
asin	`double asin(double x);`	计算 $\sin^{-1}(x)$的值	计算结果	x 应在−1～1 范围内
atan	`double atan(double x);`	计算 $\tan^{-1}(x)$的值	计算结果	
atan2	`double atan2(double x,double y);`	计算 $\tan^{-1}(x/y)$的值	计算结果	
cos	`double cos(double x);`	计算 cos(x)的值	计算结果	x 单位为弧度
cosh	`double acosh(double x);`	计算 x 的双曲余弦 cosh(x)的值	计算结果	
exp	`double exp(double x);`	求 e^x 的值	计算结果	
fabs	`double fabs(double x);`	求 x 的绝对值	计算结果	
floor	`double floor(double x);`	求出不大于 x 的最大整数	该整数的双精度实数	
fmod	`double fmod(double x, double y);`	求出整除 x/y 的余数	返回余数的双精度数	
frexp	`double frexp(double val, int *eptr);`	把双精度数 val 分解为数字部分（尾数）x 和以 2 为底的指数 n，即 $val=x*2^n$，n 存放在 eptr 指向的变量中	返回数字部分 x $0.5\leqslant x\leqslant 1$	
log	`double log(double x);`	求 lnx	计算结果	
Log10	`double log10(double x);`	求 $\log_{10}x$	计算结果	
modf	`double modf(double val, double *iptr);`	把双精度数 val 分解为整数部分和小数部分，把整数部分存到 iptr 指向的单元中	Val 的小数部分	

续表

函数名	函数类型和形参类型	功能	返回值	说明
pow	`double pow(double x, double y)`	计算 x^y 的值	计算结果	
rand	`int rand(void);`	产生一个-90 ~ 32767 的随机整数	随机整数	
sin	`double sin(double x);`	计算 sin(x)的值	计算结果	x 的单位为弧度
sinh	`double sinh(double x);`	计算 x 的双曲正弦函数值	计算结果	
sqrt	`double sqrt(double x);`	计算 x 的平方根	计算结果	x>=0
tan	`double tan(double x);`	计算 tan(x)的值	计算结果	x 的单位为弧度
tanh	`double tanh(double x);`	计算 x 的双曲正切函数值	计算结果	

2. 字符函数和字符串函数

使用字符串函数时包含头文件“string.h”，使用字符函数时包含头文件“ctype.h”。

函数名	函数类型和形参类型	功能	返回值	包含文件
isalnum	`int isalnum(int ch);`	检查 ch 是否是字母或数字	是字母或数字返回 1；否则返回 0	ctype.h
isalpha	`int isalpha(int ch);`	检查 ch 是否是字母	是，返回 1；不是，返回 0	ctype.h
iscntrl	`int iscntrl(int ch);`	检查 ch 是否控制字符	是，返回 1；不是，返回 0	ctype.h
isdigit	`int isdigit(int ch);`	检查 ch 是否数字(0 ~ 9)	是，返回 1；不是，返回 0	ctype.h
isgraph	`int isgraph(int ch);`	检查 ch 是否是可打印字符(其 ASCII 码为 0x21 ~ 0x7E)，不包括空格	是，返回 1；不是，返回 0	ctype.h
islower	`int islower(int ch);`	检查 ch 是否是小写字母(a ~ z)	是，返回 1；不是，返回 0	ctype.h
isprint	`int isprint(int ch);`	检查 ch 是否是可打印字符(其 ASCII 码为 0x21 ~ 0x7E)，包括空格	是，返回 1；不是，返回 0	ctype.h
ispunct	`int ispunct(int ch);`	检查 ch 是否标点字符(不包括空格)，即除字母、数字和空格以外的所有可打印字符	是，返回 1；不是，返回 0	ctype.h
isspace	`int isspace(int ch);`	检查 ch 是否空格,跳格符(制表符)或换行符	是，返回 1；不是，返回 0	ctype.h
isupper	`int isupper(int ch);`	检查 ch 是否是大写字母(A ~ Z)	是，返回 1；不是，返回 0	ctype.h

续表

函数名	函数类型和形参类型	功能	返回值	包含文件
isxdigit	`int isxdigit(int ch);`	检查 ch 是否是一个 16 进制数学字符(即 0～9，或 A～F，或 a～f)	是，返回 1； 不是，返回 0	ctype.h.
strcat	`char *strcat(char *str1, char *str2);`	把字符串 str2 接到 str1 后面，str1 最后的'\0'被取消	str1	string.h
strchr	`char *strchr(char *str, int ch);`	指向 str 指向的字符串中第一次出现 ch 的位置	返回指向该位置的指针，如找不到，返回空指针	string.h
strcmp	`char strcmp(char *str1, char *str2);`	比较两个字符串 str1、str2	str1<str2，返回负数； str1=str2，返回 0； str1>str2，返回正数	string.h
strcpy	`char *strcpy(char *str1, char *str2);`	把 str2 指向的字符串拷贝到 str1 中去	返回 str1	string.h
strlen	`unsigned int strlen(char *str);`	统计字符串 str 中字符的个数(不包括终止符'\0')	返回字符个数	string.h
strstr	`char *strstr(char *str1, char *str2);`	找出 str2 字符串在 str1 字符串中第一次出现的位置(不包括 str2 的串结束符)	返回该位置的指针，如果找不到，返回空指针	string.h
tolower	`int tolower(int ch);`	将 ch 字符转换为小写字母	返回 ch 所代表的字符的小写字母	ctype.h.
toupper	`int toupper(int ch);`	将 ch 字符转换为大写字母	返回 ch 所代表的字符的大写字母	ctype.h.

3. 输入/输出函数

使用 #include "stdio.h"。

函数名	函数类型和形参类型	功能	返回值	说明
clearerr	`void clearerr(FILE *fp);`	清除文件指针错误指示器	无	
close	`int close(int fp);`	关闭文件	关闭成功返回 0， 不成功返回-1	非 ANSI C 标准函数
creat	`int creat(char *filename, int mode);`	以 mode 所指定方式建立文件	成功返回正数， 否则返回-1	非 ANSI C 标准函数

续表

函数名	函数类型和形参类型	功能	返回值	说明
eof	int eof(int fd);	检查文件是否结束	遇到文件结束，返回 1，否则返回 0	非 ANSI C 标准函数
fclose	int fclose(FILE *fp);	关闭 fp 所指的文件，释放文件缓冲区	有错误返回非 0，否则返回 0	
feof	int feof(FILE *fp);	检查文件是否结束	遇到文件结束，返回非 0，否则返回 0	
fgetc	int fgetc(FILE *fp);	从 fp 所指的文件中取得下一个字符	返回所得到的字符，若读入出错，返回 EOF	
fgets	char *fgets(char *buf, int n, FILE *fp);	从 fp 所指向的文件读取一个长度为(n–1)的字符串，存入起始地址为 buf 的空间	返回地址 buf，若遇文件结束或出错，返回 NULL	
fopen	FILE *fopen(char *filename, char *mode);	以 mode 指定的方式打开名为 filename 的文件	成功，返回一个文件指针；否则返回 0	
fprintf	int fprintf(FILE *fp, char *format,args, …);	把 args 的值以 format 指定的格式输出到 fp 指定的文件中	实际输出的字符数	
fputc	int fputc(char ch, FILE *fp);	将字符 ch 输出到 fp 指定的文件中	成功返回该字符，否则返回非 0	
fputs	int fputs(char *str, FILE *fp);	将 str 所指向的字符串输出到 fp 指定的文件中	成功返回 0，出错返回非 0	
fread	int fread(char *pt, unsigned size, unsigned n, FILE *fp);	从 fp 所指定的文件中读取长度为 size 的 n 个数据项，存到 pt 所指向的内存区	返回所读的数据项个数，若遇文件结束或出错，返回 0	
fscanf	int fscanf(FILE *fp, char format,args, …);	从 fp 所指的文件中按 format 给定的格式将输入数据送到 args 所指向的内存单元	已输入的数据个数	
fseek	int fseek(FILE *fp, long offset,int base);	将 fp 所指的文件的位置指针移到以 base 所指出的位置为基准，以 offset 为位移量的位置	返回当前位置，否则返回–1	
ftell	long ftell(FILE *fp);	返回 fp 所指向的文件中的读写位置	返回 fp 所指向的文件中的读写位置	
fwrite	int fwrite(char *ptr, unsigned size, unsigned n, FILE *fp);	把 ptr 所指向的 n*size 数的字节输出到 fp 所指向的文件中	写到 fp 文件中的数据项的个数	

续表

函数名	函数类型和形参类型	功能	返回值	说明
getc	`int getc(FILE *fp);`	从 fp 所指的文件中读入一个字符	返回所读的字符，若文件结束或出错，返回 EOF	
getchar	`int getchar(void);`	从标准输入设备读取下一个字符	返回所读字符，若文件结束或出错，返回-1	
getw	`int getw(FILE *fp);`	从 fp 所指的文件中读取一个字（整数）	返回输入的整数，如文件结束或出错，返回-1	非 ANSI C 标准函数
open	`int open(char *filename, int mode);`	以 mode 指定的方式打开已存在的名为 filename 的文件	返回文件号（正数），如打开失败，返回-1	非 ANSI C 标准函数
printf	`int printf(char *format, args,…);`	按 format 指向的格式字符串所规定的格式，将输出表列 args 的值输出到标准输出设备	输出字符的个数，若出错，返回-1	format 可以是一个字符串，或字符数组的起始地址
putc	`int putc(int ch, FILE *fp);`	把一个字符 ch 输出到 fp 所指的文件中	输出的字符 ch，若出错，返回 EOF	
putchar	`int putchar(char ch);`	把字符 ch 输出到标准输出设备	输出的字符 ch，若出错，返回 EOF	
Puts	`int puts(char *str);`	把 str 指向的字符串输出到标准输出设备，将'\0'转换成回车换行	返回换行符，若出错，返回 EOF	
putw	`int putw(int w, FILE *fp);`	将一个整数 w(即一个字)写到 fp 指向的文件中	返回输出的整数，若出错，返回 EOF	非 ANSI C 标准
read	`int read(int fd, char *buf, unsigned count);`	从文件号 fp 所指定的文件中读 count 数的字节到由 buf 指示的缓冲区中	返回真正读入的字节数，如遇文件结束返回 0，出错返回-1	非 ANSI C 标准
rename	`int rename(char *oldname, char *newname);`	把由 oldname 所指的文件名，改为由 newname 所指的文件名	成功返回 0；出错返回-1	
rewind	`void rewind(FILE *fp);`	将 fp 所指的文件中的位置指针置于文件开头位置，并清除文件结束标志和错误标志	无	

续表

函数名	函数类型和形参类型	功能	返回值	说明
scanf	`int scanf(char *format,args, …);`	从标准输入设备按 format 指向的格式字符串规定的格式，输入数据给 args 所指向的单元	读入并赋给 args 的数据个数。遇文件结束返回 EOF，出错返回 0	args 为指针
write	`int write(int fd, char *buf, unsigned count);`	从 buf 指示的缓冲区输出 count 个字符到 fd 所标志的文件中	返回实际输出的字节数，出错返回 –1	非 ANSI C 标准

4. 动态存储分配函数

使用 #include "stdlib.h"或 #include "malloc.h"。

函数名	函数类型和形参类型	功能	返回值
calloc	`void(或 char) *calloc(unsigned n, unsigned size);`	分配 n 个数据项的内存连续空间，每个数据项的大小为 size	分配内存单元的起始地址，如不成功，返回 0
free	`void free(void *p);`	释放 p 所指的内存区	无
malloc	`void(或 char) *malloc(unsigned size);`	分配 size 字节的存储区	所分配的内存起始地址，如内存不够，返回 0
realloc	`void(或 char) *realloc(void *p, unsigned size);`	将 p 所指出的已分配内存区的大小改为 size。size 可以比原来分配的空间大或小	返回指向该内存区的指针

参 考 文 献

[1] Brian W. Kernighan，Dennis M. Ritchie. C 程序设计语言.北京：机械工业出版社，2004.

[2] Ivor Horton. C 语言入门经典. 北京：清华大学出版社，2008.

[3] KennethA. Reek. C 和指针. 北京：人民邮电出版社，2008.

[4] 黄维通. C 语言程序设计（第 2 版）. 北京：清华大学出版社，2011.

[5] 何钦铭，颜晖. C 语言程序设计（第 2 版）. 北京：高等教育出版社，2012.

[6] 张磊. C 语言程序设计（第 3 版）. 北京：清华大学出版社，2012.

[7] 苏小红. C 语言程序设计（第 3 版）. 北京：高等教育出版社，2013.

[8] 朱立华，郭剑. C 语言程序设计（第 2 版）. 北京：人民邮电出版社，2014.

[9] 谭浩强. C 语言程序设计（第 3 版）. 北京：清华大学出版社，2014.

[10] 张基温. 新概念 C 程序设计大学教程（C99 版）. 北京：清华大学出版社，2015.

[11] 全国计算机等级考试命题研究室. 2016 年全国计算机等级考试全真模拟考场二级 C 语言. 北京：清华大学出版社，2015.

[12] 全国计算机等级考试命题研究室. 2016 年全国计算机等级考试无纸化真考套装三合一二级 C 语言. 北京：清华大学出版社，2015.

[13] 全国计算机等级考试命题研究室. 2016 年全国计算机等级考试无纸化真考题库二级 C 语言. 北京：清华大学出版社，2015.